"十三五"国家重点出版物出版规划项目
国家科技基础性工作专项

# 中国主要作物气候资源图集

## 小麦卷

主编
**梅旭荣**

本卷主编
刘勤　严昌荣　杨晓光

浙江科学技术出版社·杭州

版权所有　侵权必究

### 图书在版编目（CIP）数据

中国主要作物气候资源图集. 小麦卷 / 梅旭荣主编；刘勤，严昌荣，杨晓光本卷主编. — 杭州：浙江科学技术出版社，2023.12

ISBN 978-7-5739-0880-3

Ⅰ. ①中… Ⅱ. ①梅… ②刘… ③严… ④杨… Ⅲ. ①小麦－农业气象－气候资源－中国－图集 Ⅳ. ①S162.3-64

中国国家版本馆CIP数据核字（2023）第230692号

| | |
|---|---|
| 本册书名 | 中国主要作物气候资源图集·小麦卷 |
| 主　　编 | 梅旭荣 |
| 本卷主编 | 刘　勤　严昌荣　杨晓光 |

出版发行　浙江科学技术出版社
　　　　　杭州市体育场路347号　邮政编码：310006
　　　　　办公室电话：0571-85152719
　　　　　销售部电话：0571-85176040
　　　　　网址：www.zkpress.com
　　　　　E-mail: zkpress@zkpress.com

| | |
|---|---|
| 排　版 | 杭州万方图书有限公司 |
| 印　刷 | 浙江新华数码印务有限公司 |

| | | | |
|---|---|---|---|
| 开　本 | 787mm×1092mm　1/16 | 印　张 | 14 |
| 字　数 | 695千字 | | |
| 版　次 | 2023年12月第1版 | 印　次 | 2023年12月第1次印刷 |
| 书　号 | ISBN 978-7-5739-0880-3 | 定　价 | 240.00元 |
| 审图号 | GS浙（2023）268号 | | |

| | | | |
|---|---|---|---|
| 策划组稿　章建林　詹　喜 | | 责任编辑　李兼然　赵雷霖 | |
| 责任校对　赵　艳 | | 责任美编　金　晖 | |
| 责任印务　吕　琰 | | 装帧设计　顾　页 | |

## "中国主要作物气候资源图集"编委会

**主　　任**　梅旭荣

**副 主 任**　刘布春　白文波　刘　勤　毛丽丽　杨晓娟　刘　园
　　　　　　 游松财　李昊儒

**总 编 委**　（按姓氏笔画排序）
　　　　　　 毛丽丽　白文波　刘　园　刘　勤　刘布春　严昌荣
　　　　　　 李昊儒　杨晓光　杨晓娟　何英彬　张立祯　姚艳敏
　　　　　　 梅旭荣　游松财　霍治国


## 《中国主要作物气候资源图集·小麦卷》编写人员

**主　　编**　梅旭荣

**本卷主编**　刘　勤　严昌荣　杨晓光

**本卷副主编**　居　辉　白文波　李昊儒

**编写人员**　（按姓氏笔画排序）
　　　　　　 毛丽丽　白文波　刘　园　刘　勤　刘布春　严昌荣
　　　　　　 李昊儒　李翔翔　杨建莹　杨晓光　张立祯　居　辉
　　　　　　 梅旭荣　游松财　霍治国


**地图编制**　浙江省测绘科学技术研究院
**数字制图**　杭州吉思信息技术有限公司

# 序

  光、温、水、气等气候资源要素是作物生长发育必不可少的物质能量来源和环境条件，其数量、质量及时空组合不仅影响着一个地区作物的种植结构、种植制度和耕作栽培技术，而且决定了一个地区作物的气候生产潜力、现实生产能力和实际产量。气候资源要素与作物生产之间的关系和相互作用规律，不仅是农业气候学要研究的基础科学问题，还是农业生产要解决的实际问题。

  无论是在人类社会初期的原始农业阶段，还是在科学技术高度发展的现代农业阶段，探索、认识和掌握气候资源与作物间关系及其相互作用规律，并据此来优化作物生产布局和改进生产技术都是农业生产与管理者重点关注的问题。1400多年前，北魏贾思勰在《齐民要术》中就有"顺天时，量地利，则用力少而成功多"的经典论述。它昭示人们，根据自然规律办事则事半功倍。我们把这种关系和相互作用规律进行总结，并用图的形式形象地表现出来，就形成了农业气候资源图集和作物气候资源图集。这两者的区别是前者强调气候资源要素与农业的关系，更具区域性；后者突出作物生产与气候资源要素结合的相互作用，更具操作性。

  因此，继2015年和2016年按照气候资源要素与农业的关系编制出版了"中国农业气候资源图集"系列图书之后，我们深感它作为国家科技基础性工作专项"中国农业气候资源数字化图集编制"的研究成果，对作物生产的实际指导价值并没有被充分挖掘，这成为我们编制"中国主要作物气候资源图集"系列图书的初衷。于是，在已出版图集的基础上，我们以为主要作物生产提供指导为目的，系统梳理了水稻、小麦、玉米、棉花、大豆五大粮棉油作物气候适宜区和主要发育期的气候资源状况，对其主要发育期和全生育期的农业气候资源进行综合评价，并给出生产操作建议，形成了《中国主要作物气候资源图集·水稻卷》《中国主要作物气候资源图集·小麦卷》《中国主要作物气候资源图集·玉米卷》《中国主要作物气候资源图集·棉花卷》《中国主要作物气候资源图集·大豆卷》。

  本系列图集的编制出版，是农业气候资源研究的最新成果的体现，是源远流长的华夏农耕文明的延续和升华，它饱含了几代农业气象科技工作者的心血，不仅能成为农业科研教育和生产管理者的案头查阅工具书，而且能为农业生产经营和技术服务等多元主体提供生产决策依据和数据支撑。本系列图集的编制出版得到了中国农业科学院农业环境与可持续发展研究所、中国农业科学院农业资源与农业区划研究所、中国农业科学院农田灌溉研究所、中国气象科学研究院、中国农业大学、中国科学院地理科学与资源研究所等单位的大力协助，也得到了国家出版基金的资助。

在编制本系列图集的过程中，虽然我们倾尽所能，力求避免错误，但受水平所限，且我国存在主要作物种植区域广阔、长时间序列完整数据获取困难等客观情况，图集中出现遗漏和片面表述的情况在所难免，殷切希望广大同仁和读者不吝赐教，给予批评指正。我们也将不断深化农业气候资源研究和成果分享，使它们更好地为我国农业生产服务，更有力地支撑我国粮食安全和农业农村现代化建设。

2023 年 11 月

# 前言

农业气候资源是为农业生产提供物质与能量的可再生资源，其中光、温、水等气候要素的数量、组成与空间分布状况，在很大程度上决定了农业生产类型、农业生产效率和农业生产潜力。我国地域辽阔，气候类型多样，农业气候资源丰富，但气候变率高、波动大，农业气象灾害发生频繁。20世纪80年代以来，全球气候变暖呈现加快的趋势，光、温、水等农业气候要素及其时空匹配状况发生了明显的变化，极端天气气候事件发生频率增高、强度加大。因此，科学分析和评估1981—2010年30年来我国主要作物小麦气候资源的时空分布特征，对高效利用农业气候资源，合理布局农业生产结构，趋利避害等具有十分重要的意义。

《中国主要作物气候资源图集·小麦卷》围绕我国小麦生长发育过程中光、温、水、气等气候要素以及频繁发生的气象灾害，以近30年的基础气象数据为基础，通过延伸资料年代、增加站点，采用数字化技术，共编制图幅171幅，包括不同时期春小麦和冬小麦生育期状况、光温资源指标、水分资源指标和主要气象灾害指标等，以期系统、全面地反映1981—2010年30年间我国小麦气候资源时空分布的特征及变化趋势，为合理调整农业结构与种植布局、科学制定生产政策提供依据。

本系列图集的编制工作由中国农业科学院农业环境与可持续发展研究所、中国农业大学和中国农业科学院农业资源与农业区划研究所共同承担。本卷图集由刘勤、严昌荣、杨晓光等编制完成。在本卷图集出版之际，谨向所有的合作单位以及提供帮助的专家一并致以衷心的感谢。

本卷图集适用于从事农业生产管理、农业政策制定等相关工作的一线农业生产和管理人员参考使用。

尽管在本卷图集编制过程中我们倾尽所能开展工作，但由于存在数据量大及部分资料缺失的情况，数据整编和图集编制过程中出现不足和遗漏之处在所难免，殷切希望广大同仁和读者不吝赐教，给予批评指正，以便今后修订、完善，更好地为广大读者服务，促进作物气候资源的科学研究和成果共享。

编　者

2023年11月

# 编制说明

## 一、编制的目的

我国地域辽阔，气候类型多样，农业气候资源丰富，但人口、土地与粮食的矛盾日益突出，农业气象灾害发生频繁。在过去的几十年中，受到全球气候变暖及作物品种更换等多种因素的影响，我国主要作物春小麦和冬小麦的生育期在空间上也出现了一些变化，气候资源时空分布发生明显改变。因此，采用数字化技术，整编中国小麦生育期和气候资源数据，比较两个时期作物生育期和时空分布格局的变化，对科学评估气候变化对小麦生产的影响、提高防灾减灾能力、保障粮食安全等都具有深远的意义。

围绕我国农业发展的战略需求，基于《中国主要农作物生育期图集》和"中国农业气候资源图集"系列图书中的作物生育期资料，根据农业气候资源制图规范，我们应用现代信息技术手段，整合我国主要作物生育期数据，编制了本卷图集。本卷图集为高效利用农业气候资源、合理布局农业生产结构、保障农业可持续发展提供了基础数据支撑。

## 二、资料和数据来源

1.气象数据资料来源于中国气象局，涵盖全国（除我国香港特别行政区、澳门特别行政区、台湾省和南海诸岛以外）740个气象台（站）30年（1981—2010年）的逐日气象资料，包括平均气温、最高气温、最低气温、日照时数等。剔除数据缺测严重的站点和部分高山站点，我们最终选用了684个气象台（站）的数据作为本卷图集制图的基础数据。

2.专题地图底图资料来源于标准地图服务系统。

3.20世纪70—80年代的春小麦和冬小麦生育期资料来自崔读昌等收集的全国近2000个县（市、区）的主要品种资料和全国主要作物品种区域试验的生育期资料。21世纪10年代的春小麦和冬小麦生育期资料来自我们调研的全国2000多个县（市、区）的资料。我们按照时段相对一致、测定方法一致、数据表示方法一致的原则，对小麦生育期及相关数据进行整编和处理。此外，本卷图集涉及光温生产潜力、光合生产潜力均为年平均值。

## 三、制图指标说明

1. 光温资源制图指标计算方法见表1。

表1　光温资源制图指标计算方法

| 制图指标 | 农业含义 | 计算方法 |
| --- | --- | --- |
| 生育期日照百分率 | 评价地区辐射资源的另一个重要指标 | 作物某时段每日的日照时数之和除以作物某时段每日可照时数之和 |
| 生育期≥10℃积温 | 作物种植界限与作物布局的主要依据 | $q=\sum_{n_2}^{n_1}T_i$（$n_1$为作物生育期≥10℃的起始日期，$n_2$为作物生育期≥10℃的终止日期；$T_i$为作物某生育期日平均气温≥10℃的日平均气温值，当某时段日平均气温＜10℃时，$T_i$为0，单位为℃） |
| 生育期≥15℃积温 | 作物种植界限与作物布局的主要依据 | $q=\sum_{n_2}^{n_1}T_i$（$n_1$为作物生育期≥15℃的起始日期，$n_2$为作物生育期≥15℃的终止日期；$T_i$为作物某生育期日平均气温≥15℃的日平均气温值，当某时段日平均气温＜15℃时，$T_i$为0，单位为℃） |
| 生育期平均气温 | 作物种植制度等的主要参考数据 | 作物生育期内日平均气温均值 |
| 生育期极端最高气温 | 作物种植界限的主要参考依据 | 作物生育期内日平均极端最高气温均值 |
| 生育期极端最低气温 | 作物种植界限的主要参考依据 | 作物生育期内日平均极端最低气温均值 |
| 光温生产潜力 | 作物在水肥条件处于最适状态时，由光温因素组合所决定的产量水平，反映了在最高投入水平下，特定作物在一个地区灌溉农田可能达到的产量上限 | FAO-AEZ方法 |

2. 水分资源制图指标计算方法见表2。

表2　水分资源制图指标计算方法

| 制图指标 | 农业含义 | 计算方法 |
| --- | --- | --- |
| 生育期降水量 | 作物生育期内总降水量，反映生育阶段主要水分收入的多少 | 生育期内逐日降水量求和 |
| 各生育阶段降水量 | 作物不同生育阶段内降水量，反映不同生育阶段主要水分收入的多少 | 不同生育阶段内逐日降水量求和 |
| 75%降水保证率条件下生育期降水量 | 在某时段内，一地的降水量高于（或低于）某个界限值的频率总和。以百分数(%)表示 | 绘制降水量保证率曲线图，查出对应的75%降水保证率条件下生育期降水量 |
| 生育期需水量 | 作物生育期需水量，反映作物最大水分支出 | 生育期内作物系数与日参考作物蒸散量乘积求和 |

续表

| 制图指标 | 农业含义 | 计算方法 |
|---|---|---|
| 生育期降水盈亏量 | 作物生育期降水量与需水量的差值，反映降水与最大潜在水分支出的平衡关系 | 降水量减需水量 |
| 75%降水保证率下降水盈亏量 | 4年三遇条件下降水量与需水量的差值 | 降水量（75%降水保证率下）减需水量 |

3. 灾害指标计算方法见表3、表4、表5。

表3 春小麦灾害指标说明

| 灾害种类 | 生育期 | 指标 | 依据 |
|---|---|---|---|
| 拔节期轻旱 | 5月20日—6月10日 | 降水量负距平<30% | QX/T 81—2007《小麦干旱灾害等级》 |
| 拔节期中旱 | | 30%≤降水量负距平<65% | |
| 拔节期重旱 | | 降水量负距平≥65% | |
| 播种期—成熟期轻旱 | 4月7日—7月31日 | 降水量负距平<15% | |
| 播种期—成熟期中旱 | | 15%≤降水量负距平<35% | |
| 播种期—成熟期重旱 | | 35%≤降水量负距平<55% | |
| 春麦区轻度干热风 | 内蒙古河套平原、宁夏平原 6月10日—7月20日 | 日最高气温≥32℃，14时相对湿度≤30%，14时风速≥2 m/s | QX/T 82—2007《小麦干热风灾害等级》 |
| | 甘肃河西走廊 6月10日—7月20日 | 日最高气温≥32℃，14时相对湿度≤30% | |
| | 新疆维吾尔自治区 5月10日—6月20日 | 日最高气温≥34℃，14时相对湿度≤30%，14时风速≥2 m/s | |
| 春麦区重度干热风 | 内蒙古河套平原、宁夏平原 6月10日—7月20日 | 日最高气温≥34℃，14时相对湿度≤25%，14时风速≥2 m/s | |
| | 甘肃河西走廊 6月10日—7月20日 | 日最高气温≥35℃，14时相对湿度≤30% | |
| | 新疆维吾尔自治区 5月10日—6月20日 | 日最高气温≥36℃，14时相对湿度≤25%，14时风速≥3 m/s | |

表4 冬小麦灾害指标说明

| 灾害种类 | 生育期 | 指标 | 依据 |
|---|---|---|---|
| 播种期—成熟期严重干旱 | 10月1日—翌年5月31日 | 降水量负距平≥55% | QX/T 81—2007《小麦干旱灾害等级》 |
| 分蘖期高温 | 12月1日—12月31日 | 日平均气温≥17℃ | GB/T 21985—2008《主要农作物高温危害温度指标》 |
| 越冬期冻害 | 12月1日—翌年2月28日 | 日最低气温<0℃ | |
| 越冬期高温 | 1月1日—2月28日 | 日平均气温≥5℃ | |
| 拔节期轻旱 | 3月10日—4月10日 | 降水量负距平≤30% | QX/T 81—2007《小麦干旱灾害等级》 |
| 拔节期中旱 | | 30%≤降水量负距平<65% | |
| 拔节期重旱 | | 降水量负距平≥65% | |
| 灌浆结实期高温 | 5月1日—5月20日 | 日平均气温≥24℃ | GB/T 21985—2008《主要农作物高温危害温度指标》 |
| 冬麦区轻度干热风 | 华北平原、汾渭谷地 5月1日—6月20日 | 日最高气温≥32℃，14时相对湿度≤30%，14时风速≥2 m/s | QX/T 82—2007《小麦干热风灾害等级》 |
| | 黄土高原旱塬区 5月1日—6月20日 | 日最高气温≥30℃，14时相对湿度≤30%，14时风速≥3 m/s | |
| | 新疆维吾尔自治区 5月10日—6月20日 | 日最高气温≥34℃，14时相对湿度≤30%，14时风速≥2 m/s | |
| 冬麦区重度干热风 | 华北平原、汾渭谷地 5月1日—6月20日 | 日最高气温≥35℃，14时相对湿度≤25%，14时风速≥3 m/s | |
| | 黄土高原旱塬区 5月1日—6月20日 | 日最高气温≥30℃，14时相对湿度≤30%，14时风速≥3 m/s | |
| | 新疆维吾尔自治区 5月10日—6月20日 | 日最高气温≥36℃，14时相对湿度≤25%，14时风速≥3 m/s | |

表5 病虫害指标说明

| 灾害种类 | 生育期 | 指标 | 依据 |
|---|---|---|---|
| 小麦条锈病越夏 | 7—8月 | 最热一旬平均气温 $(t, ℃)$ $t \leq 20$，适宜越夏；$20 < t \leq 22$，次适宜越夏；$22 < t \leq 23$，越夏上限；$t > 23$，不能越夏 | 马占鸿,石守定,姜玉英,等,2004.基于GIS的中国小麦条锈病菌越夏区气候区划[J].植物病理学报,34(5):455-462.<br>中国农业科学院植物保护研究所,1995.中国农作物病虫害:上册[M].北京:中国农业出版社:271-284. |
| 小麦条锈病越冬 | 12月—翌年2月 | 最冷月平均气温 $(t, ℃)$ $t \geq -5$，适宜越冬；$-6 \leq t < -5$，次适宜越冬；$-7 \leq t < -6$，可以越冬；$t < -7$，不能越冬 | 马占鸿,石守定,王海光,等,2005.我国小麦条锈病菌既越冬又越夏地区的气候区划[J].西北农林科技大学学报(自然科学版),33:11-13.<br>中国农业科学院植物保护研究所,1995.中国农作物病虫害:上册[M].北京:中国农业出版社:271-284. |
| 小麦条锈病关键期发生 | 北方冬麦区：返青期—成熟期；南方冬麦区：拔节期—成熟期 | 日平均气温 $(t, ℃)$ $9 < t < 20$，且日降水量 $> 0.5$ mm的雨日数 | 陈林,费永成,亢继林,等,2010.成都市2009年小麦条锈病特重发生的气象特征[J].高原山地气象研究,30(1):50-53.<br>中国农业科学院植物保护研究所,1995.中国农作物病虫害:上册[M].北京:中国农业出版社:271-284. |
| 小麦赤霉病发生 | 抽穗开花期—灌浆期 | 日平均气温 $(t, ℃)$ $t \geq 15$ 期间的雨日数 | 张旭晖,高苹,居为民,等,2009.小麦赤霉病气象条件适宜程度等级预报[J].气象科学,29(4):552-556.<br>中国农业科学院植物保护研究所,1995.中国农作物病虫害:上册[M].北京:中国农业出版社:284-293. |
| 小麦白粉病越夏 | 7—8月 | 最热一旬平均气温 $(t, ℃)$ $t < 24$，适宜越夏；$24 \leq t \leq 26$，可能越夏；$t > 26$，不能越夏 | 李伯宁,周益林,段霞瑜,2008.小麦白粉病与温度的定量关系研究[J].植物保护,34(3):22-25.<br>中国农业科学院植物保护研究所,1995.中国农作物病虫害:上册[M].北京:中国农业出版社:293-299. |
| 小麦白粉病关键期发生 | 北方冬麦区：返青期—成熟期；南方冬麦区：拔节期—成熟期 | 日平均气温 $(t, ℃)$ $10 < t < 24$，且日降水量 $< 25$ mm的雨日数 | |

续表

| 灾害种类 | 生育期 | 指标 | 依据 |
|---|---|---|---|
| 小麦麦蚜发生 | 北方冬麦区：返青期—成熟期；南方冬麦区：拔节期—成熟期 | 日平均气温($t$,℃)$12<t<22$，且日平均相对湿度<70%的日数 | 李云瑞，2006. 农业昆虫学[M]. 北京：高等教育出版社：95-101.<br>中国农业科学院植物保护研究所，1995. 中国农作物病虫害：上册[M]. 北京：中国农业出版社：402-409. |

## 四、图集的应用

本卷图集精选影响小麦生长发育的主要光温资源指标、水分资源指标和主要气象灾害指标，编制、收录小麦气候资源图幅171幅，系统、全面地反映了不同年代小麦生育期的变化特征，以及我国1981—2010年30年间小麦光温资源、水分资源和主要气象灾害的时空分布特征及变化趋势。根据生育期图，读者可以直接或间接查找各地小麦生育期的日期，查看过去30多年来我国小麦生育期的变化情况。根据本卷图集给出的两个时段的小麦全生育期和各生育期空间分布，读者可以了解现有小麦与气候条件的配套情况，确定各地区最需要的小麦品种或品种特性，为合理利用作物品种资源提供依据。同时，根据本卷图集给出的光温、水分和气象灾害要素空间分布，读者可以了解现有小麦生长环境与气候资源的匹配状况，为合理利用农业气候资源提供依据，为农业生产高产高效可持续发展和科学制定农业生产决策提供理论指导。

# 目　录

## 1　春小麦　　001

### 1.1　春小麦全生育期日数、水分和灾害相关数据说明　　002

20世纪80年代春小麦播种期—成熟期日数　　005
21世纪10年代春小麦播种期—成熟期日数　　006
春小麦播种期—成熟期降水量　　007
75％降水保证率春小麦播种期—成熟期降水量　　008
春小麦播种期—成熟期需水量　　009
75％降水保证率春小麦播种期—成熟期需水量　　010
春小麦播种期—成熟期降水盈亏量　　011
75％降水保证率春小麦播种期—成熟期降水盈亏量　　012
春小麦播种期—成熟期降水满足率　　013
春小麦播种期—成熟期缺水率　　014
春小麦播种期—成熟期轻旱发生频率　　015
春小麦播种期—成熟期轻旱发生频次　　016
春小麦播种期—成熟期中旱发生频率　　017
春小麦播种期—成熟期中旱发生频次　　018
春小麦播种期—成熟期重旱发生频率　　019

| 春小麦播种期—成熟期重旱发生频次 | 020 |
| 春小麦播种期—成熟期严重干旱发生频率 | 021 |
| 春小麦播种期—成熟期严重干旱发生频次 | 022 |

## 1.2　春小麦播种期—拔节期日数、光、温、水和灾害相关数据说明　　023

| 20世纪80年代春小麦播种期 | 025 |
| 21世纪10年代春小麦播种期 | 026 |
| 20世纪80年代春小麦拔节期 | 027 |
| 21世纪10年代春小麦拔节期 | 028 |
| 21世纪10年代春小麦播种期—拔节期日数 | 029 |
| 春小麦播种期—拔节期太阳总辐射量 | 030 |
| 春小麦播种期—拔节期光合有效辐射量 | 031 |
| 春小麦播种期—拔节期日照时数 | 032 |
| 春小麦播种期—拔节期日照百分率 | 033 |
| 春小麦播种期—拔节期≥0℃积温 | 034 |
| 春小麦播种期—拔节期≥10℃积温 | 035 |
| 春小麦播种期—拔节期平均气温 | 036 |
| 春小麦播种期—拔节期极端最低气温 | 037 |
| 春小麦播种期—拔节期极端最高气温 | 038 |
| 春小麦播种期—拔节期光合生产潜力 | 039 |
| 春小麦播种期—拔节期降水量 | 040 |
| 春小麦播种期—拔节期需水量 | 041 |
| 春小麦播种期—拔节期降水盈亏量 | 042 |

## 1.3　春小麦拔节期—开花期日数、光、温、水和灾害相关数据说明　　043

| 21世纪10年代春小麦开花期 | 046 |
| 21世纪10年代春小麦拔节期—开花期日数 | 047 |
| 春小麦拔节期—开花期太阳总辐射量 | 048 |
| 春小麦拔节期—开花期光合有效辐射量 | 049 |

| | |
|---|---|
| 春小麦拔节期—开花期日照时数 | 050 |
| 春小麦拔节期—开花期日照百分率 | 051 |
| 春小麦拔节期—开花期≥0℃积温 | 052 |
| 春小麦拔节期—开花期≥10℃积温 | 053 |
| 春小麦拔节期—开花期平均气温 | 054 |
| 春小麦拔节期—开花期极端最低气温 | 055 |
| 春小麦拔节期—开花期极端最高气温 | 056 |
| 春小麦拔节期—开花期光合生产潜力 | 057 |
| 春小麦拔节期—开花期降水量 | 058 |
| 春小麦拔节期—开花期需水量 | 059 |
| 春小麦拔节期—开花期降水盈亏量 | 060 |
| 春小麦拔节期轻旱发生频率 | 061 |
| 春小麦拔节期轻旱发生频次 | 062 |
| 春小麦拔节期中旱发生频率 | 063 |
| 春小麦拔节期中旱发生频次 | 064 |
| 春小麦拔节期重旱发生频率 | 065 |
| 春小麦拔节期重旱发生频次 | 066 |

## 1.4　春小麦开花期—成熟期日数、光、温、水和灾害相关数据说明　　067

| | |
|---|---|
| 20世纪80年代春小麦成熟期 | 070 |
| 21世纪10年代春小麦成熟期 | 071 |
| 21世纪10年代春小麦开花期—成熟期日数 | 072 |
| 春小麦开花期—成熟期太阳总辐射量 | 073 |
| 春小麦开花期—成熟期光合有效辐射量 | 074 |
| 春小麦开花期—成熟期日照时数 | 075 |
| 春小麦开花期—成熟期日照百分率 | 076 |
| 春小麦开花期—成熟期≥0℃积温 | 077 |
| 春小麦开花期—成熟期≥10℃积温 | 078 |
| 春小麦开花期—成熟期平均气温 | 079 |
| 春小麦开花期—成熟期极端最低气温 | 080 |
| 春小麦开花期—成熟期极端最高气温 | 081 |

| 春小麦开花期—成熟期光合生产潜力 | 082 |
| 春小麦开花期—成熟期降水量 | 083 |
| 春小麦开花期—成熟期需水量 | 084 |
| 春小麦开花期—成熟期降水盈亏量 | 085 |
| 春小麦区轻度干热风发生频率 | 086 |
| 春小麦区轻度干热风发生频次 | 087 |
| 春小麦区重度干热风发生频率 | 088 |
| 春小麦区重度干热风发生频次 | 089 |

## 2 冬小麦　　091

### 2.1 冬小麦全生育期日数、水分和灾害相关数据说明　　092

| 20世纪80年代冬小麦播种期—成熟期日数 | 095 |
| 21世纪10年代冬小麦播种期—成熟期日数 | 096 |
| 冬小麦播种期—成熟期降水量 | 097 |
| 冬小麦播种期—成熟期需水量 | 098 |
| 冬小麦播种期—成熟期降水盈亏量 | 099 |
| 冬小麦播种期—成熟期缺水率 | 100 |
| 冬小麦播种期—成熟期降水满足率 | 101 |
| 冬小麦区轻度干热风发生频率 | 102 |
| 冬小麦区轻度干热风发生频次 | 103 |
| 冬小麦区重度干热风发生频率 | 104 |
| 冬小麦区重度干热风发生频次 | 105 |
| 冬小麦条锈病越夏气象条件分布 | 106 |
| 冬小麦条锈病越冬气象条件分布 | 107 |
| 冬小麦条锈病关键期发生气象条件日数分布 | 108 |
| 冬小麦赤霉病发生气象条件日数分布 | 109 |
| 冬小麦白粉病越夏气象条件分布 | 110 |
| 冬小麦白粉病关键期发生气象条件日数分布 | 111 |
| 冬小麦麦蚜关键期发生气象条件日数分布 | 112 |

## 2.2 冬小麦播种期—越冬期日数、光、温、水和灾害相关数据说明　　113

20世纪80年代冬小麦播种期　　116
21世纪10年代冬小麦播种期　　117
20世纪80年代冬小麦越冬期　　118
21世纪10年代冬小麦越冬期　　119
21世纪10年代冬小麦播种期—越冬期日数　　120
21世纪10年代冬小麦越冬期—返青期日数　　121
冬小麦播种期—越冬期太阳总辐射量　　122
冬小麦播种期—越冬期光合有效辐射量　　123
冬小麦播种期—越冬期日照时数　　124
冬小麦播种期—越冬期日照百分率　　125
冬小麦播种期—越冬期 ≥ 0 ℃积温　　126
冬小麦播种期—越冬期平均气温　　127
冬小麦播种期—越冬期极端最低气温　　128
冬小麦播种期—越冬期光合生产潜力　　129
冬小麦播种期—越冬期降水量　　130
冬小麦播种期—越冬期需水量　　131
冬小麦播种期—越冬期降水盈亏量　　132
冬小麦分蘖期高温发生频率　　133
冬小麦分蘖期高温发生频次　　134
冬小麦越冬期高温发生频率　　135
冬小麦越冬期高温发生频次　　136
冬小麦越冬期冻害发生频率　　137
冬小麦越冬期冻害发生频次　　138

## 2.3 冬小麦返青期—拔节期日数、光、温、水和灾害相关数据说明　　139

20世纪80年代冬小麦返青期　　142
21世纪10年代冬小麦返青期　　143

| | |
|---|---|
| 20世纪80年代冬小麦拔节期 | 144 |
| 21世纪10年代冬小麦拔节期 | 145 |
| 21世纪10年代冬小麦返青期—拔节期日数 | 146 |
| 21世纪10年代冬小麦播种期—拔节期日数（南方） | 147 |
| 冬小麦返青期—拔节期太阳总辐射量 | 148 |
| 冬小麦返青期—拔节期光合有效辐射量 | 149 |
| 冬小麦返青期—拔节期日照时数 | 150 |
| 冬小麦返青期—拔节期日照百分率 | 151 |
| 冬小麦返青期—拔节期≥0℃积温 | 152 |
| 冬小麦返青期—拔节期平均气温 | 153 |
| 冬小麦返青期—拔节期极端最低气温 | 154 |
| 冬小麦返青期—拔节期光合生产潜力 | 155 |
| 冬小麦返青期—拔节期降水量 | 156 |
| 冬小麦返青期—拔节期需水量 | 157 |
| 冬小麦返青期—拔节期降水盈亏量 | 158 |
| 冬小麦拔节期轻旱发生频率 | 159 |
| 冬小麦拔节期轻旱发生频次 | 160 |
| 冬小麦拔节期中旱发生频率 | 161 |
| 冬小麦拔节期中旱发生频次 | 162 |
| 冬小麦拔节期重旱发生频率 | 163 |
| 冬小麦拔节期重旱发生频次 | 164 |

## 2.4　冬小麦拔节期—开花期日数、光、温、水和灾害相关数据说明　　165

| | |
|---|---|
| 21世纪10年代冬小麦开花期 | 167 |
| 21世纪10年代冬小麦拔节期—开花期日数 | 168 |
| 冬小麦拔节期—开花期太阳总辐射量 | 169 |
| 冬小麦拔节期—开花期光合有效辐射量 | 170 |
| 冬小麦拔节期—开花期日照时数 | 171 |
| 冬小麦拔节期—开花期日照百分率 | 172 |
| 冬小麦拔节期—开花期≥0℃积温 | 173 |
| 冬小麦拔节期—开花期平均气温 | 174 |

| 冬小麦拔节期—开花期极端最低气温 | 175 |
| 冬小麦拔节期—开花期光合生产潜力 | 176 |
| 冬小麦拔节期—开花期降水量 | 177 |
| 冬小麦拔节期—开花期需水量 | 178 |
| 冬小麦拔节期—开花期降水盈亏量 | 179 |

## 2.5 冬小麦开花期—成熟期日数、光、温、水和灾害相关数据说明　　180

| 20世纪80年代冬小麦成熟期 | 182 |
| 21世纪10年代冬小麦成熟期 | 183 |
| 21世纪10年代冬小麦开花期—成熟期日数 | 184 |
| 冬小麦开花期—成熟期太阳总辐射量 | 185 |
| 冬小麦开花期—成熟期光合有效辐射量 | 186 |
| 冬小麦开花期—成熟期日照时数 | 187 |
| 冬小麦开花期—成熟期日照百分率 | 188 |
| 冬小麦开花期—成熟期≥0℃积温 | 189 |
| 冬小麦开花期—成熟期平均气温 | 190 |
| 冬小麦开花期—成熟期极端最低气温 | 191 |
| 冬小麦开花期—成熟期极端最高气温 | 192 |
| 冬小麦开花期—成熟期光合生产潜力 | 193 |
| 冬小麦开花期—成熟期降水量 | 194 |
| 冬小麦开花期—成熟期需水量 | 195 |
| 冬小麦开花期—成熟期降水盈亏量 | 196 |
| 冬小麦灌浆结实期高温发生频率 | 197 |
| 冬小麦灌浆结实期高温发生频次 | 198 |

参考文献　　199

# 1 | 春小麦

　　我国春小麦主要分布在东北、华北北部、西北和青藏高原地区,即东北地区的吉林、辽宁、黑龙江,华北北部地区内蒙古的东四盟(市)(赤峰市、通辽市、呼伦贝尔市和兴安盟),内蒙古中部、河北以北及山西北部,西北地区的甘肃、宁夏、新疆和青藏高原地区的西藏东南部等。

　　春小麦种植区气温相对偏低、降水量偏少、作物生长季短,作物抗旱能力较强,熟制以一年一熟为主。

## 1.1 春小麦全生育期日数、水分和灾害相关数据说明

春小麦各生育期日数由于气候条件和品种的差异而有所不同,其中春小麦播种期—拔节期日数为40～60 d,拔节期—开花期日数为20～40 d,开花期—成熟期日数为30～50 d;在西藏地区,受特殊地理和气候条件的影响,春小麦播种期—拔节期日数在90 d左右,开花期—成熟期日数在65 d左右,比一般情况下春小麦相对应的生育期日数明显增加。辽宁南部和河北中部地区春小麦播种期、拔节期、抽穗期和成熟期比黑龙江北部和内蒙古东部早30～40 d;在青藏高原,春小麦拔节期与黑龙江中部、内蒙古北部地区的拔节期基本相近,但由于青藏高原低纬度和高海拔的特点,抽穗期和成熟期推迟1～3个月。总体上,春小麦生育期呈现由南向北、海拔由低到高逐渐延后的现象。

与20世纪80年代相比,21世纪10年代除新疆地区外,春小麦的播种期普遍推迟10～15 d。除新疆南部和西藏东南部无明显变化外,其他地区春小麦拔节期普遍推迟10～15 d,拔节期同一时期的等值线向北移动约2个纬度。春小麦开花期变化比较复杂,新疆地区变化不明显,西藏东南部地区提前约10 d。21世纪10年代青海地区春小麦成熟期推迟约10 d,而西藏东南部地区提前约20 d,其他地区无明显变化。

西北地区春小麦全生育期降水量自南向北呈现逐渐递减的变化趋势,变化区间为70～350 mm,降水量最少的区域为新疆地区,降水量<70 mm,降水量最丰沛的区域处于青海和西藏南部山区,降水量为350～420 mm;东北地区降水量自西向东呈现逐渐递增的变化趋势,变化范围为140～280 mm。春小麦全生育期的需水量空间分布格局与降水量相反,降水量越高的区域春小麦需水量越少;西北地区需水量自南向北逐渐增加,变

化范围为350~450 mm，新疆地区需水量最多，＞450 mm；东北地区需水量自西向东逐渐递减，变化范围为350~400 mm。降水盈亏量空间特征与降水量相似，西北地区降水盈亏量自南向北逐渐递减，变化范围为-400~0 mm，降水亏缺量最大的区域为新疆地区，降水亏缺量在400 mm左右，降水量最丰富的区域处于青海和西藏南部山区，降水盈亏量为0 mm，能够基本满足春小麦生长所需水分；东北地区降水盈亏量自西向东呈现逐渐递增的变化趋势，变化范围为-200~0 mm；东北地区除了大兴安岭以北地区降水量无亏缺外，其他区域降水亏缺量在100 mm左右。

春小麦全生育期降水满足率空间变化趋势与降水量相似，西北地区降水量自南向北呈现逐渐递减的变化趋势，降水满足率为20%~80%，降水满足率最低的区域在新疆地区，满足率＜20%，降水量最丰富的区域处于青海和西藏南部山区，降水满足率为60%~80%；东北地区降水满足率自西向东呈现逐渐递增的变化趋势，全区域变化范围为20%~80%，空间差异较大。东北三省的降水满足率为60%~80%，内蒙古东四盟（市）的降水满足率相对较低，为20%~40%。春小麦全生育期缺水率变化趋势与降水满足率相反，西北地区缺水率自南向北逐渐增加，变化范围为20%~80%，新疆地区缺水最严重，缺水率在80%左右；降水量最丰富的区域处于青海和西藏南部山区，缺水率为20%~40%；东北地区缺水率在40%左右。

就75%降水保证率春小麦全生育期降水量而言，总体的变化趋势与降水量相似，西北地区75%降水保证率降水量和降水盈亏量自南向北逐渐递减，而需水量变化趋势刚好相反；75%降水保证率降水量为60~360 mm，75%降水保证率需水量为350~450 mm，75%降水保证率降水盈亏量为-400~-100 mm；降水量最少的区域在新疆地区，75%降水保证率降水量＜60 mm，75%降水保证率需水量为400~450 mm，75%降水保证率降水盈亏量为-400 mm，即降水亏缺量为400 mm；降水量最丰富的区域处于青海和西藏南部山区，75%降水保证率降水量为240~360 mm，75%降水保证率需水量为350~400 mm，75%降水保证率降水盈亏量为-200~-100 mm，即水分亏缺量为100~200 mm。东北地区降水量和降水亏缺量自西向东呈现逐渐递增的变化趋势，75%降水保证率降水量为60~240 mm。75%降水保证率需水量为350~400 mm，75%降水保证率降水盈亏量为-400~-100 mm，即降水亏缺量为100~400 mm。

一定程度的干旱会导致春小麦生长速率减慢，光合速率降低，产量下降。在生产过程中，干旱和高温往往相伴发生，高温胁迫加剧作物水分亏缺，会引起植株早衰、生育期缩短，并可导致小麦产量下降。春小麦全生育期干旱主要分为轻旱、中旱、重旱和严重干旱，并常见于4—7月。一般主要从降水量距平百分率来判断干旱的程度，当降水量距平百分率＜15％时，则为轻旱；处于15％～35％时为中旱；处于35％～55％时为重旱；而降水量距平百分率＞55％时，则为严重干旱。

春小麦播种期—成熟期期间轻旱发生的频率自西向东逐渐增加，为9％～15％，最易发生轻旱的区域在黑龙江省南部地区，发生的频率为12％～15％；轻旱发生频率较低的区域为新疆地区及青海省西部地区，发生的频率约为9％。轻旱发生的频次变化趋势与频率相似，发生频次为3～4次，其中发生的频次较高的地区在黑龙江以南地区和内蒙古中部呼和浩特以北地区，发生的频次约为4次。春小麦播种期—成熟期中旱发生的频率自中部分别向东和向西呈现逐渐递减的变化趋势，为5％～15％。中旱发生的频次变化趋势与频率呈正相关，为2～4次。最易发生中旱的区域主要在内蒙古中部呼和浩特西南部地区，发生的频率为15％，发生的频次为4次。燕山以北和东北地区中旱发生的频率约为10％，西北地区中旱发生的频率为5％～10％，发生的频次约为2次。

春小麦播种期—成熟期期间重旱发生的频率和频次变化趋势与轻旱刚好相反，自西向东、自南向北呈现逐渐递增的变化趋势，频率变化范围为3％～10％，发生的频次变化范围为1～3次，其中最易发生重旱的区域主要在新疆地区，发生的频率为10％，发生的频次为3次，而频率发生最低的区域分布在东北三省以及青海、甘肃和宁夏以南地区，发生的频率为3％～5％，发生的频次仅为1次。春小麦播种期—成熟期期间严重干旱主要发生在西北地区，频率和频次呈现自东向西逐渐递增的变化趋势，发生的频率变化范围为20％～30％，发生的频次为6～10次，其中新疆西部地区最易发生严重干旱，发生的频率为30％，发生的频次为10次左右。

根据全国春小麦种植区旱灾风险等级和分布特点，可以有效地针对不同区域采取最适宜的抗旱措施和策略方案。依据干旱发生程度不同，提前确定减缓干旱对春小麦影响的农艺措施、节水工程和水肥管理模式等，为春小麦抗逆栽培和品质育种提供理论依据，对确保春小麦优质高效和安全生产具有重要意义。

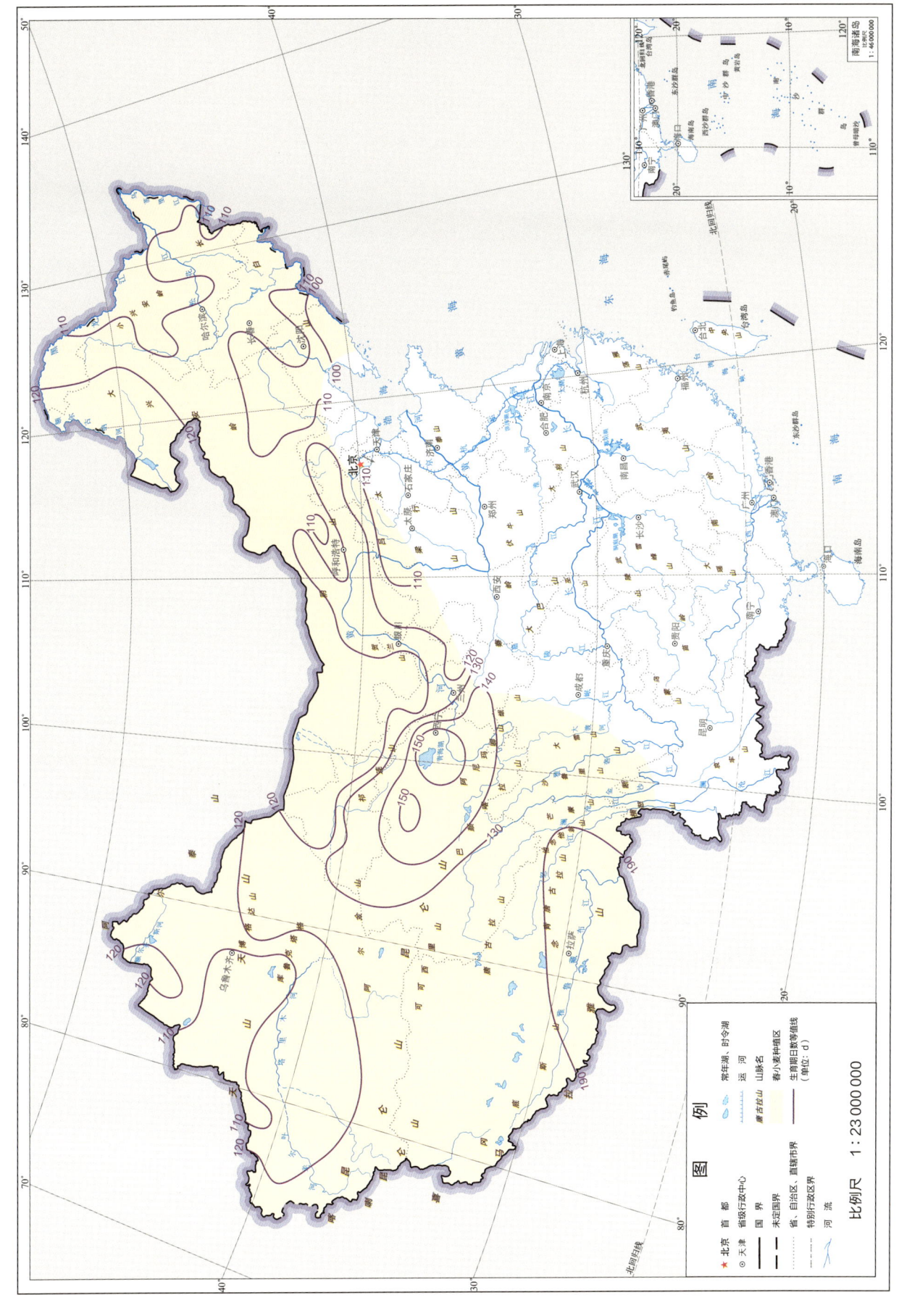

20世纪80年代春小麦播种期—成熟期日数

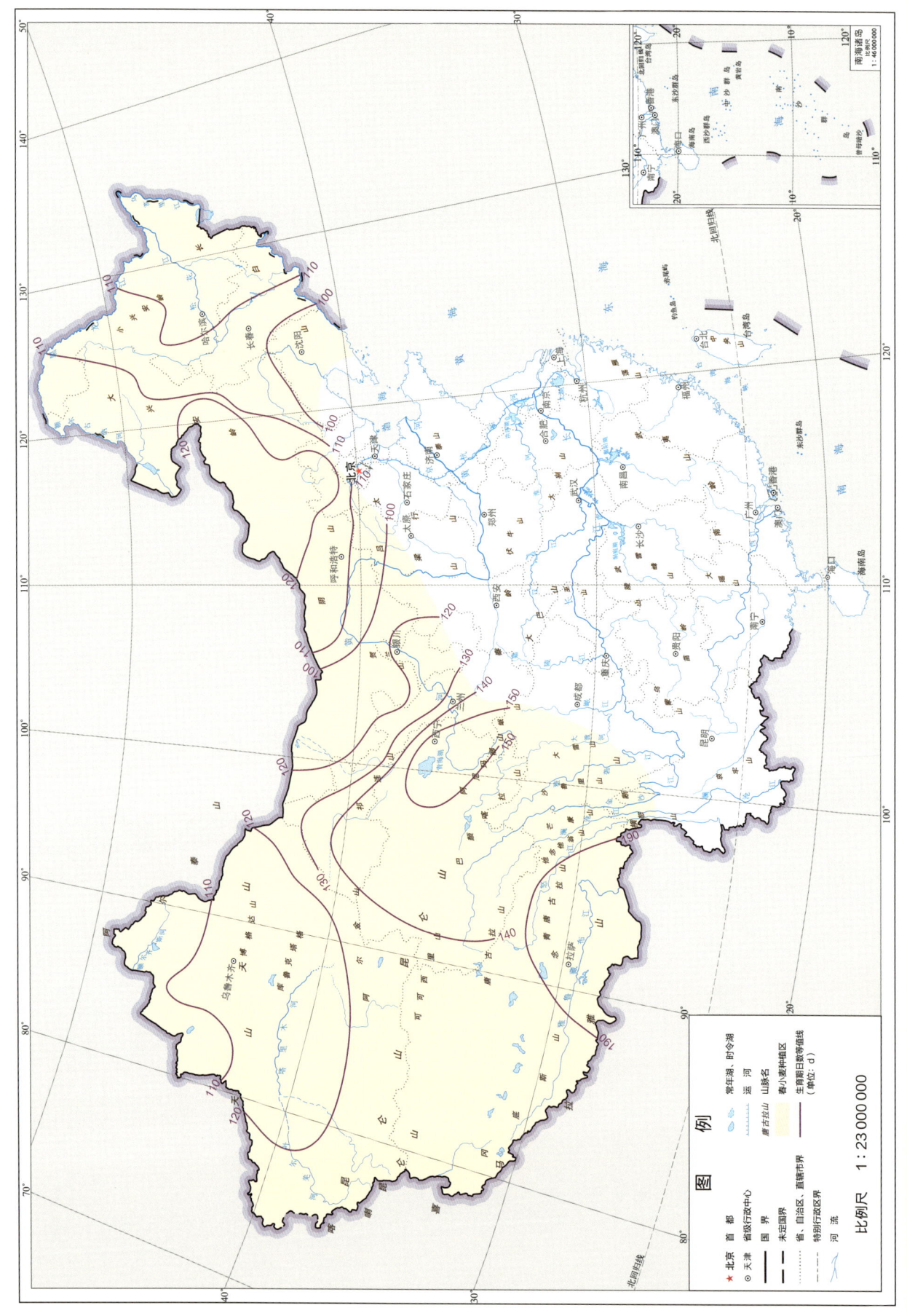

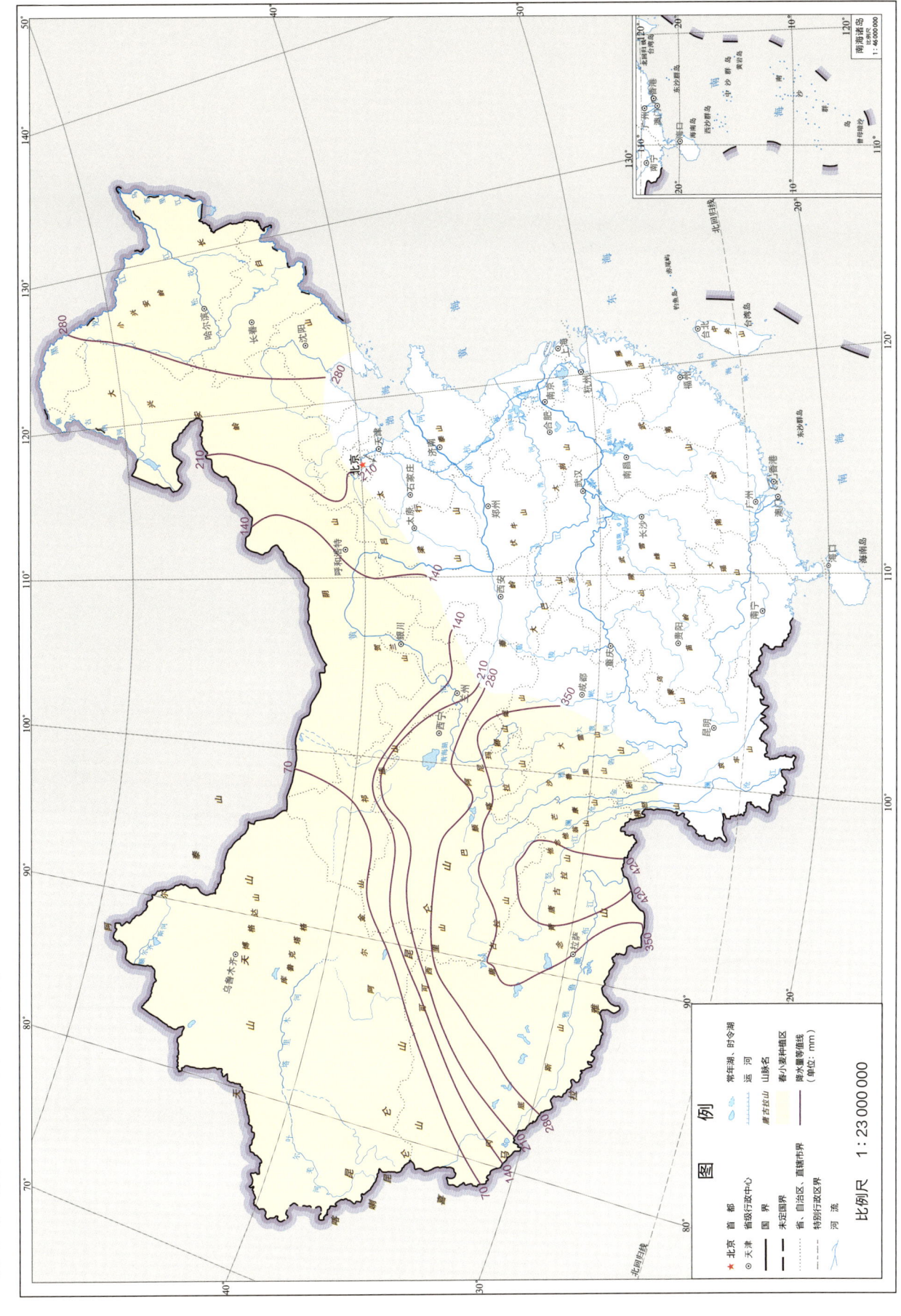

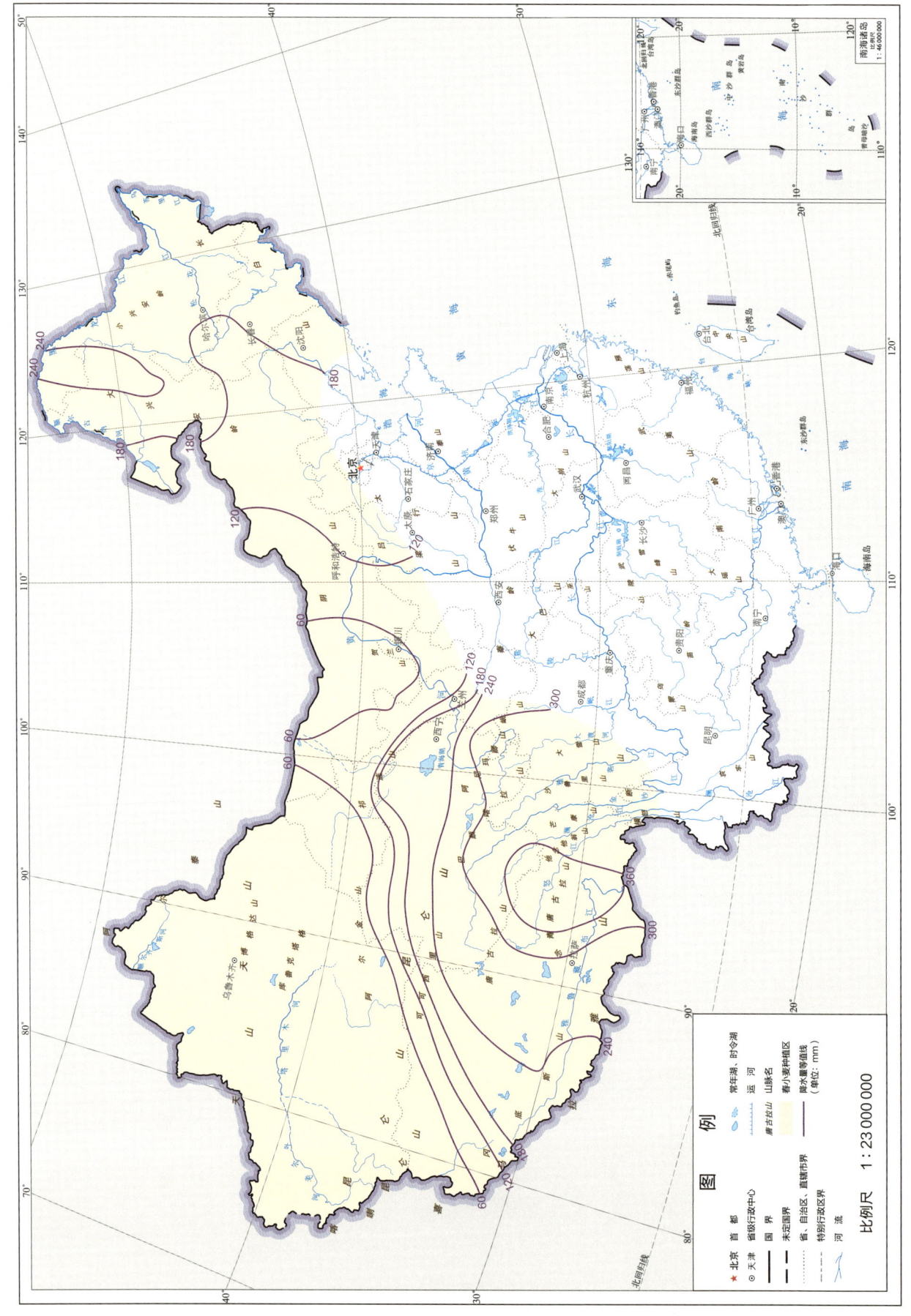

75%降水保证率春小麦播种期—成熟期降水量

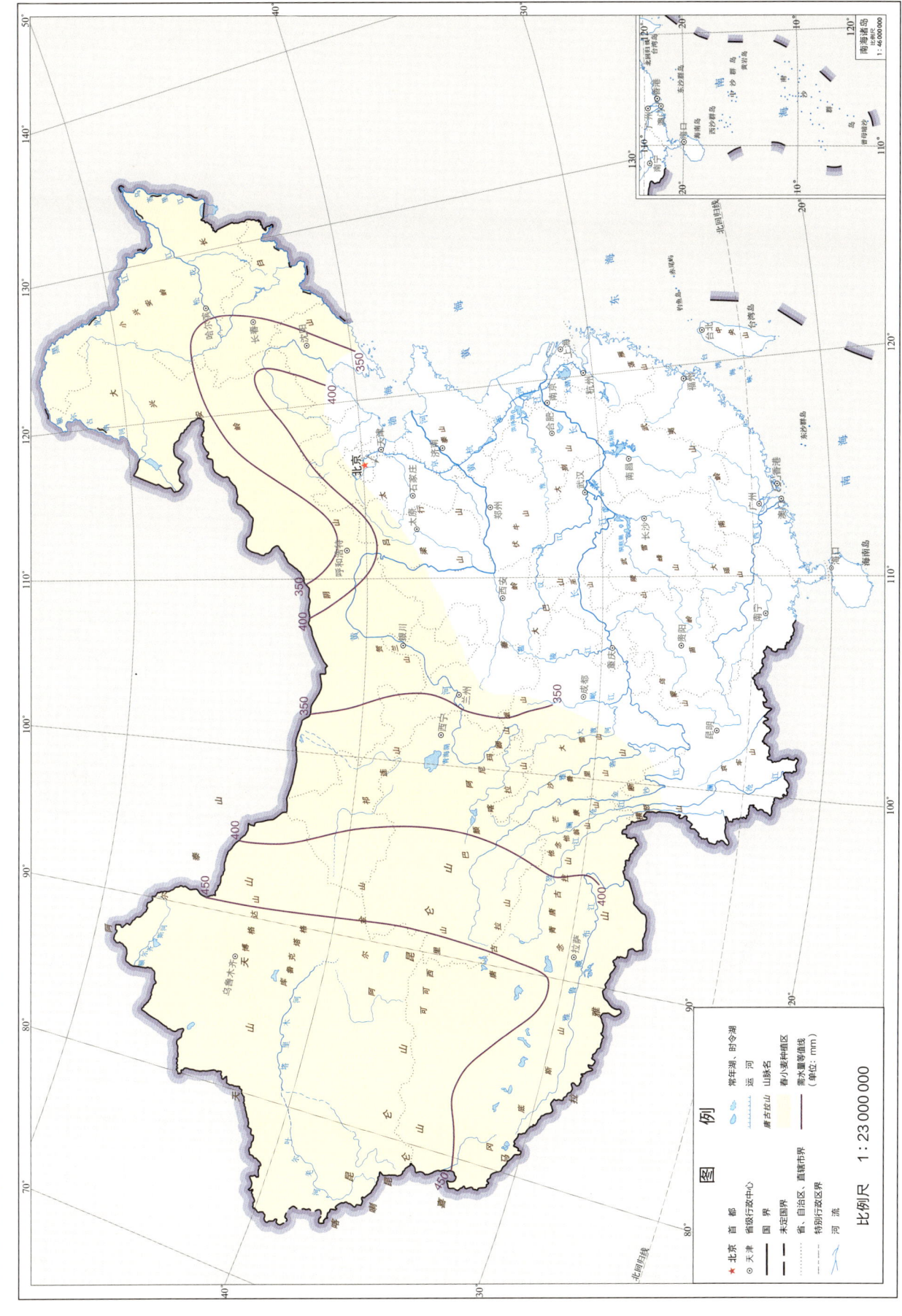

春小麦播种期—成熟期需水量

# 75%降水保证率春小麦播种期—成熟期需水量

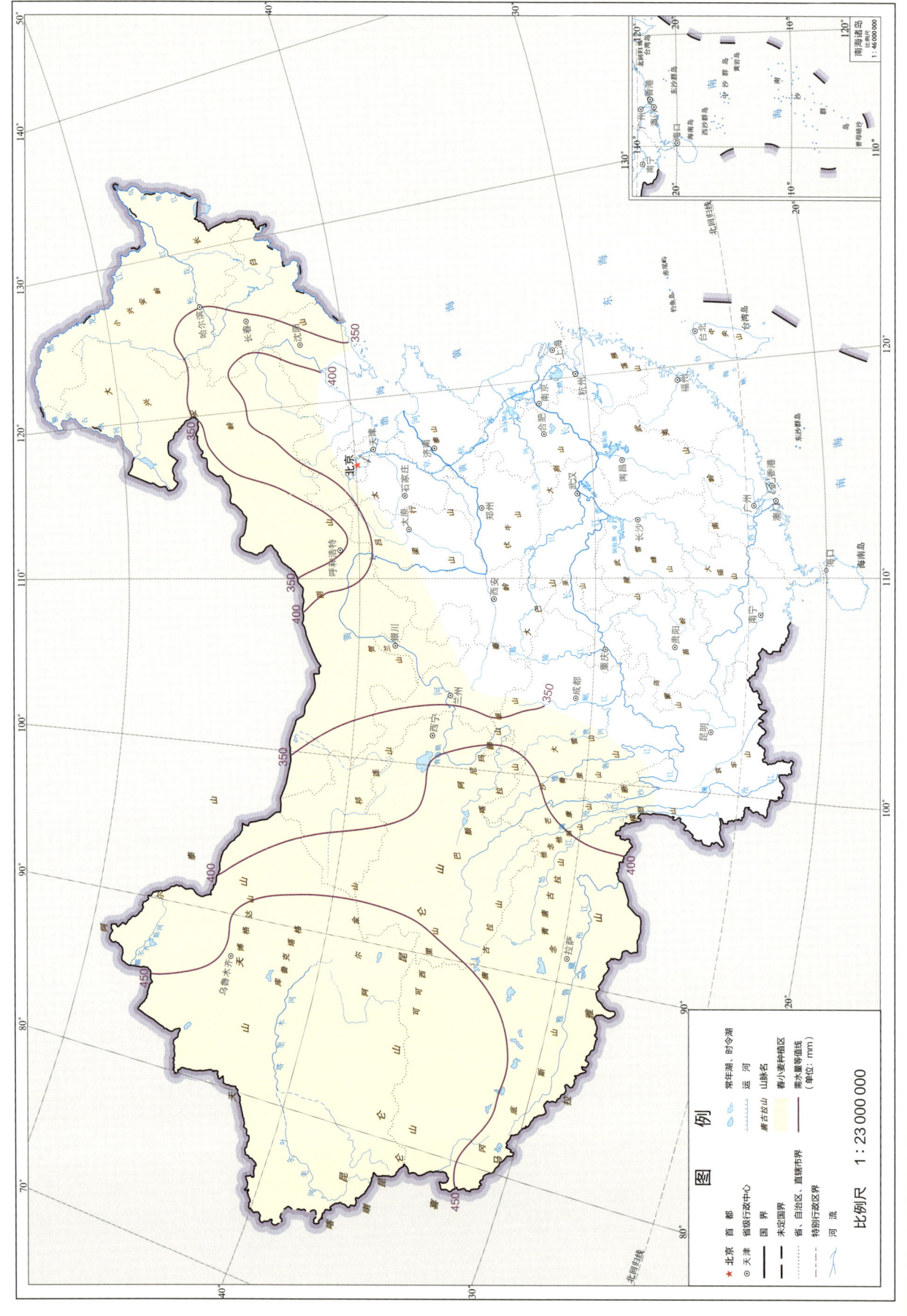

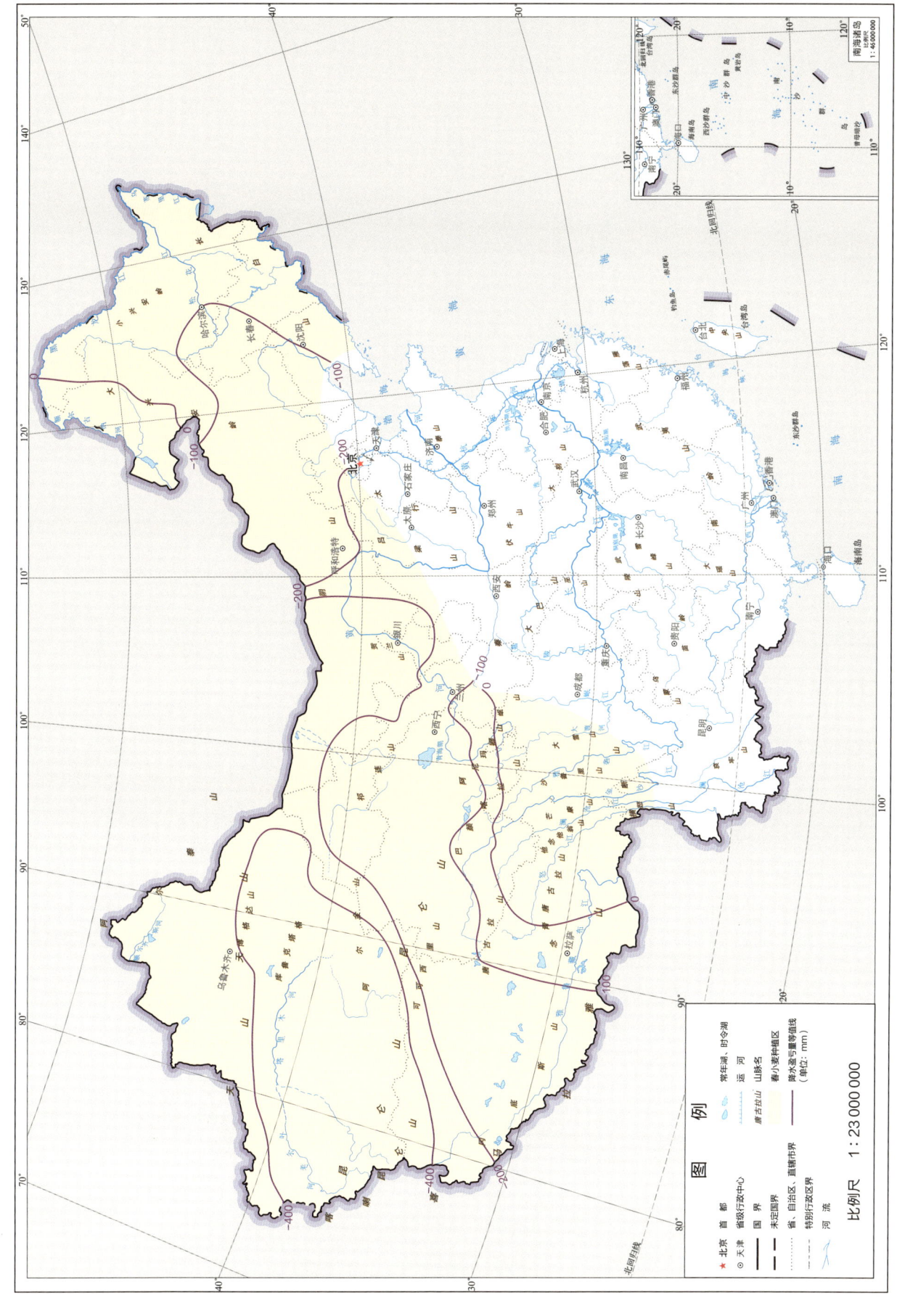

春小麦播种期—成熟期降水盈亏量

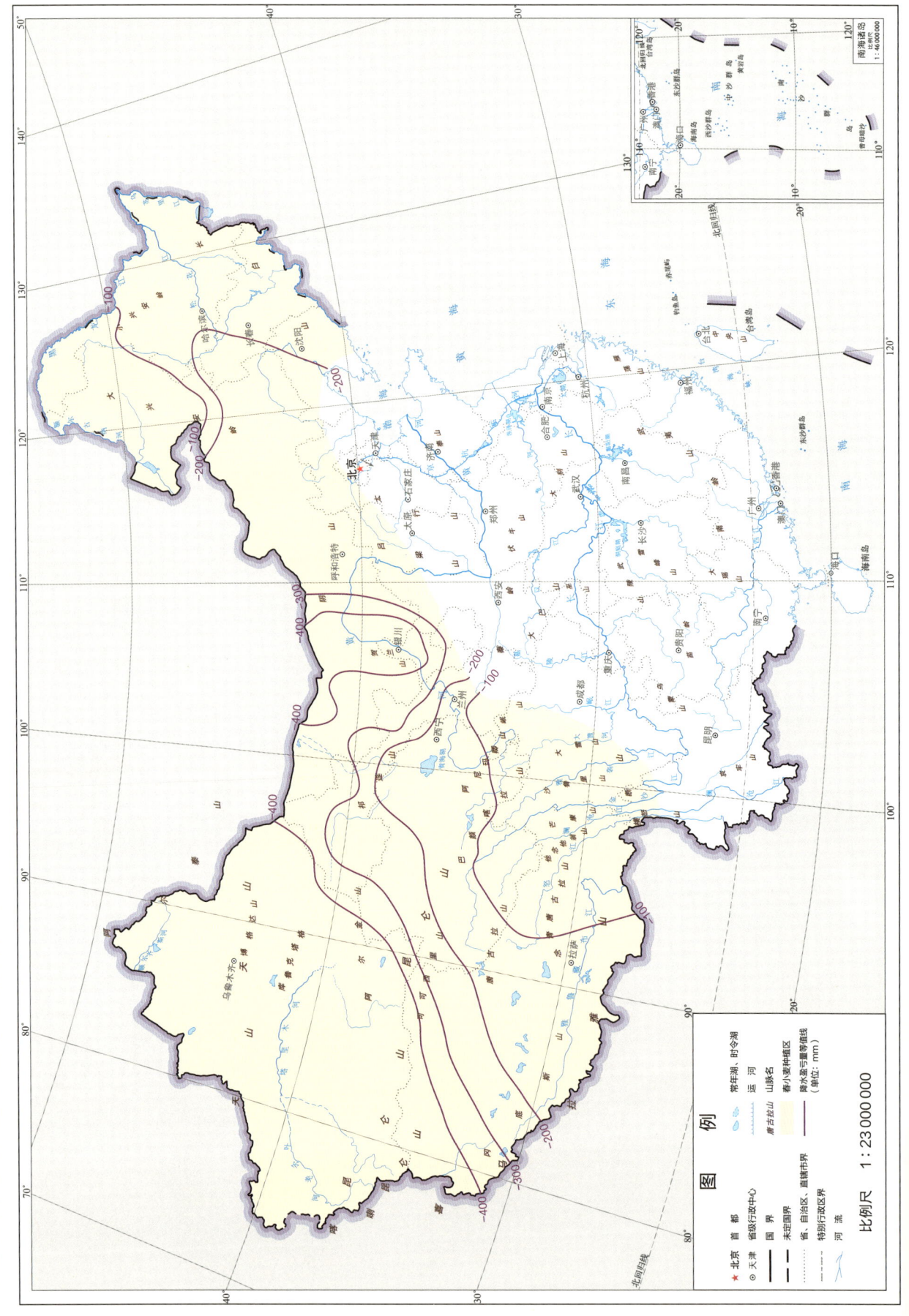

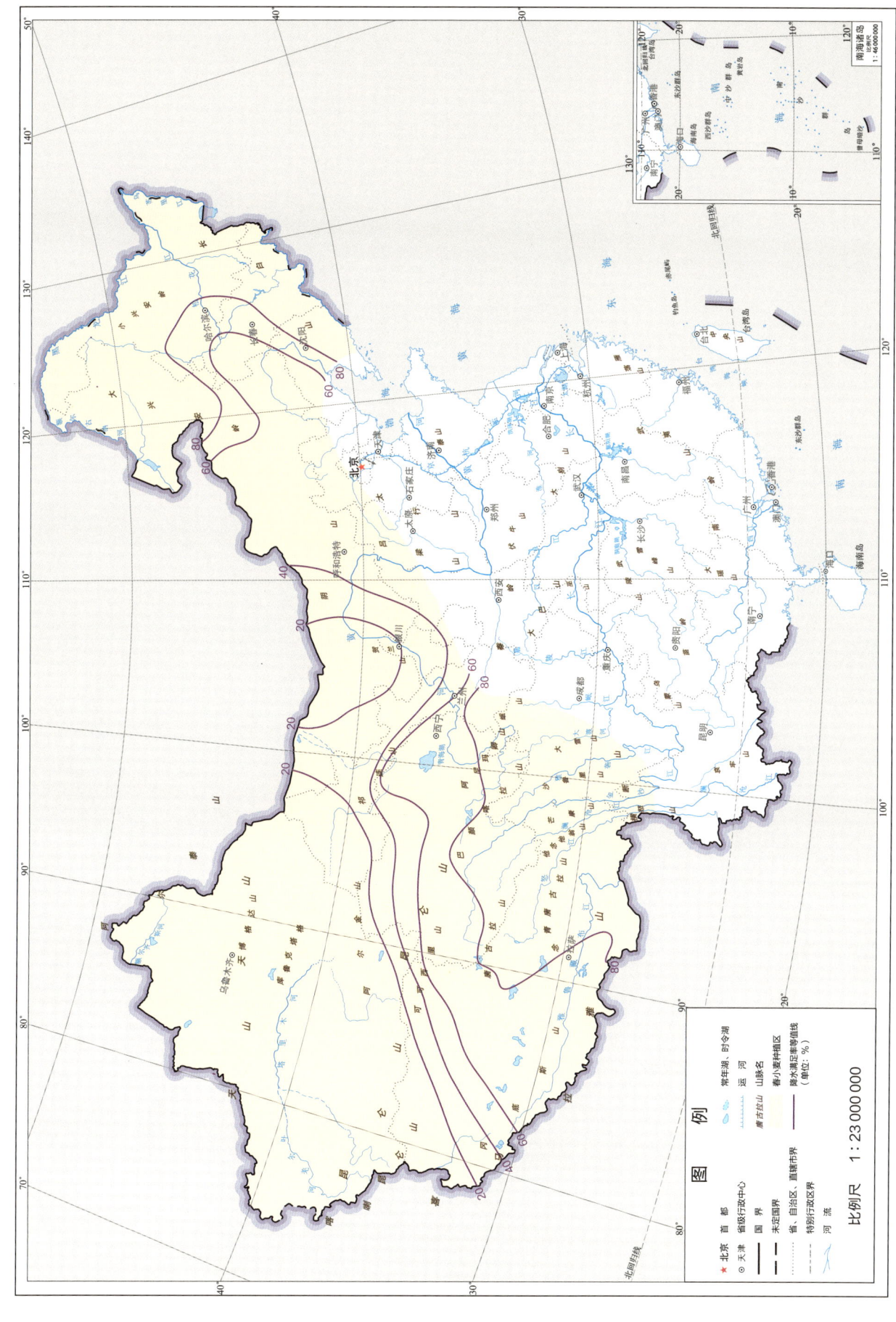

# 春小麦播种期—成熟期缺水率

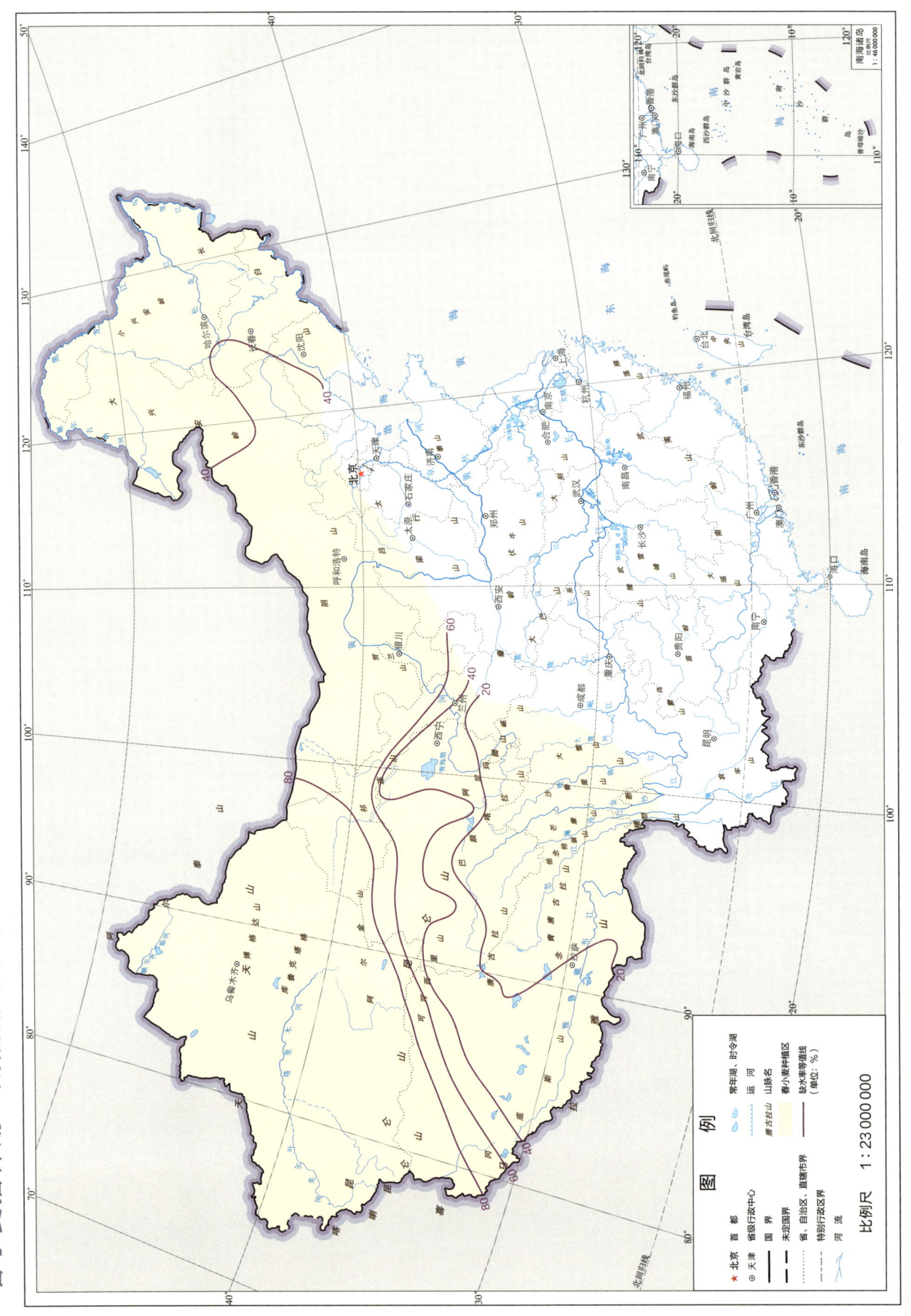

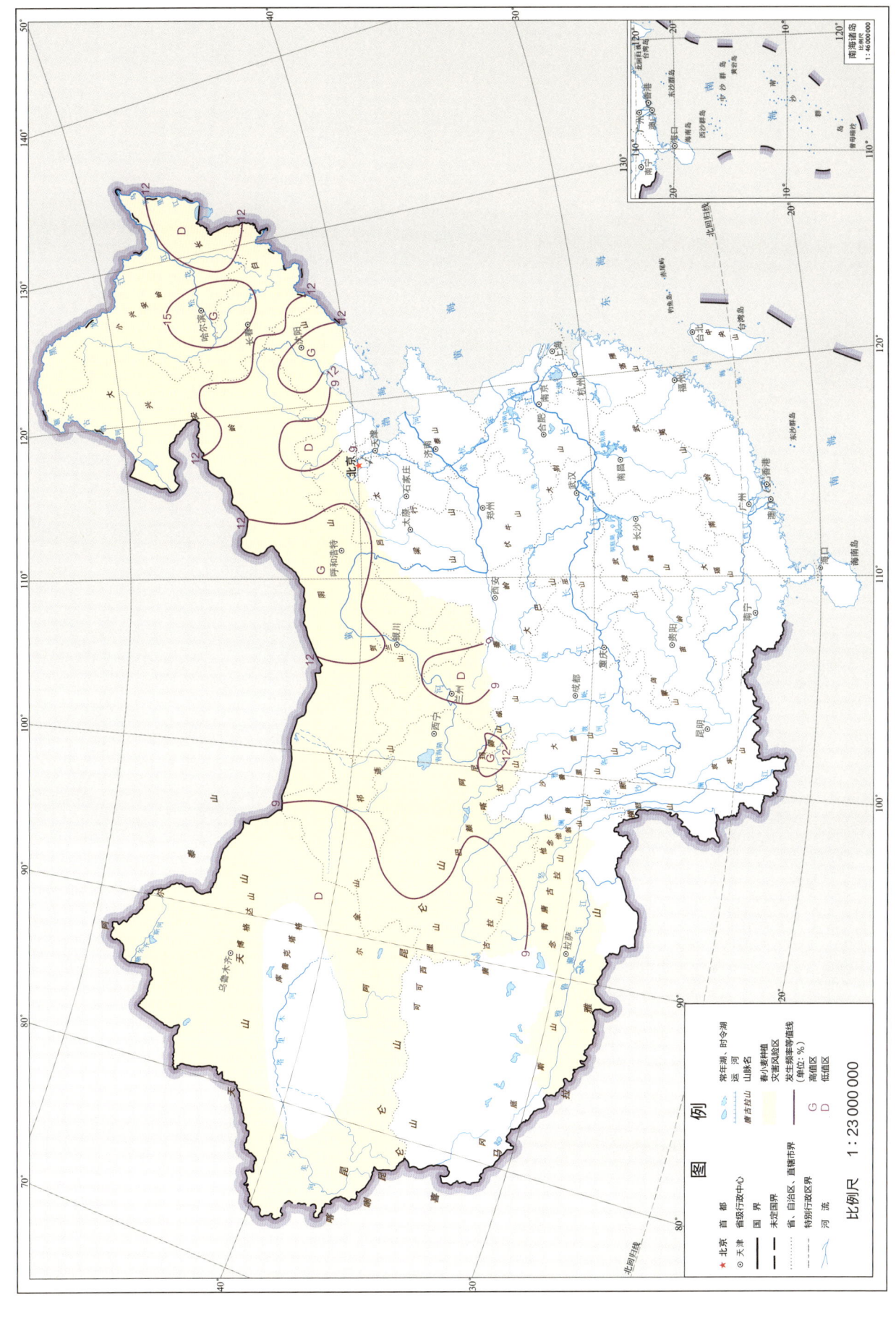

春小麦播种期—成熟期轻旱发生频率

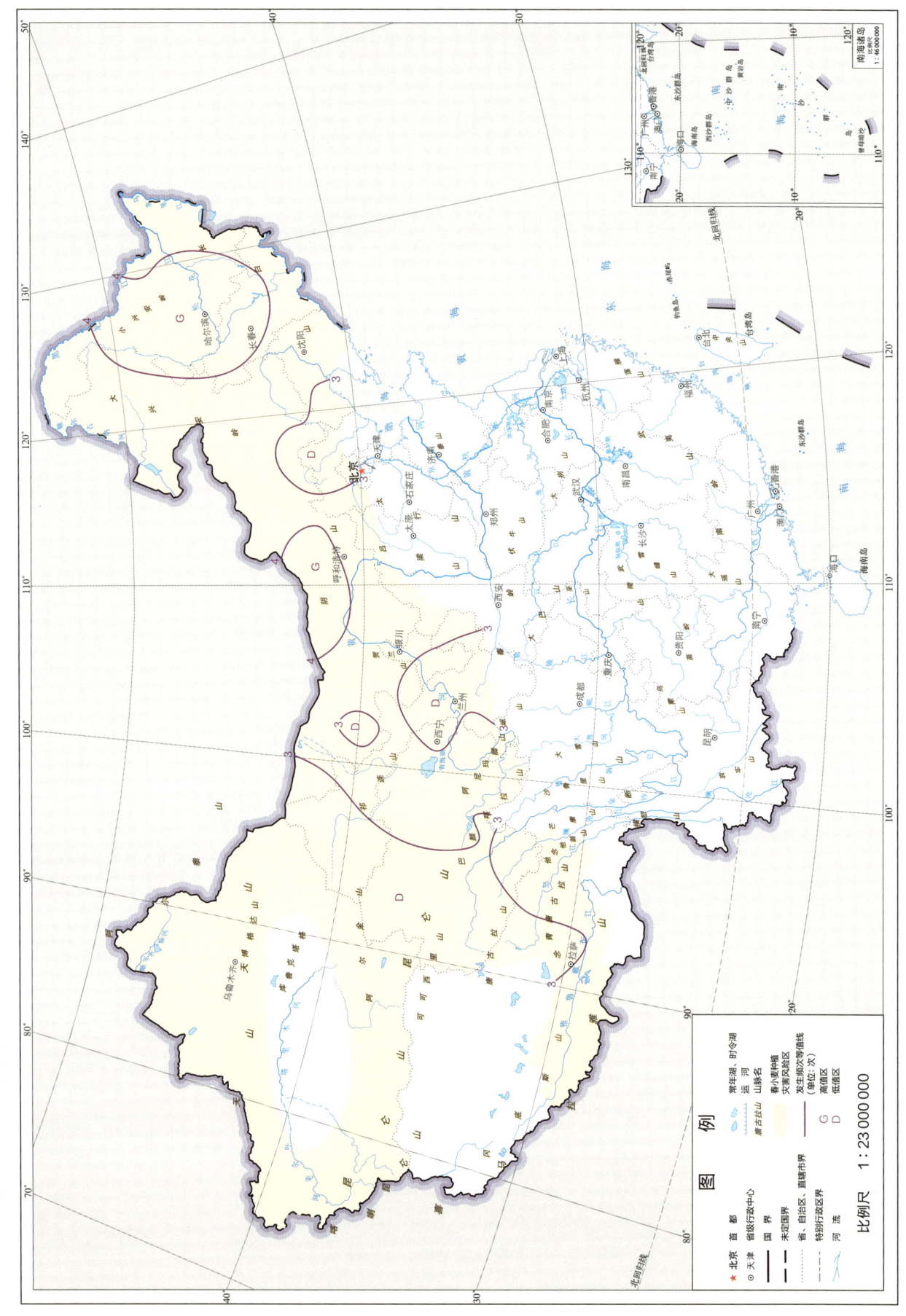

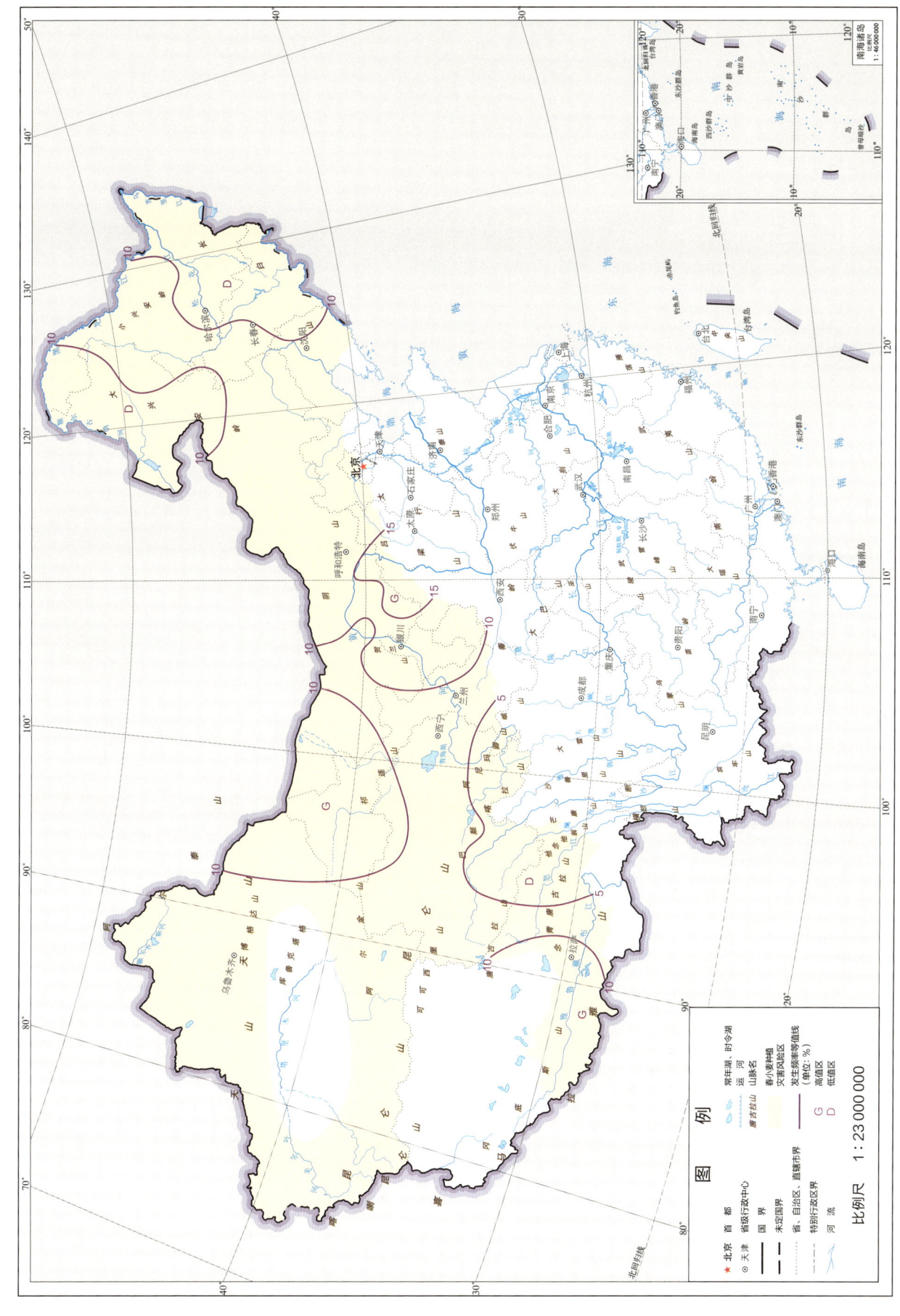

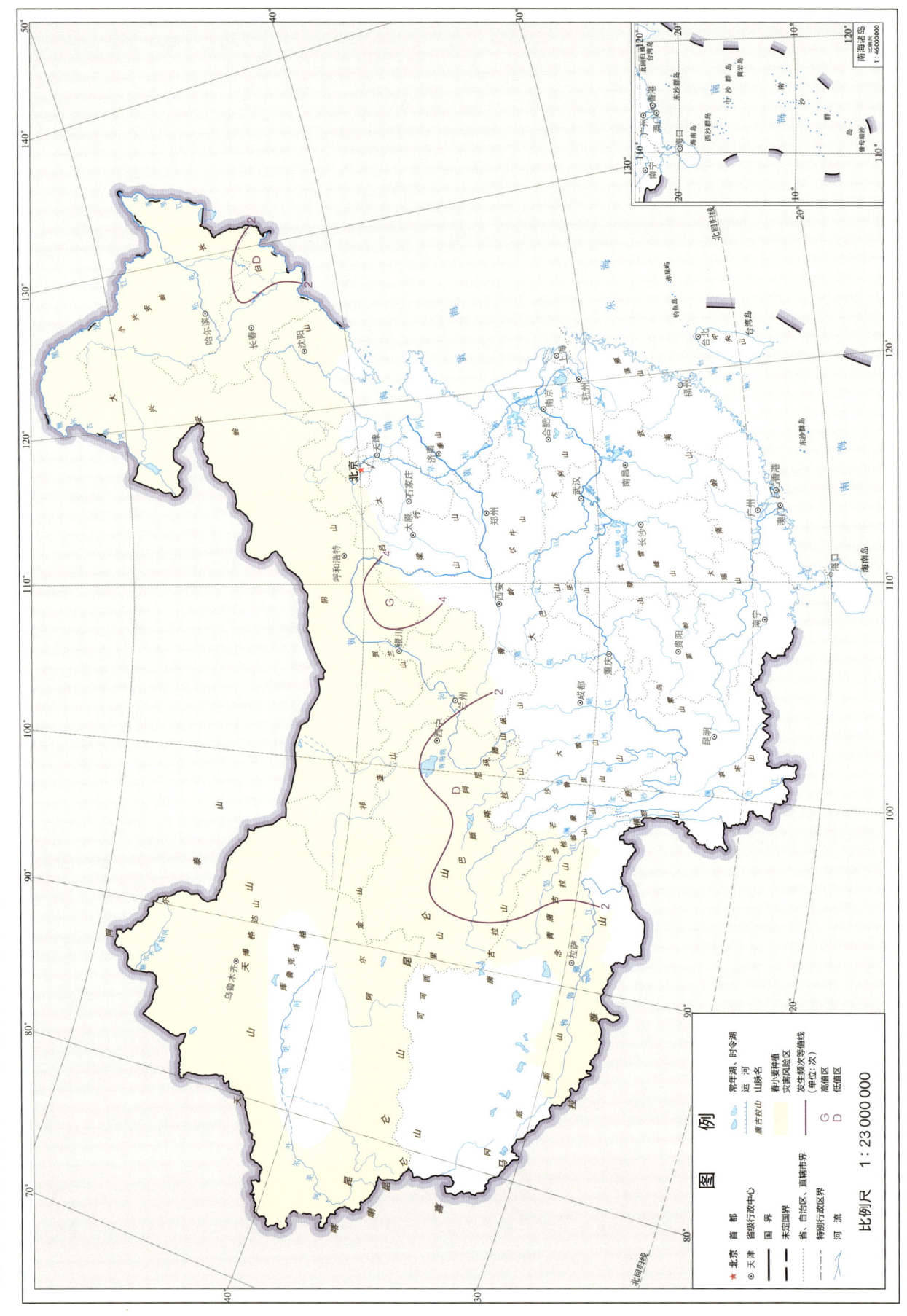

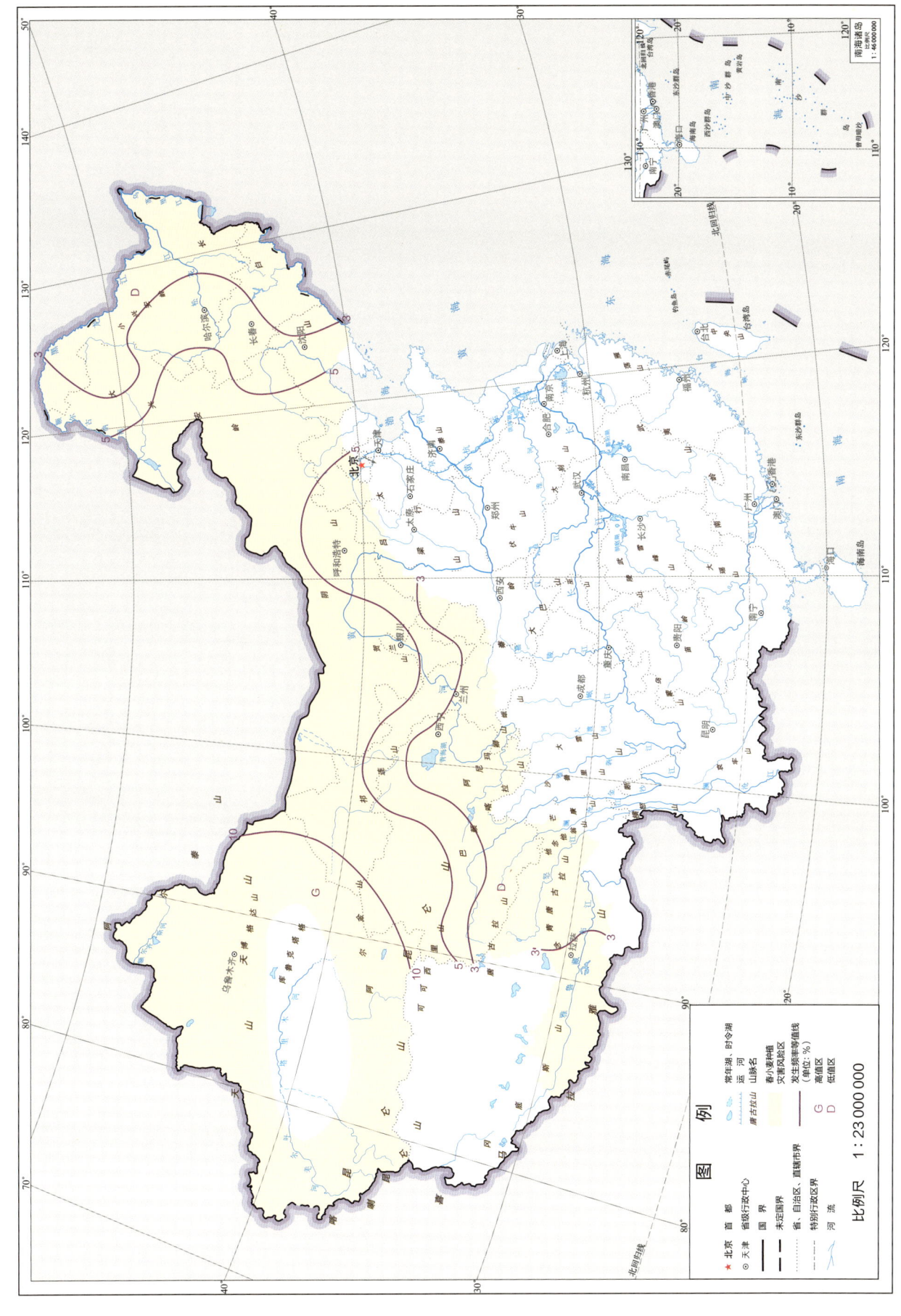

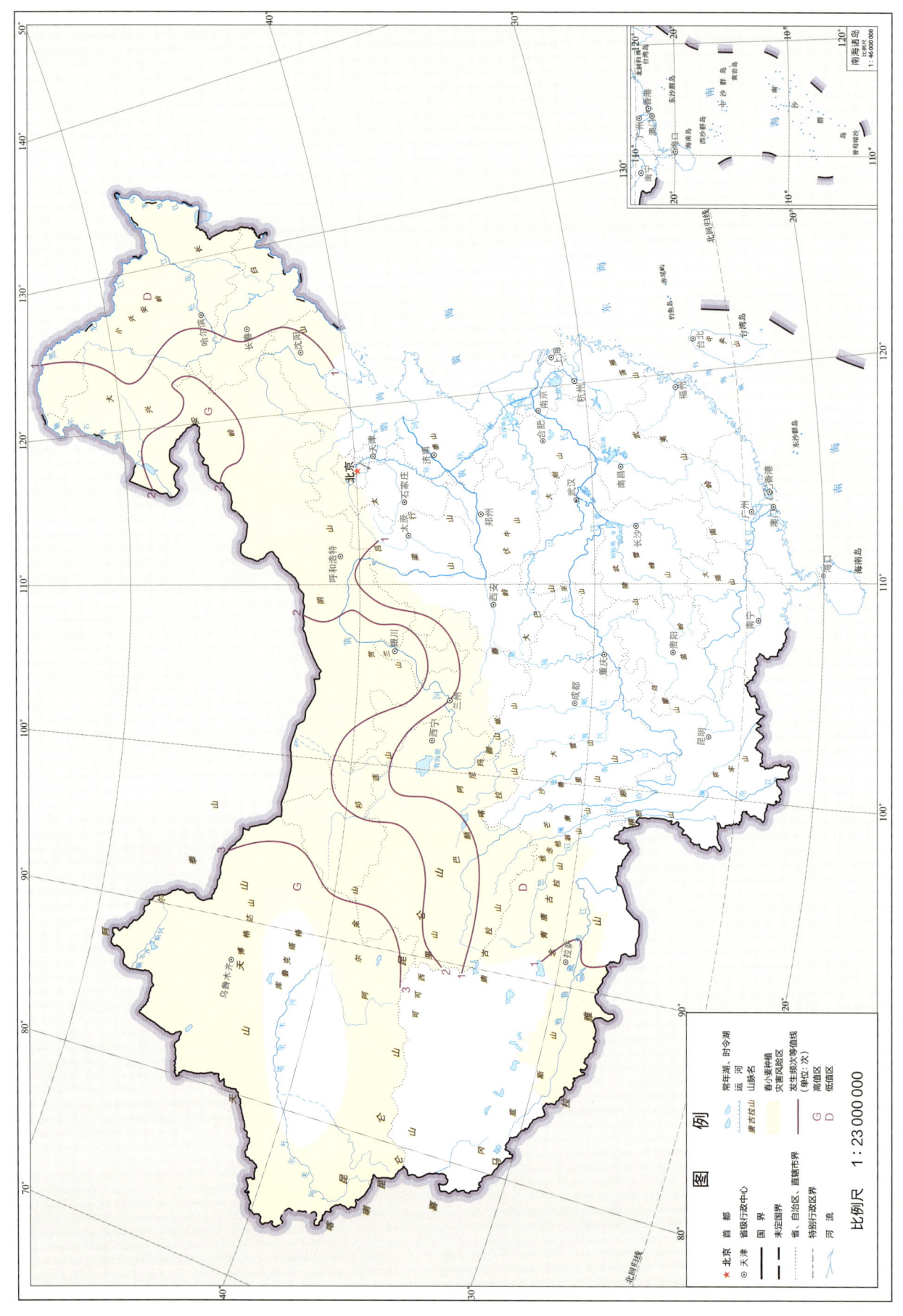

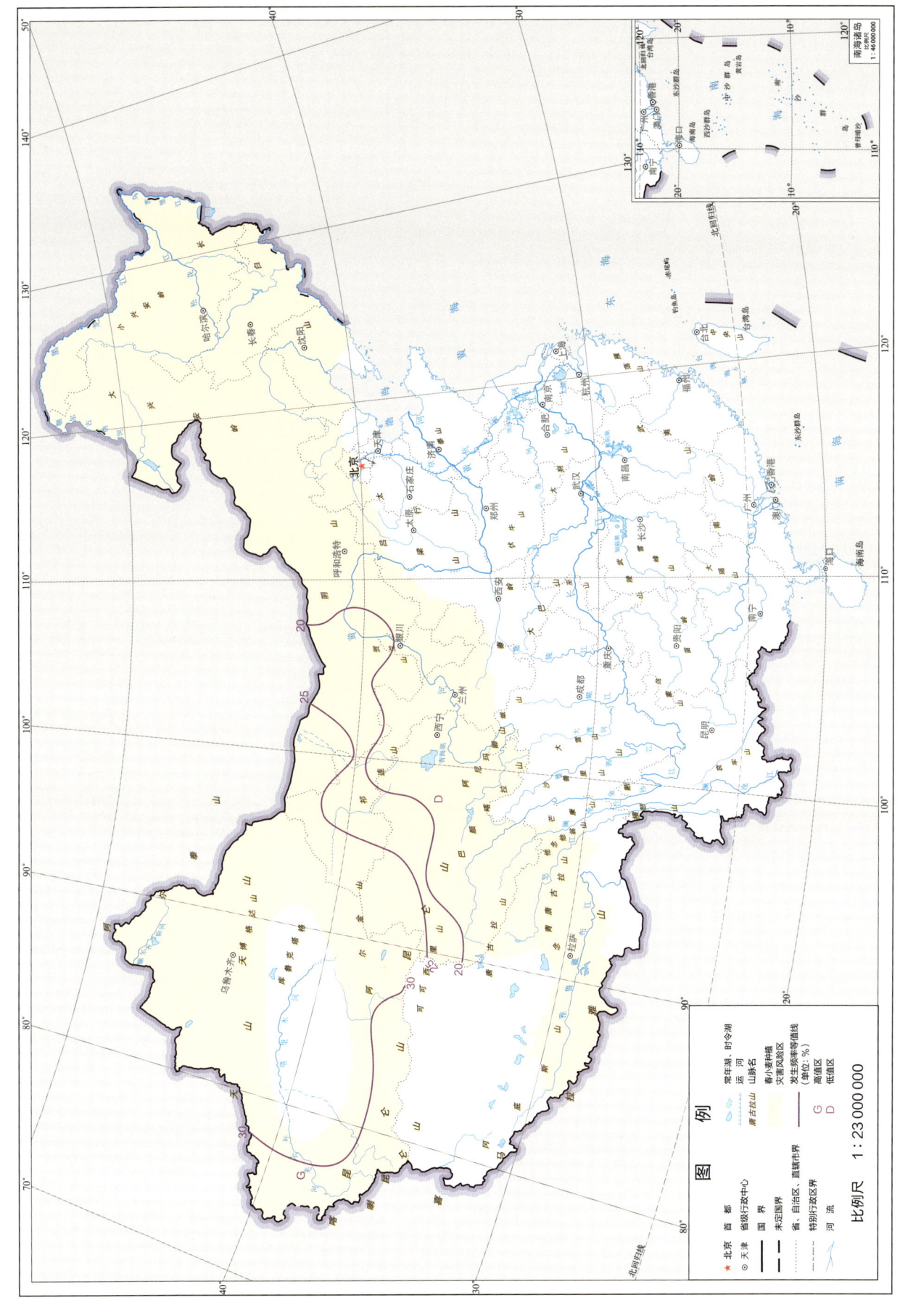
春小麦播种期—成熟期严重干旱发生频率

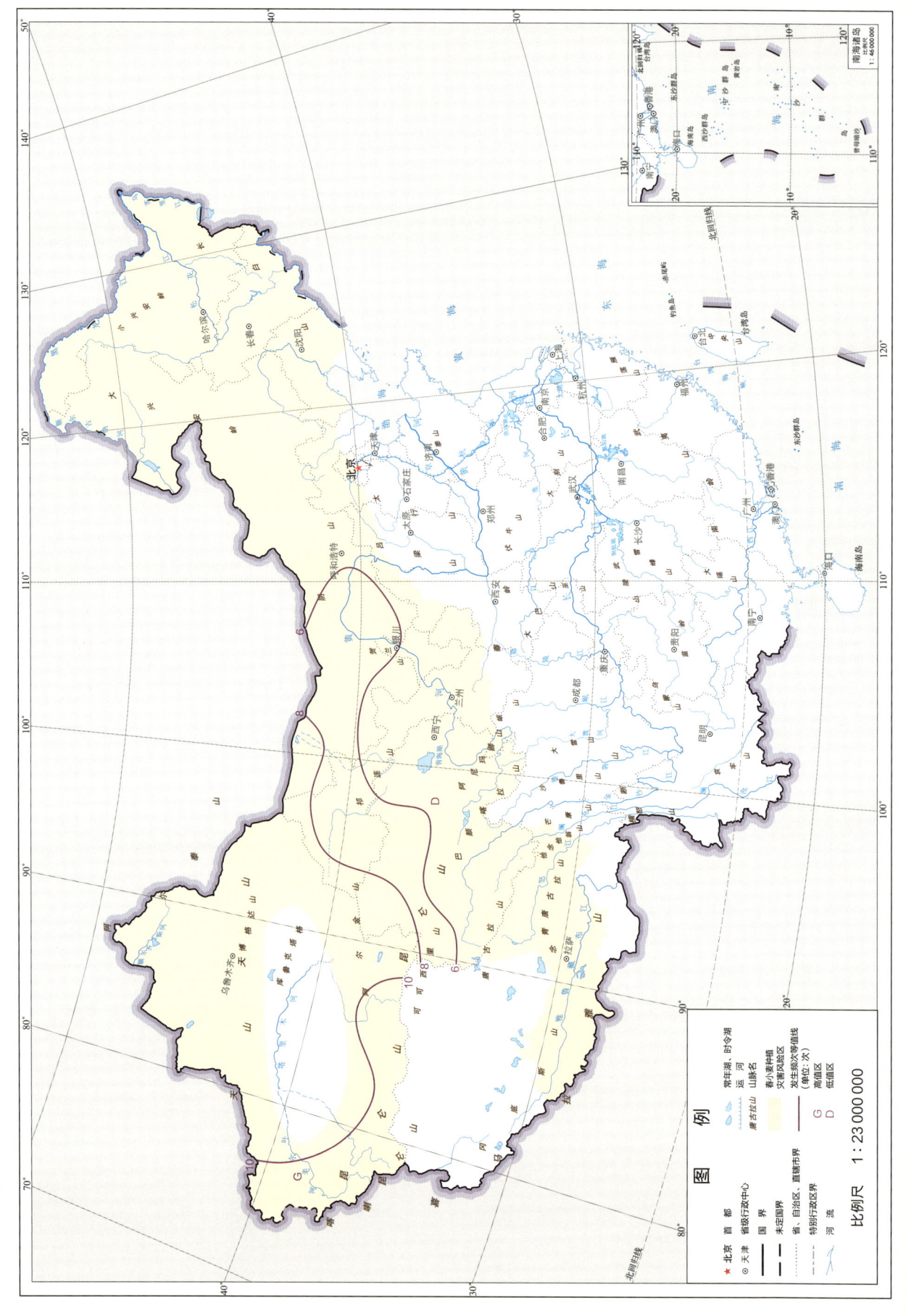

## 1.2 春小麦播种期—拔节期日数、光、温、水和灾害相关数据说明

春小麦各生育阶段日数由于气候条件和品种的差异而有所不同,其中春小麦播种期—拔节期日数为40~60 d,在西藏地区,由于特殊地理和气候条件的影响,春小麦播种期—拔节期日数在90 d左右。辽宁南部和河北中部地区春小麦播种期、拔节期比黑龙江北部和内蒙古东部早30~40 d;在青藏高原,春小麦拔节期与黑龙江中部、内蒙古北部地区的拔节期基本相近。与20世纪80年代相比,21世纪第一个10年除新疆地区外,春小麦的播种期普遍推迟10~15 d,春小麦拔节期除新疆南部和西藏东南部无明显变化外,其他地区普遍推迟10~15 d,拔节期同一时期的等值线向北移动约2个纬度。

春小麦每个阶段的生长离不开光照、温度和水分等气候资源,春小麦播种期—拔节期光照资源空间分布略有差异,太阳总辐射量通常随纬度和海拔增高呈现逐渐增加的变化趋势。内蒙古和东北地区纬度越高,太阳总辐射量值越大。新疆和青海地区海拔越高,太阳总辐射量值越大。光合有效辐射量和日照时数空间分布与太阳总辐射量相似。内蒙古和东北地区的太阳总辐射量为1000~1200 MJ/m$^2$;西北地区的太阳总辐射量为1000~1600 MJ/m$^2$,其中青海光照资源最为丰富,太阳总辐射量达到最高值1600 MJ/m$^2$,光合有效辐射量为总辐射量的一半,在800 MJ/m$^2$左右。就日照时数和日照百分率而言,东北地区日照时数为350~450 h,日照百分率在60%左右;内蒙古东四盟(市)日照时数为400~550 h,日照百分率60%~70%;西北地区的日照时数为400~550 h,日照百分率为50%~70%。

春小麦播种期—拔节期热量资源总体上呈现自南向北逐渐递减的变化趋势,新疆和青海地区由于地形的原因,海拔越高,热量资源越少。东北三省地区≥0℃积温

为400～600℃·d，≥10℃积温为300～500℃·d；内蒙古东四盟（市）≥0℃积温为600～800℃·d，≥10℃积温为500～700℃·d；西北地区≥0℃积温为500～800℃·d，≥10℃积温为500～900℃·d，而青海和西藏的唐古拉山脉区域≥10℃积温较低，为200～300℃·d。就气温而言，东北三省每年播种期—拔节期的平均气温为8～12℃，极端最高气温为14～18℃，极端最低气温为2～4℃；内蒙古东四盟（市）同期平均气温在12℃左右，极端最高气温为16～20℃，极端最低气温为4～6℃；西北地区每年的平均气温为6～18℃，极端最高气温为14～18℃，极端最低气温为1～6℃，其中青海唐古拉山脉地区极端最低气温仅为1℃左右。春小麦播种期—拔节期光合生产潜力自东向西呈现逐渐递增的变化趋势，其中光合生产潜力最高的区域在青海地区，为14～16 kg/hm$^2$。东北三省地区的光合生产潜力最低，为8～10 kg/hm$^2$；内蒙古东四盟（市）光合生产潜力约为12 kg/hm$^2$，西北地区光合生产潜力为10～16 kg/hm$^2$。

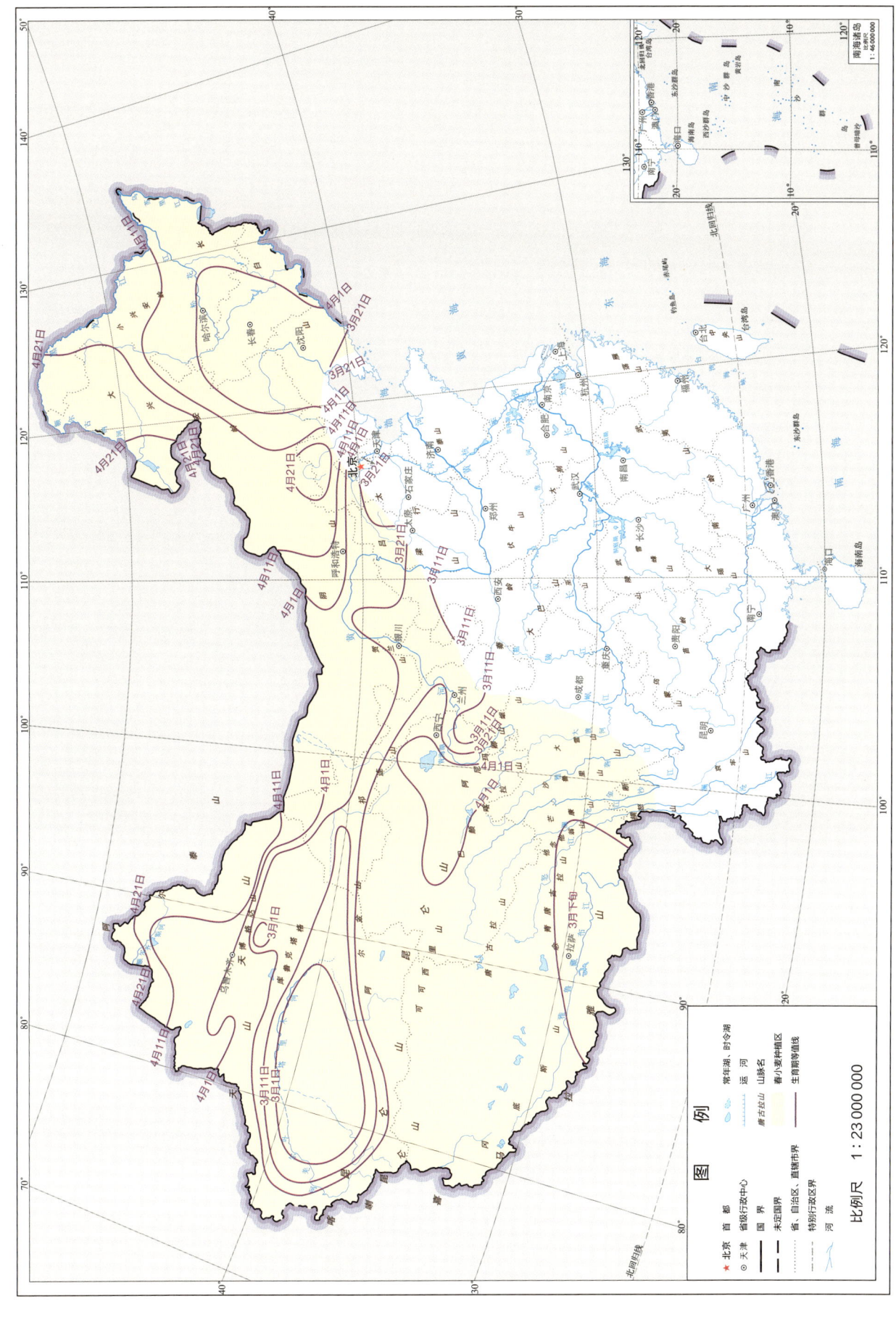

# 21世纪10年代春小麦播种期

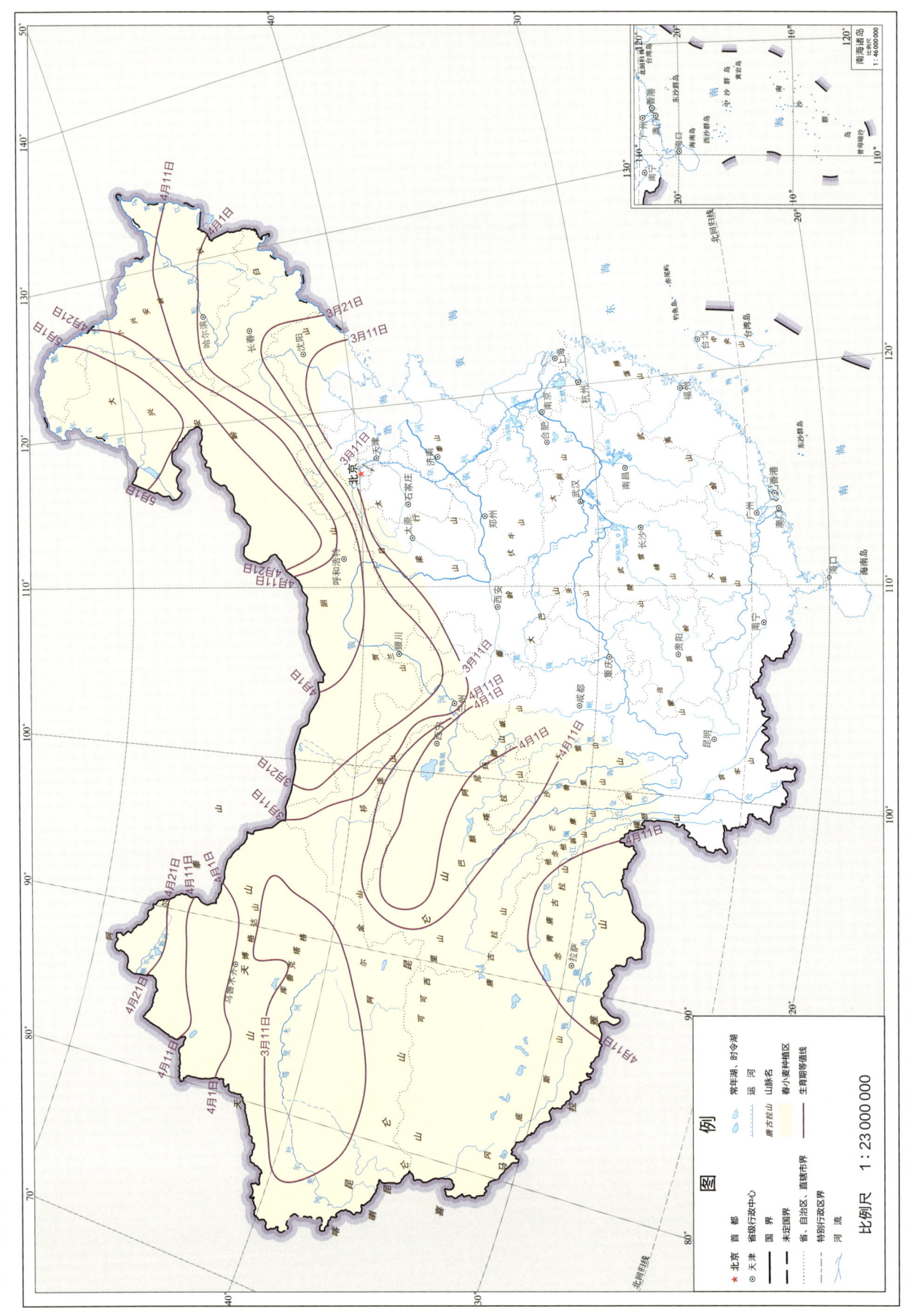

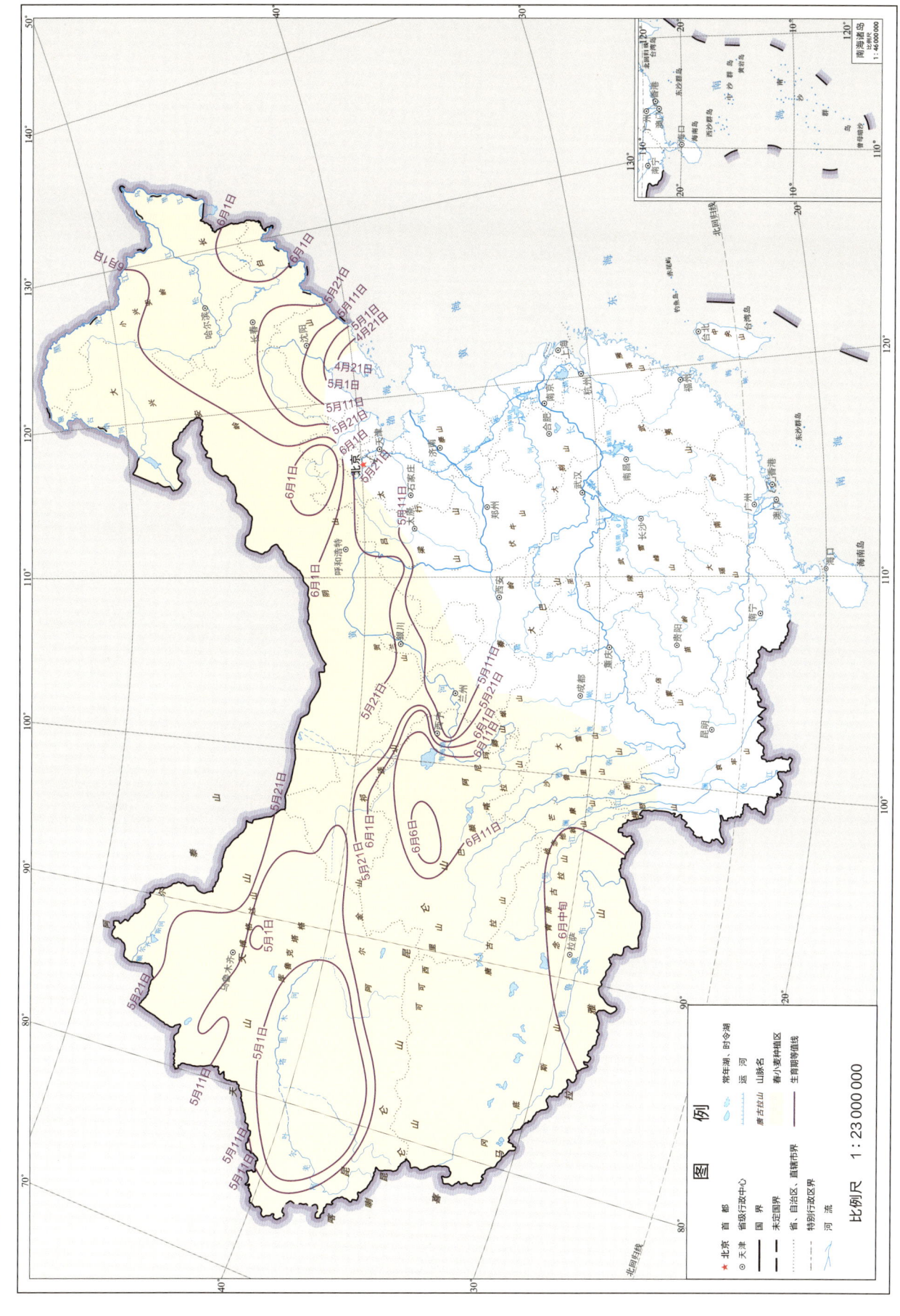

# 21世纪10年代春小麦拔节期

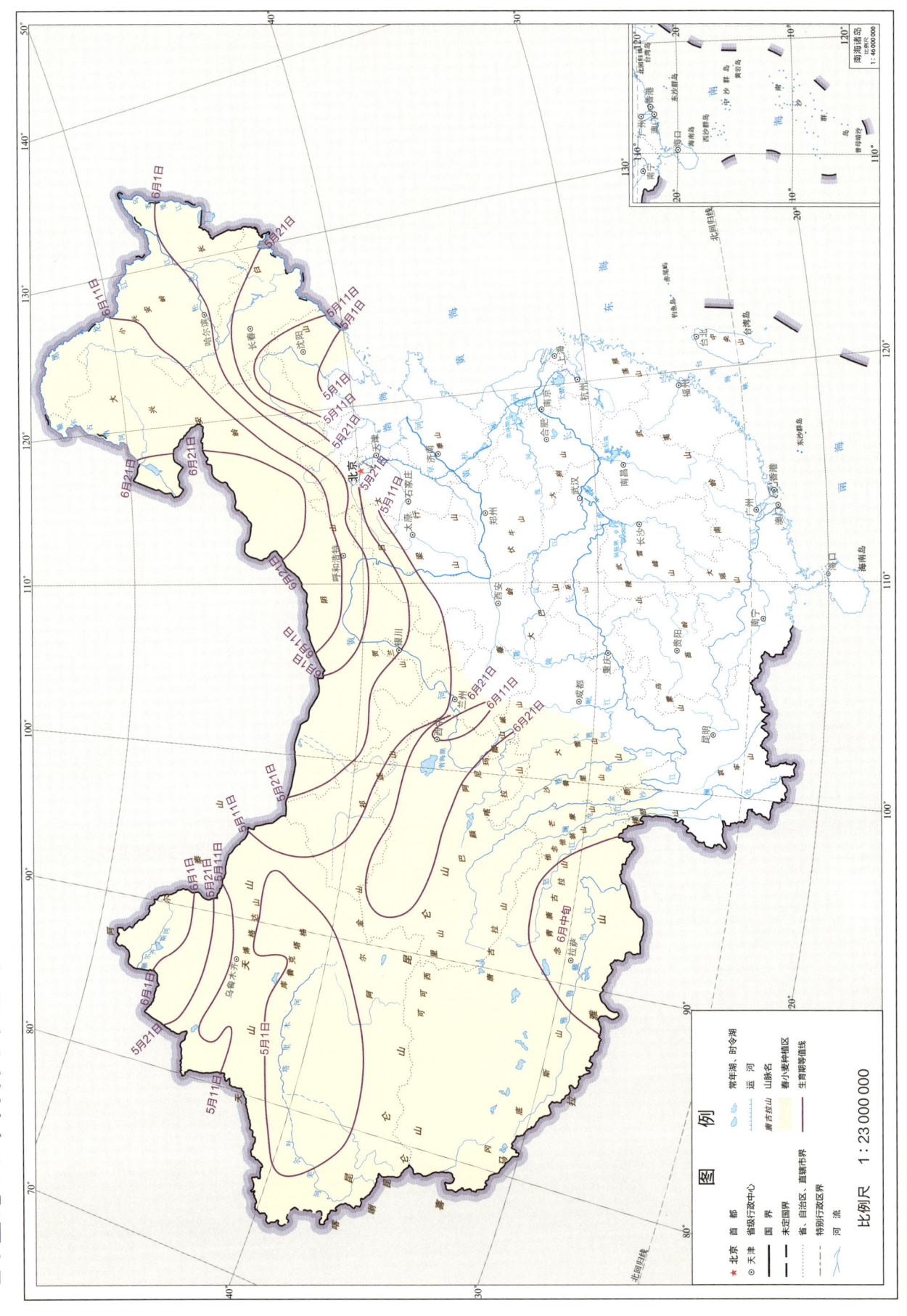

# 21世纪10年代春小麦播种期—拔节期日数

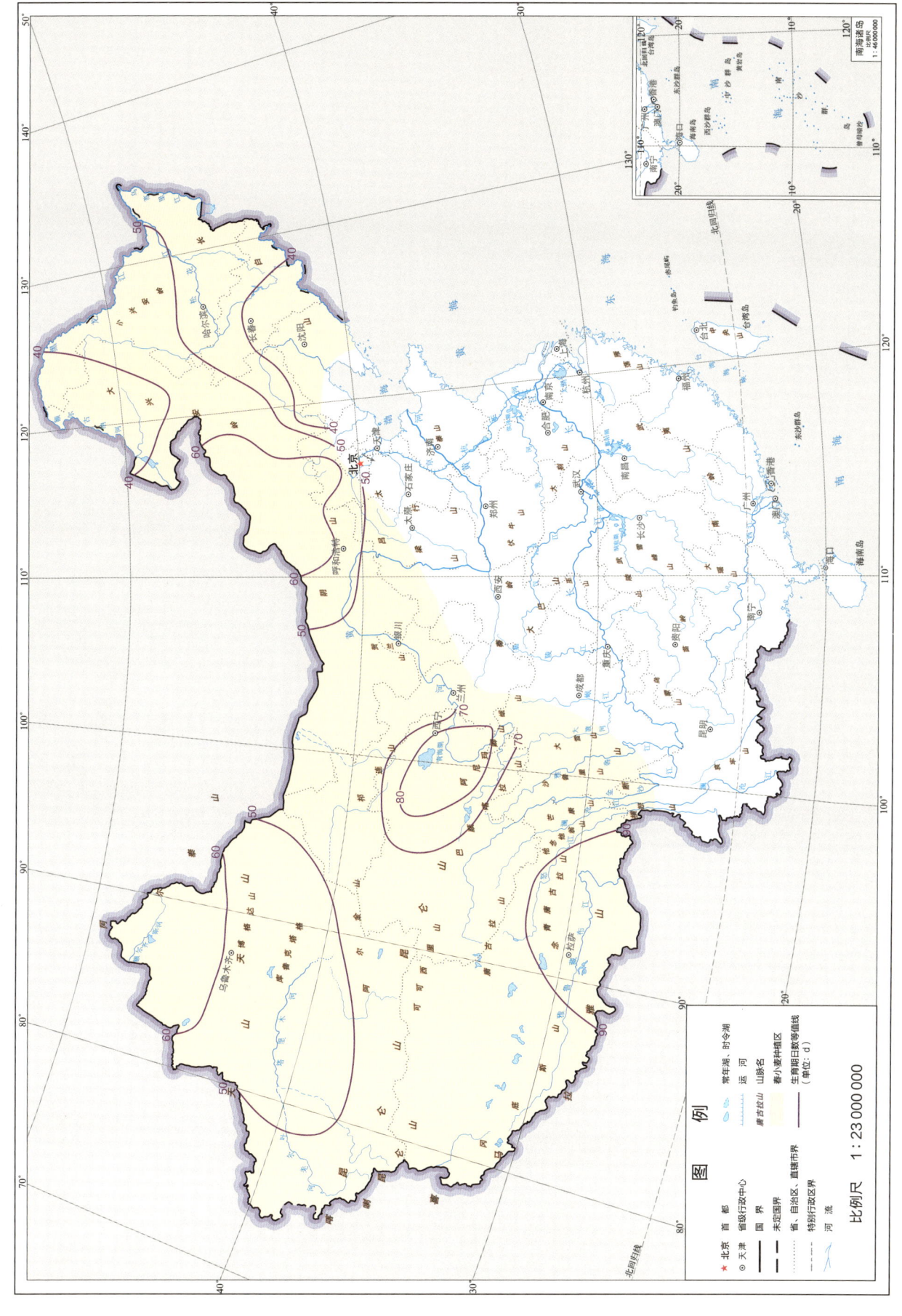

1 春小麦

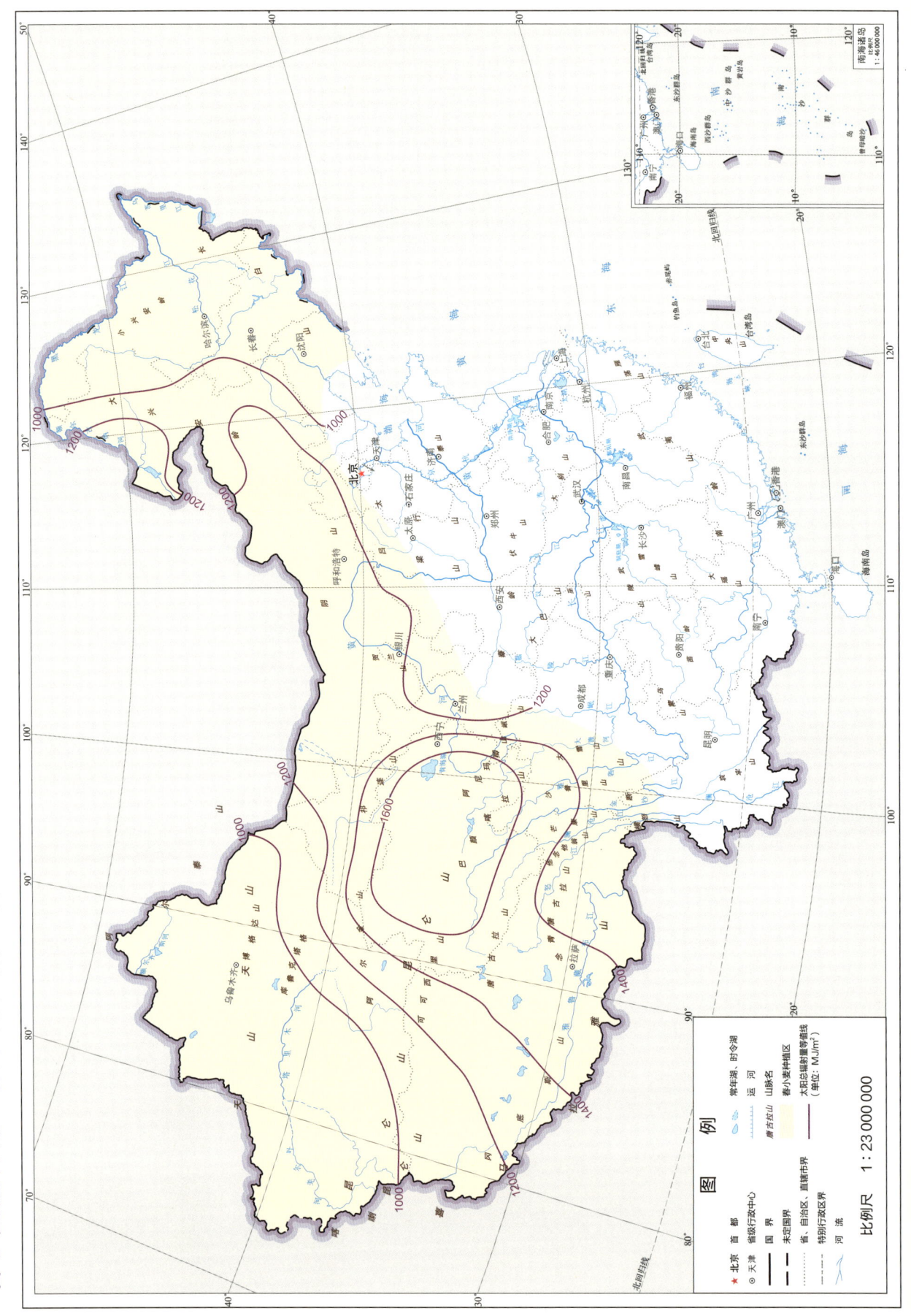

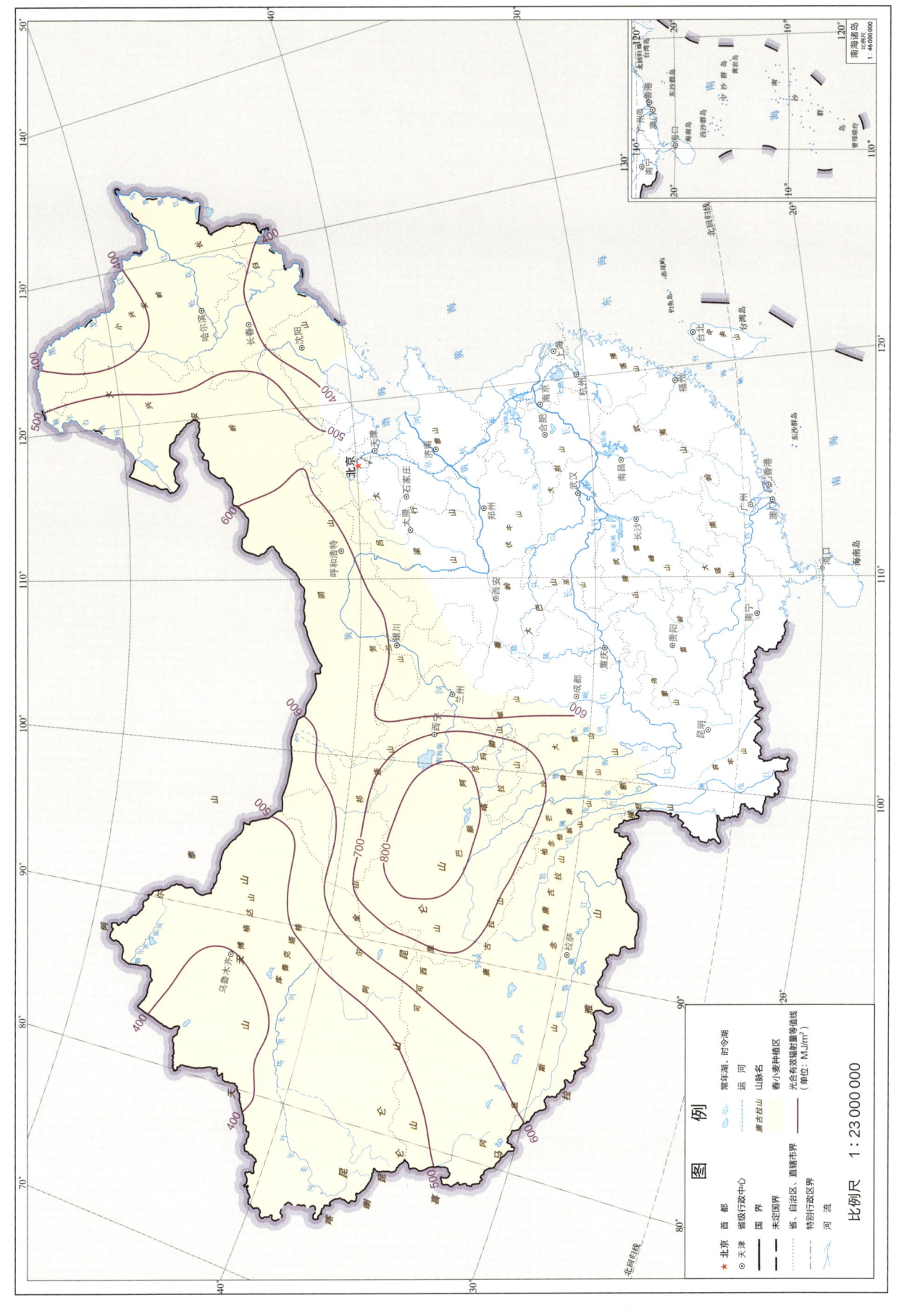

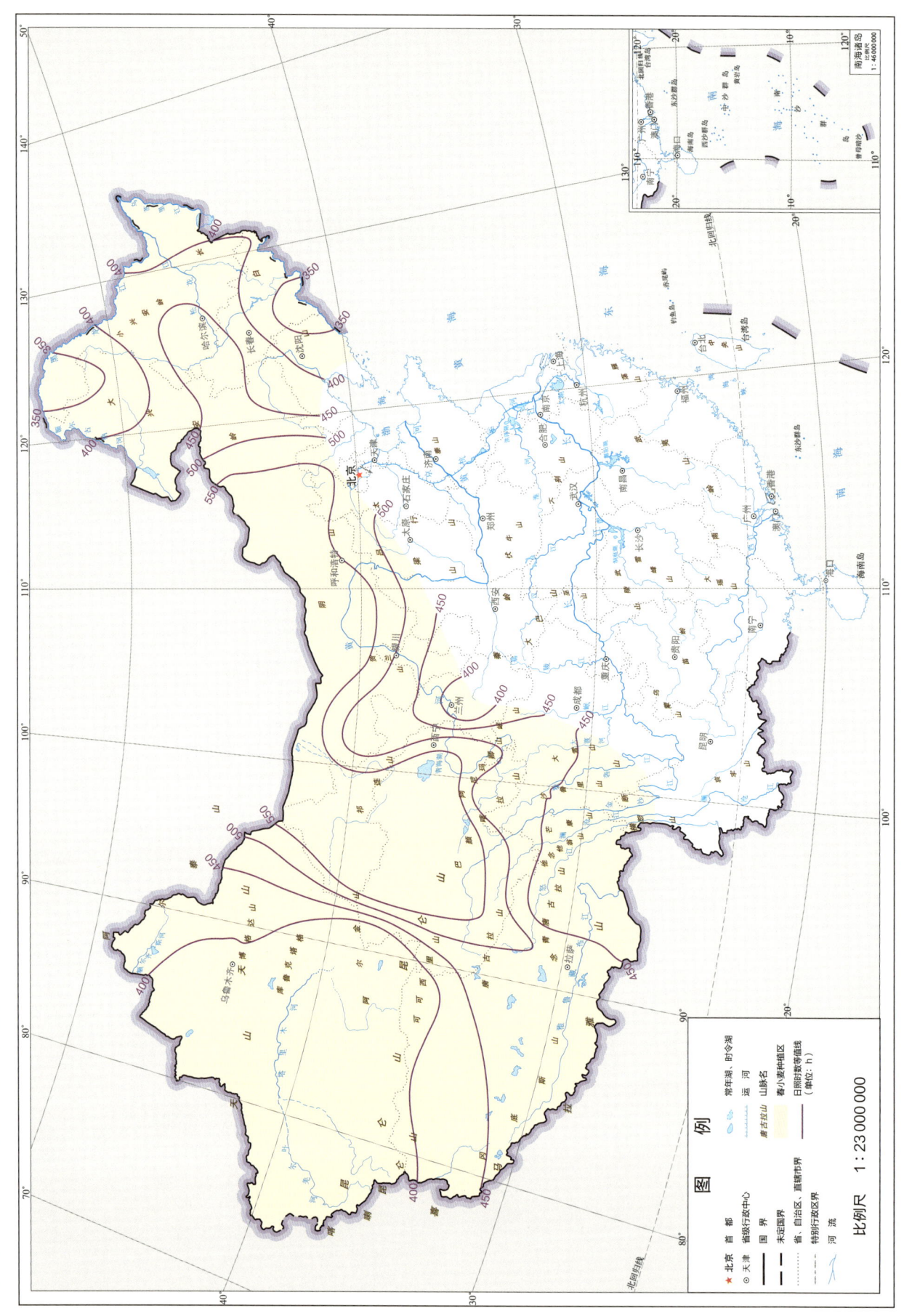

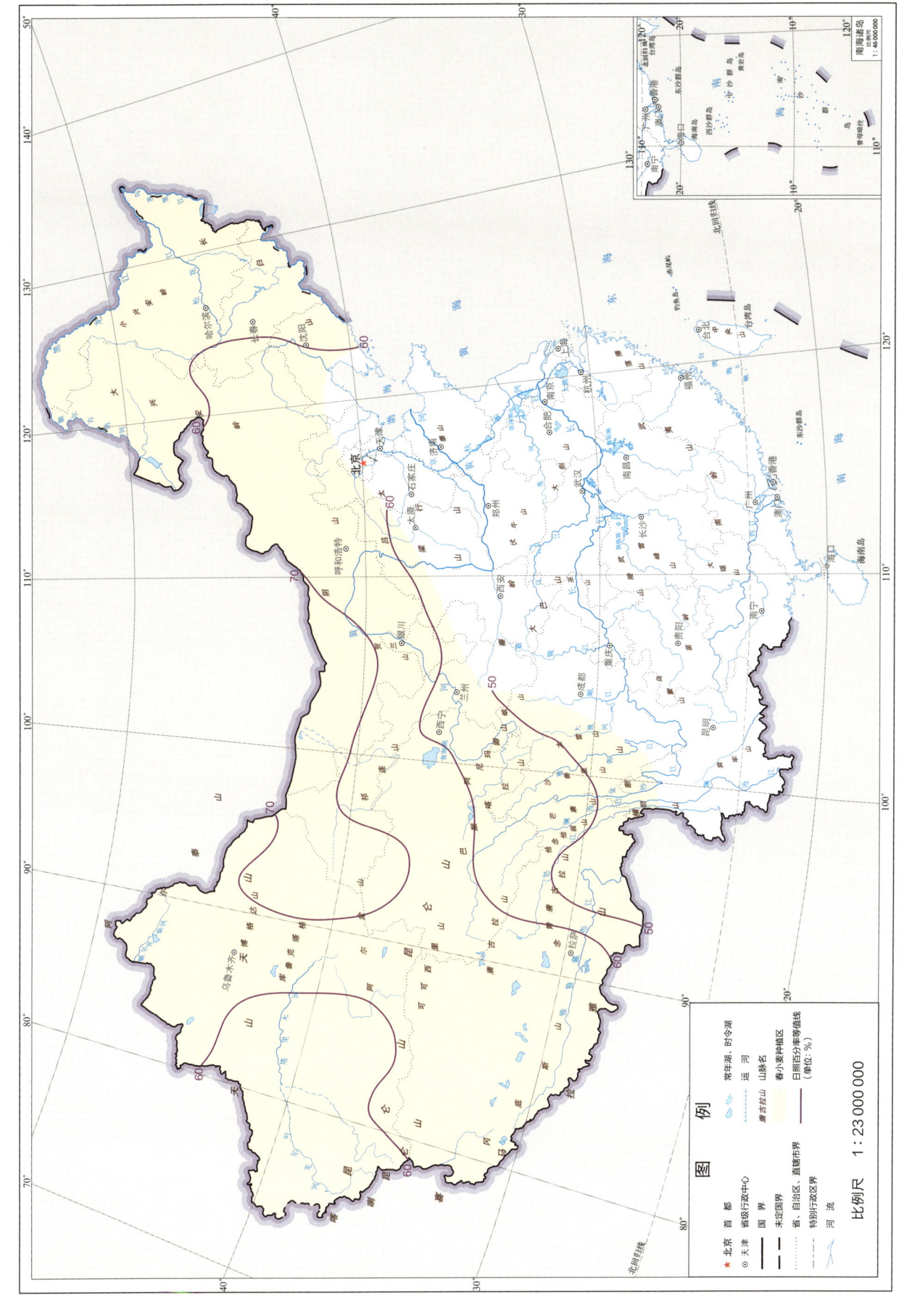

# 春小麦播种期—拔节期 ≥0 ℃积温

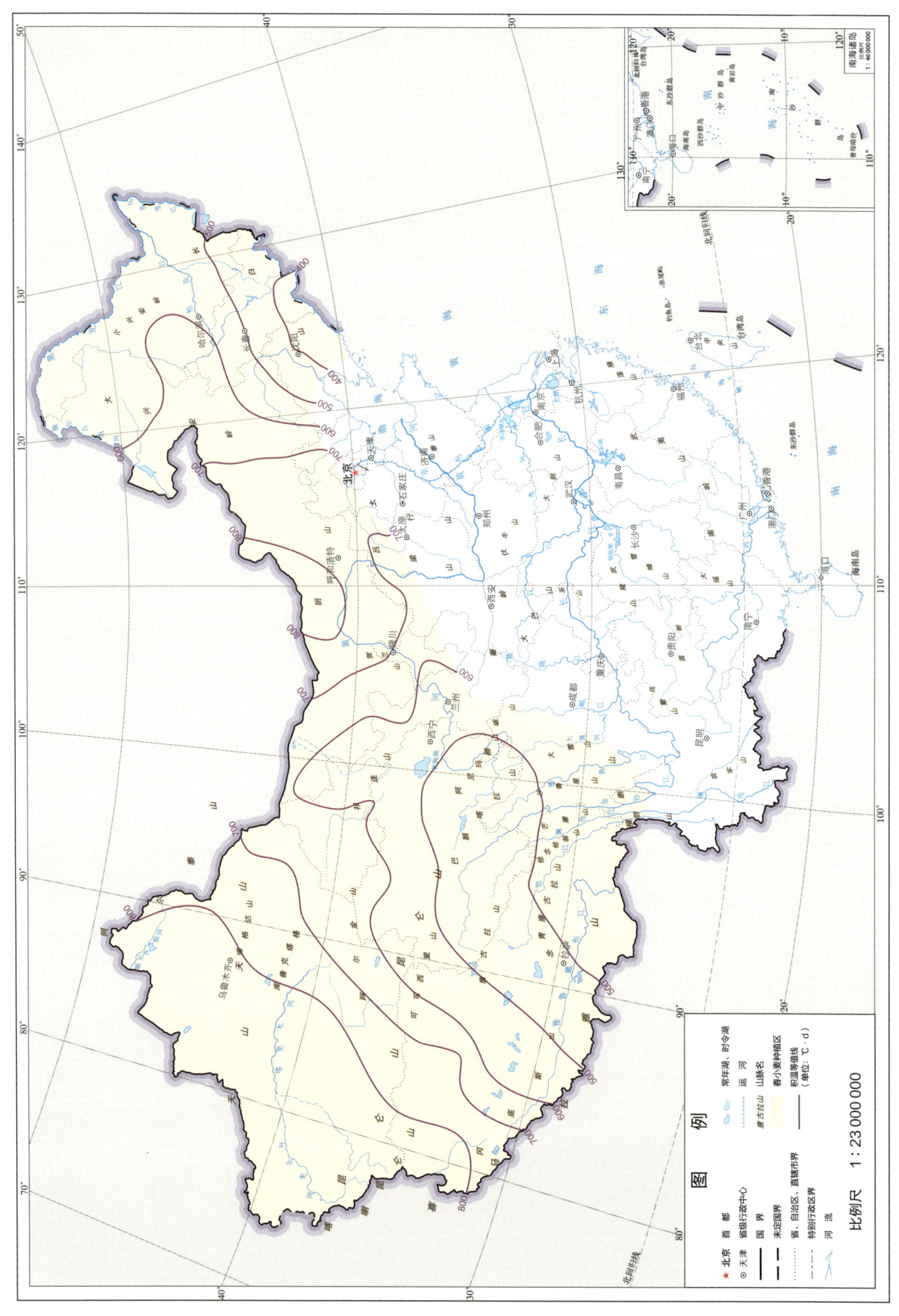

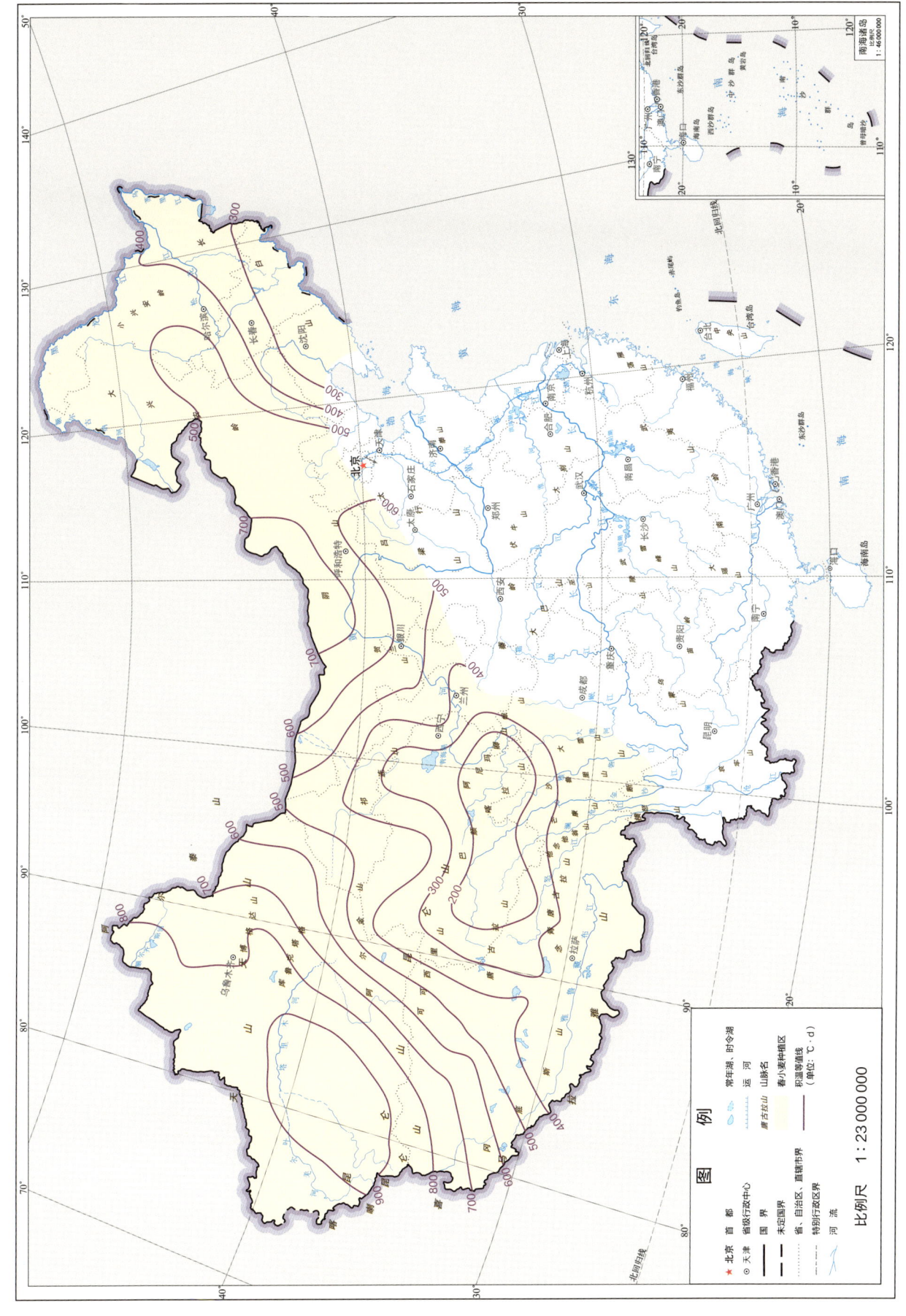

春小麦播种期—拔节期≥10℃积温

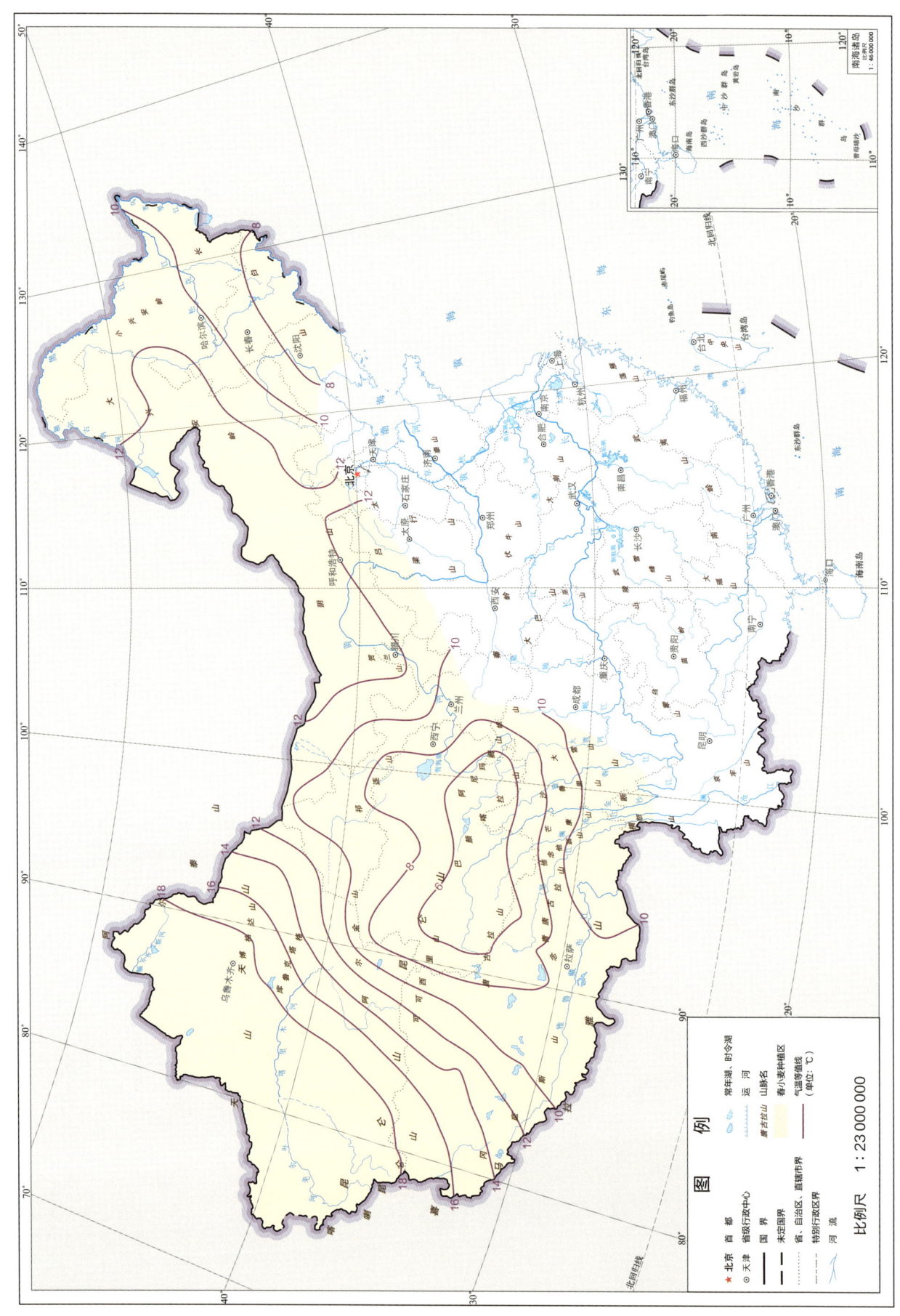

春小麦播种期—拔节期平均气温

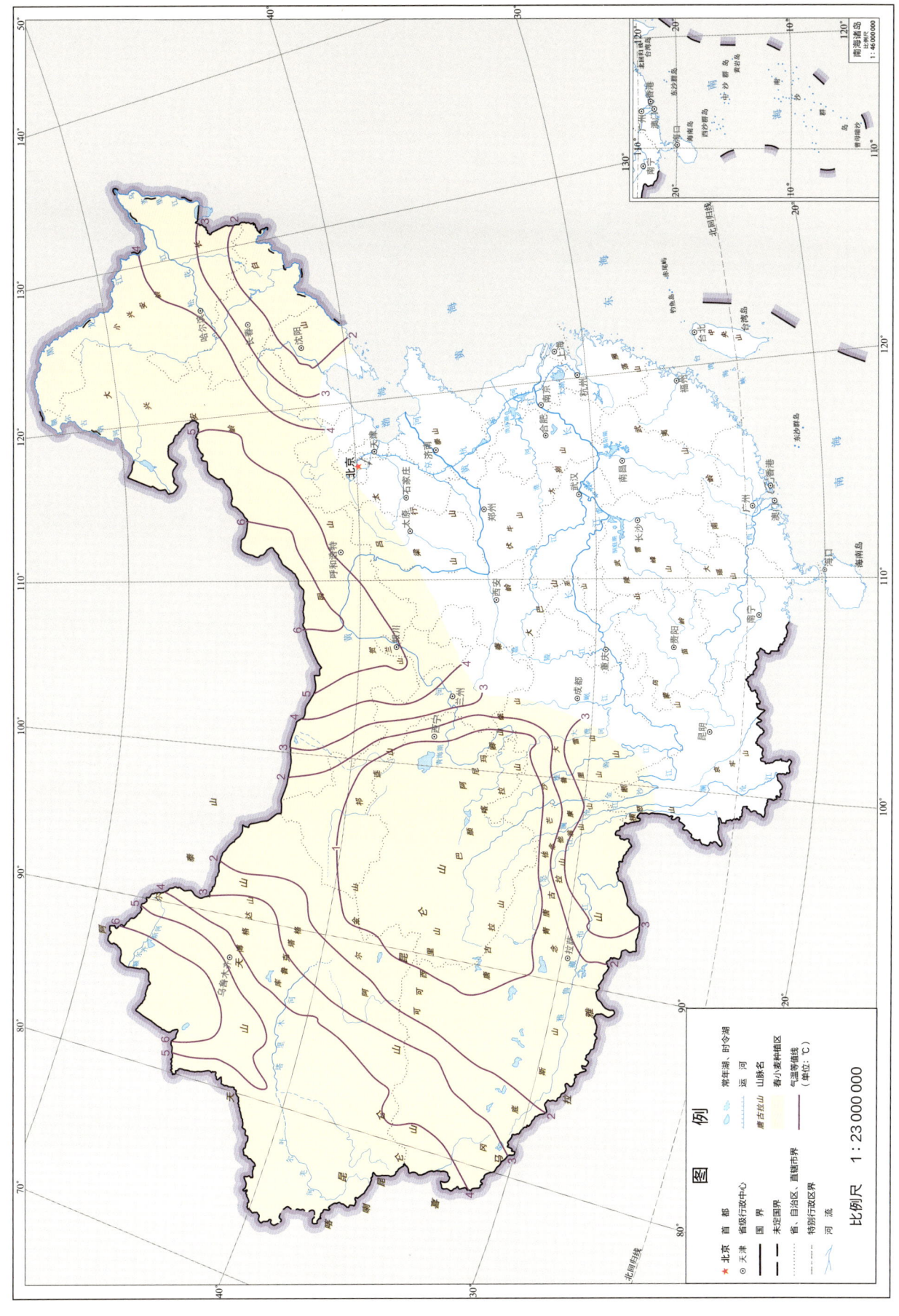
春小麦播种期—拔节期极端最低气温

春小麦播种期—拔节期极端最高气温

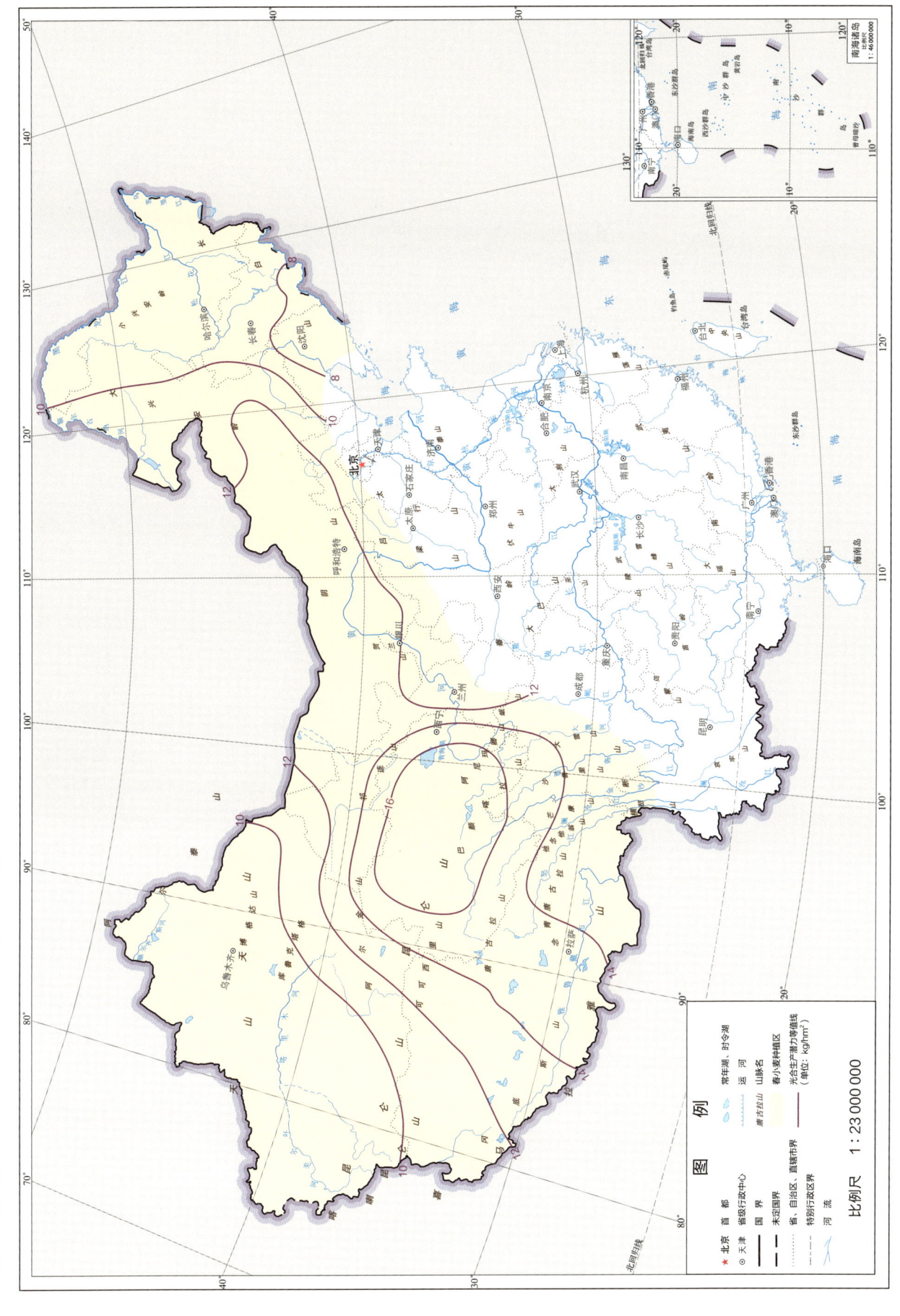

春小麦播种期—拔节期降水量

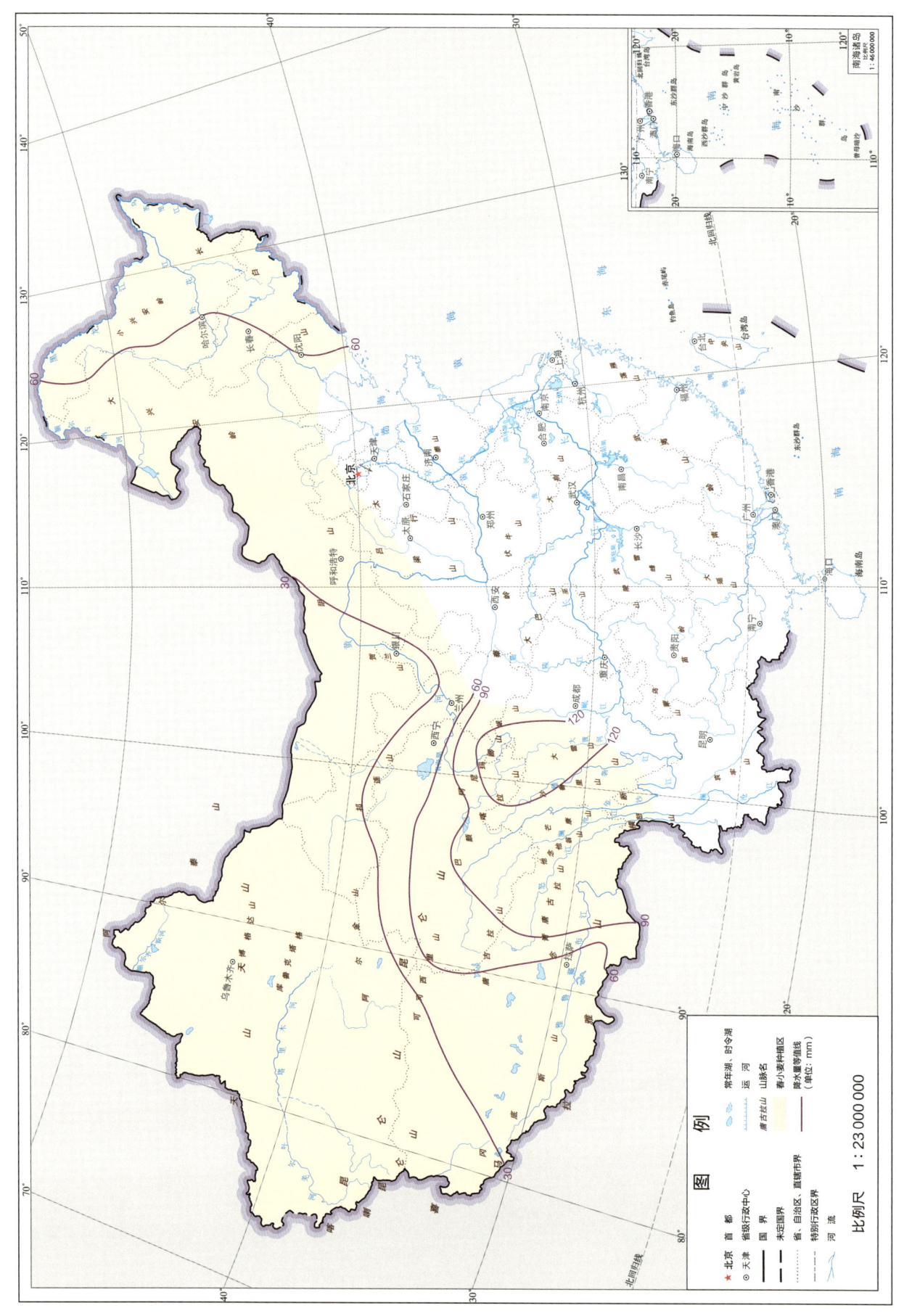

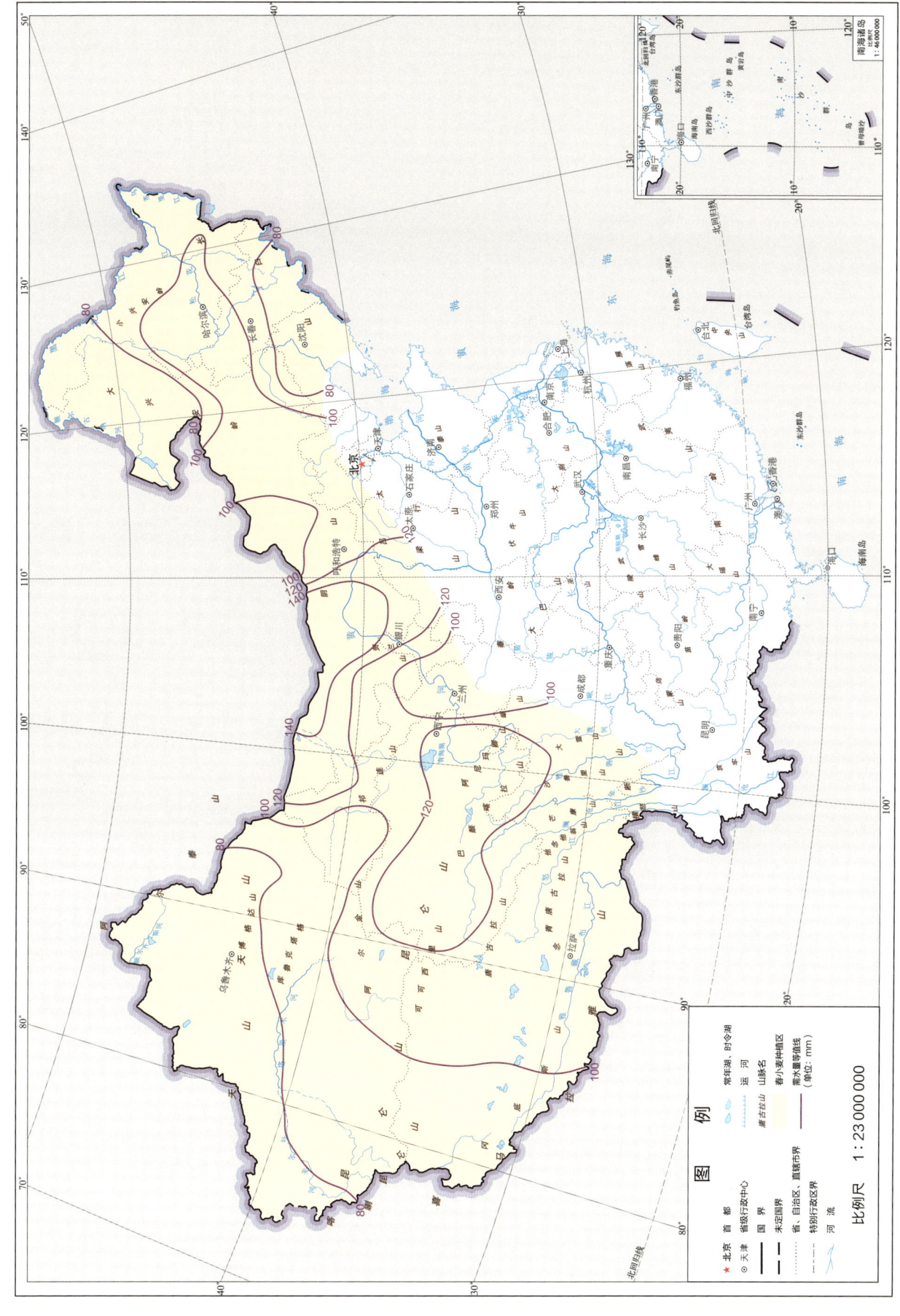

春小麦播种期—拔节期降水盈亏量

# 1.3 春小麦拔节期—开花期日数、光、温、水和灾害相关数据说明

春小麦拔节期和开花期由于气候条件和品种的差异而有所不同,拔节期—开花期日数为20~40 d;在西藏地区,由于特殊地理和气候条件的影响,春小麦拔节期—开花期日数在65 d左右,比一般情况下春小麦相对应的生育期日数明显增加。辽宁南部和河北中部地区春小麦拔节期、开花期比黑龙江北部和内蒙古东部早30~40 d;在青藏高原,春小麦拔节期与黑龙江中部、内蒙古北部地区的拔节期基本相近。

与20世纪80年代相比,21世纪第一个10年除新疆地区外,春小麦的拔节期除西藏东南部无明显变化外,其他地区普遍推迟10~15 d,拔节期同一时期的等值线向北移动约2个纬度;春小麦开花期变化比较复杂,新疆地区变化不明显,西藏东南部地区提前约10 d。

春小麦拔节期—开花期光照资源空间分布自东向西呈现逐渐递增的变化趋势。光合有效辐射量和日照时数分布趋势与太阳总辐射量相似,青海和西藏地区光照资源最为丰富,太阳总辐射量达到最高值,为650~700 MJ/m$^2$,光合有效辐射量约为总辐射量的一半,在330 MJ/m$^2$左右,东北地区的太阳总辐射量为400~600 MJ/m$^2$,西北地区的太阳总辐射量为600~700 MJ/m$^2$,光合有效辐射量为210~300 MJ/m$^2$。就日照时数和日照百分率而言,自东向西、自南向北均呈现逐渐递增的变化趋势,东北地区日照时数为180~300 h,日照百分率为50%~70%,西北地区的日照时数为160~280 h,日照百分率为35%~70%,而青海和西藏的唐古拉山脉区域光照资源最弱。

春小麦拔节期—开花期热量资源总体上呈现自东向西、自南向北逐渐递增的变化趋势,新疆和青海地区由于地形的原因,海拔越高,热量资源越少。东北地区≥10℃积温为

400～600℃·d，西北地区≥10℃积温为300～800℃·d，而青海和西藏的唐古拉山脉区域≥10℃积温较低，为300～400℃·d。就温度而言，东北地区平均气温在18℃左右，极端最高气温为22～26℃，极端最低气温为10～12℃。内蒙古东四盟（市）平均气温在18℃左右，极端最高气温在26℃左右，极端最低气温为12～14℃。西北地区平均气温为12～24℃，极端最高气温为20～24℃，极端最低气温为8～12℃，其中青海唐古拉山脉地区极端最低气温在8℃左右。春小麦拔节期—开花期光合生产潜力自东向西呈现逐渐递增的变化趋势，其中东北地区的光合生产潜力为4.0～6.4 kg/hm$^2$左右，西北地区光合生产潜力为6.4 kg/hm$^2$左右。

春小麦拔节期—开花期水分资源空间变化总体上无明显规律。西北地区降水量自南向北逐渐递减，变化范围为20～100 mm，降水量最少的为新疆地区，＜20 mm，降水量最丰富的区域处于青海和西藏南部山区，为80～100 mm；东北地区降水量自西向东呈现逐渐递增的变化趋势，变化范围为40～80 mm。春小麦拔节期—开花期的需水量与降水量呈相反的变化趋势，降水量越高的区域则需水量越少；西北地区需水量自南向北逐渐增加，变化范围为80～140 mm，新疆地区需水量最高，为120～140 mm，东北地区需水量为100～140 mm。降水盈亏量变化趋势与降水量相似，西北地区降水盈亏量自南向北递减，变化范围为－105～0 mm，降水亏缺量最多的区域在新疆地区，为－105～－70 mm，降水量最丰富的区域处于青海和西藏南部山区，降水盈亏量为－35～0 mm。东北地区降水盈亏量呈现自西向东逐渐递增的变化趋势，变化范围为－70～－35 mm。

拔节期是小麦营养生长和生殖生长并进的关键时期，对水分的需求明显增加，拔节期干旱会直接影响春小麦生长发育和分蘖，从而造成春小麦大幅度减产。春小麦拔节期主要从降水负距平百分率来判断干旱的程度，分为轻旱、中旱和重旱。当降水负距平百分率＜30％时，为轻旱；降水负距平百分率处于30％～65％时，为中旱；降水负距平百分率＞65％时，则为重旱。春小麦拔节期干旱通常发生在5月底和6月初。

总体上，春小麦拔节期发生轻旱和中旱的频率由北向南、由西向东逐渐增加。轻旱发生的频率为5％～20％，发生频率较高的区域在青海省东北部，新疆地区和东北北部地区轻旱发生的频率较低，仅为5％；中旱发生的频率为10％～20％，发生频率较高的区域在宁夏省和甘肃省南部地区，频率较低的区域在青海省南部地区；重旱发生频率趋势刚好相反，由北向南、由西向东呈现逐渐减少的变化趋势，频率变化范围为5％～20％，发生频率较高的区域主要在新疆全省，约为20％，频率较低的区域在东北的长白山地区和青海南部及甘肃南部地区。

春小麦拔节期轻旱和重旱发生的频次与频率呈正相关，趋势相同。其中轻旱发生频次为2~6次，高值区位于青海东北部，低值区位于东北北部及新疆地区，与频率分布相似；中旱发生的频次无明显趋势变化，频次值和轻旱相近，为2~7次。中旱发生频次较高的区域在宁夏和甘肃南部地区，频次值较低的区域在青海南部地区。重旱发生的频次值为1~7次，重旱发生频次较高的区域在内蒙古中部地区，而频次较低的区域在青海东北部地区。

拔节期是春小麦营养生长和生殖生长的关键时期，此阶段需水量增大，约占整个生育期的需水量的70%。因此，保证此阶段的有效灌溉是保产及增产的关键，各地需根据拔节期干旱发生的程度和频次，及时采取防旱和抗旱措施，适时补充灌溉，或喷施作物防旱保水剂，减少蒸腾损失以确保产量。

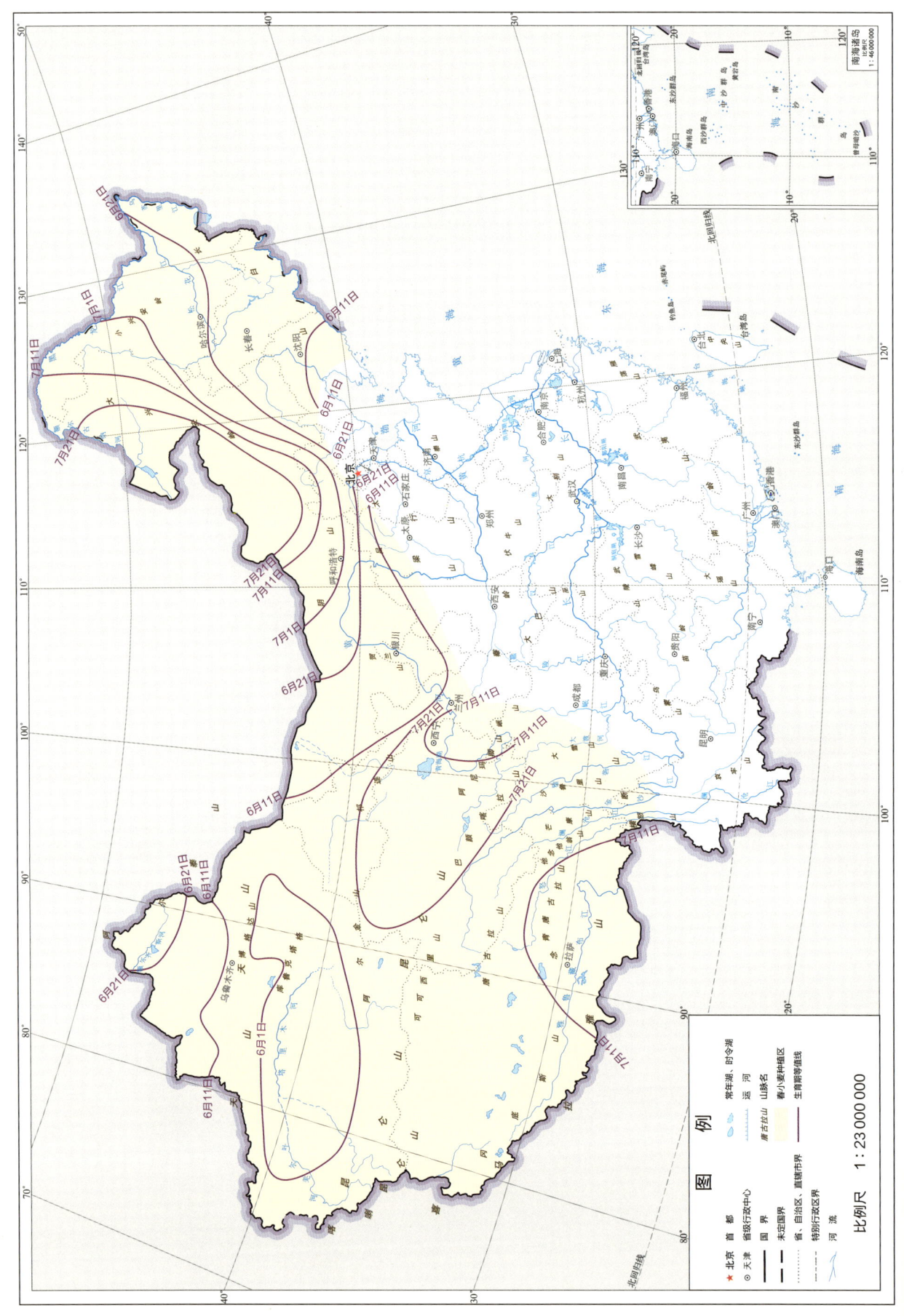

21世纪10年代春小麦开花期

# 21世纪10年代春小麦拔节期—开花期日数

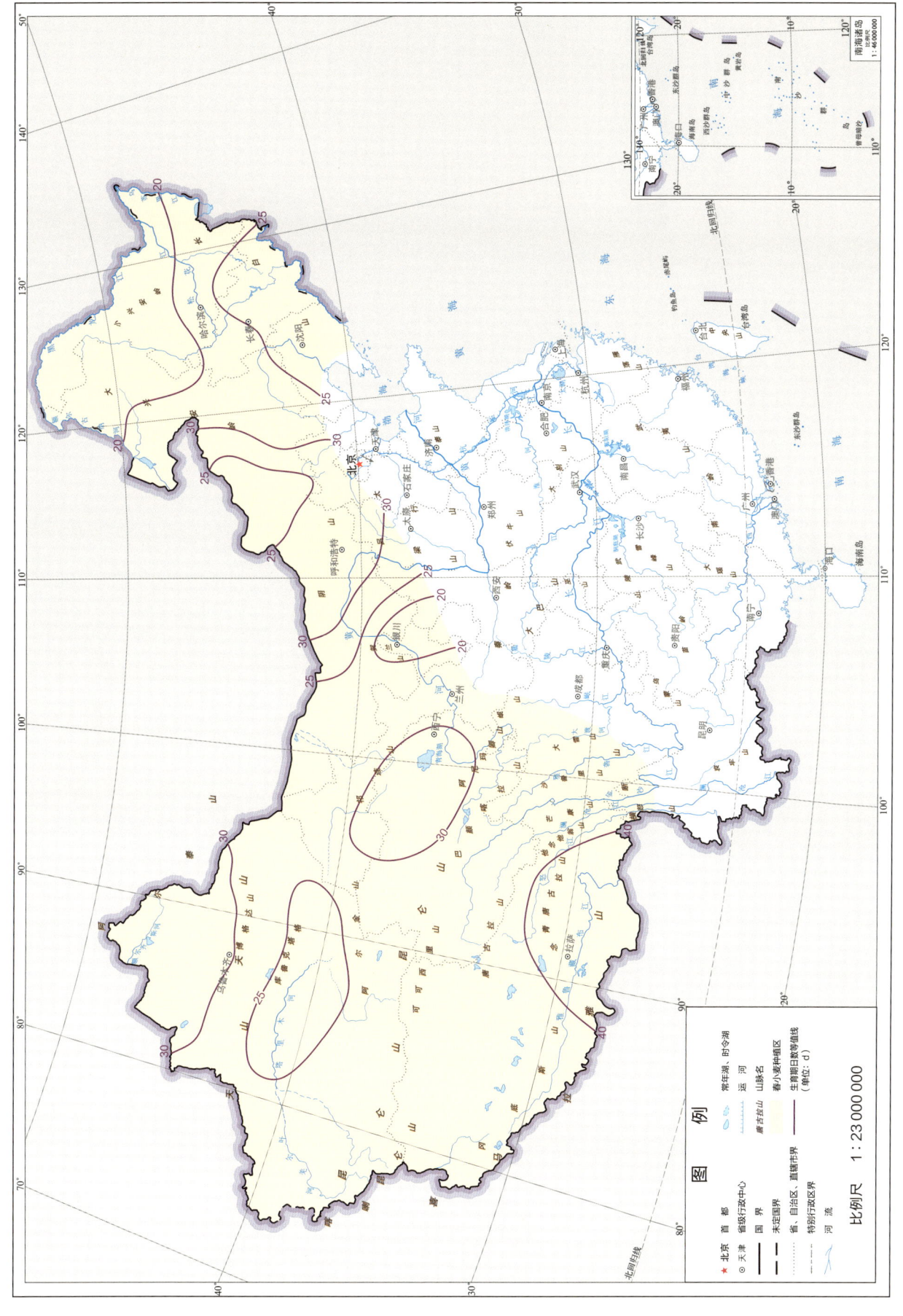

1 春小麦

春小麦拔节期—开花期太阳总辐射量

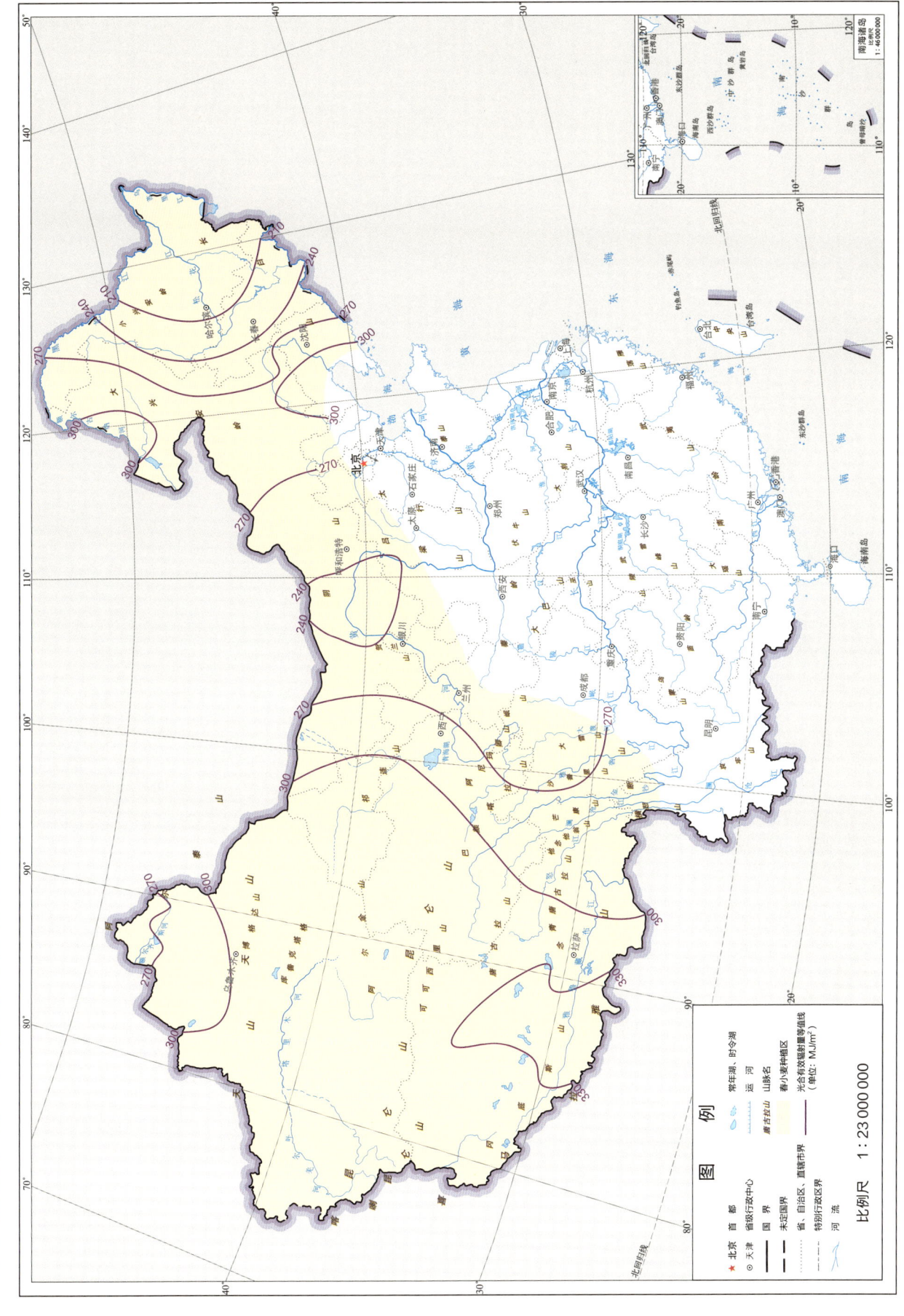

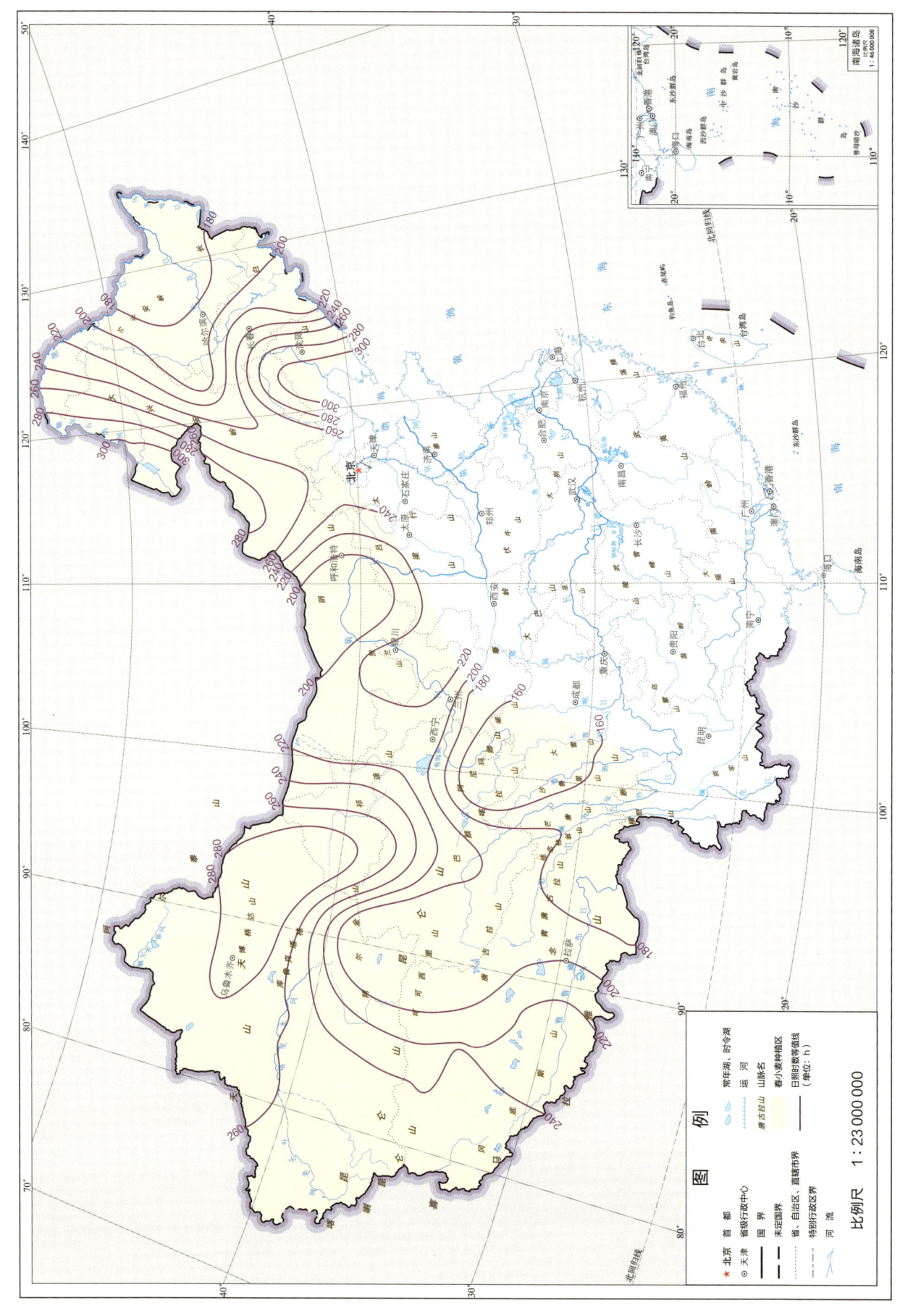

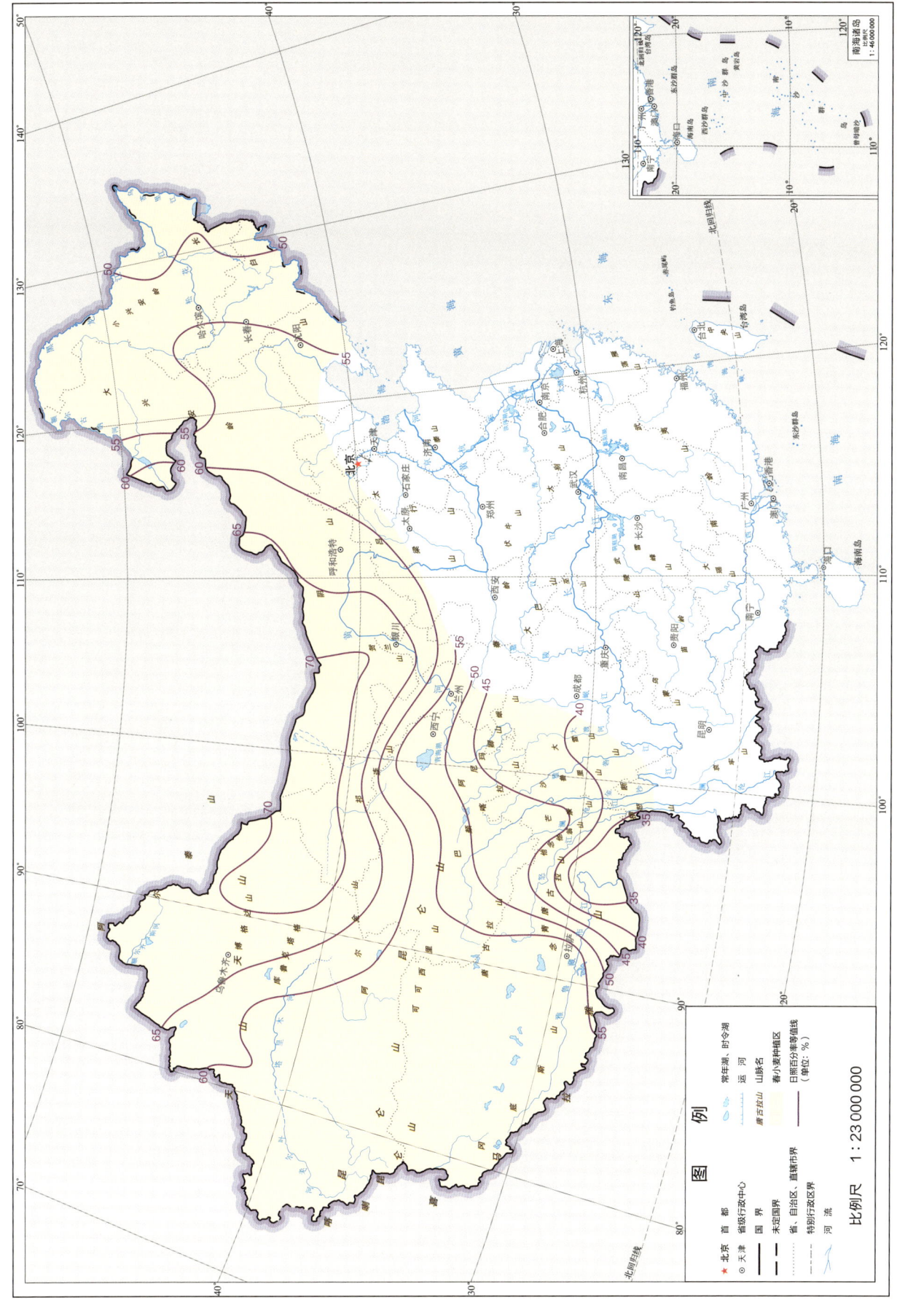

春小麦拔节期—开花期日照百分率

1 春小麦

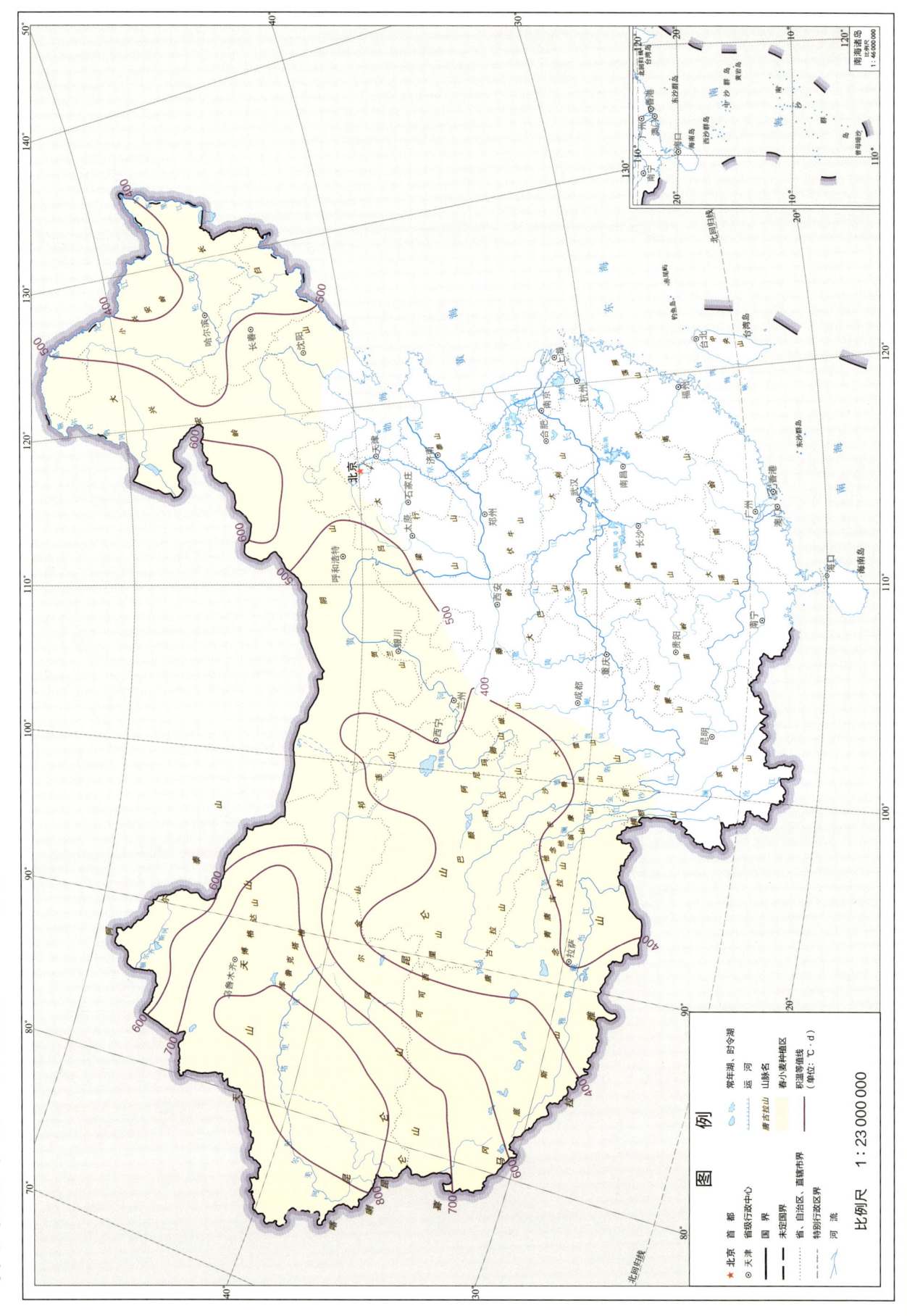

春小麦拔节期—开花期≥0℃积温

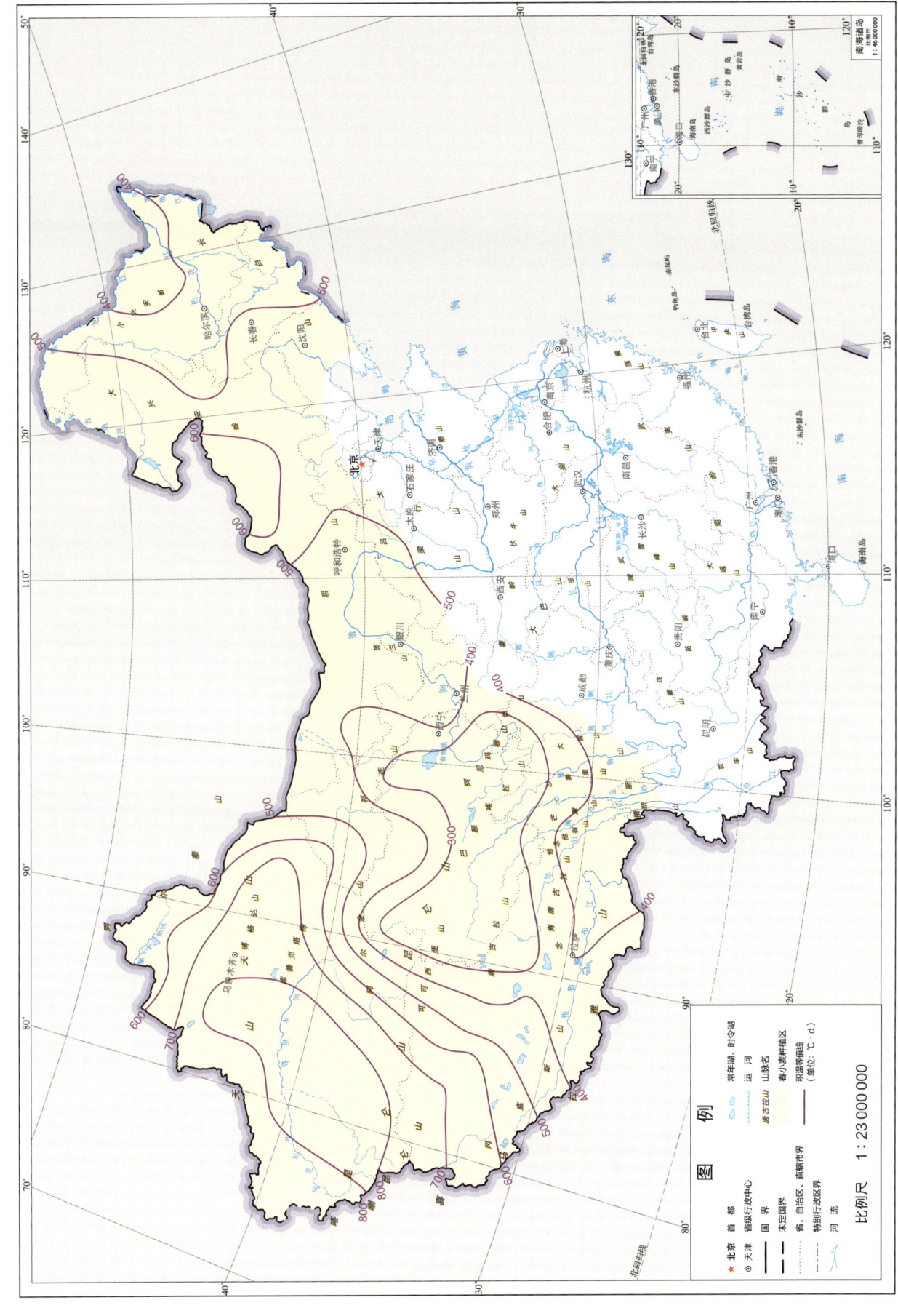

春小麦拔节期—开花期≥10℃积温

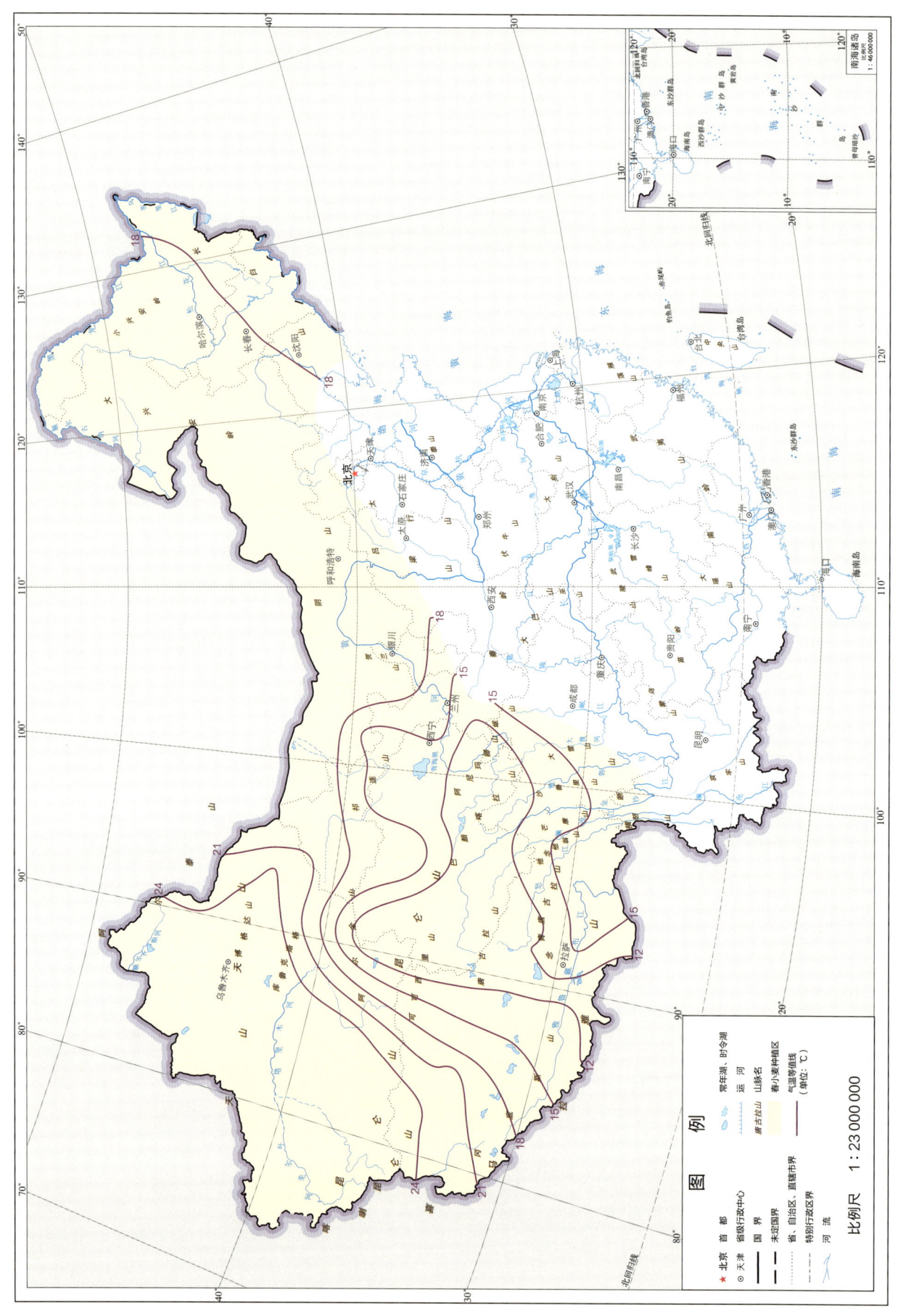

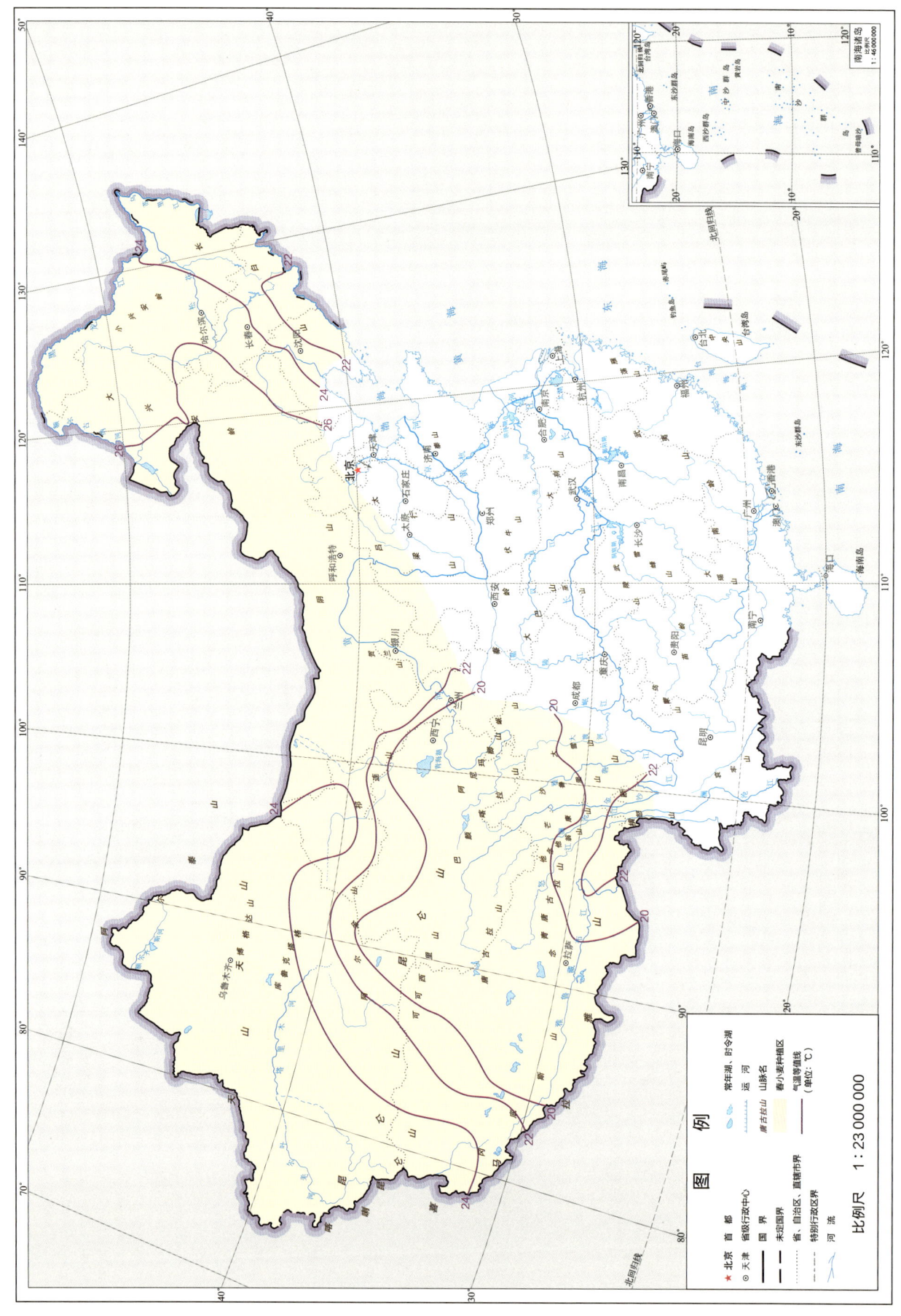

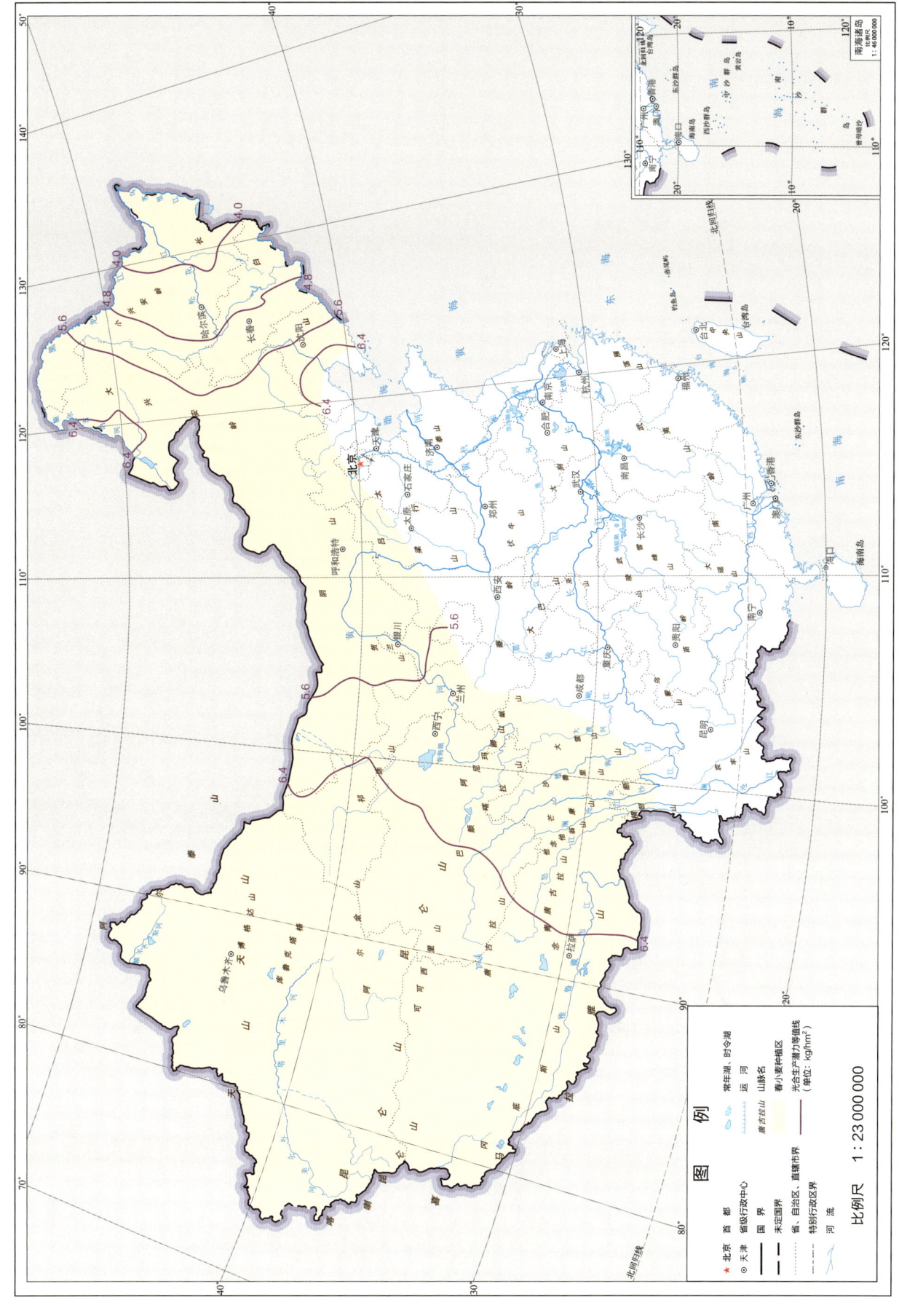

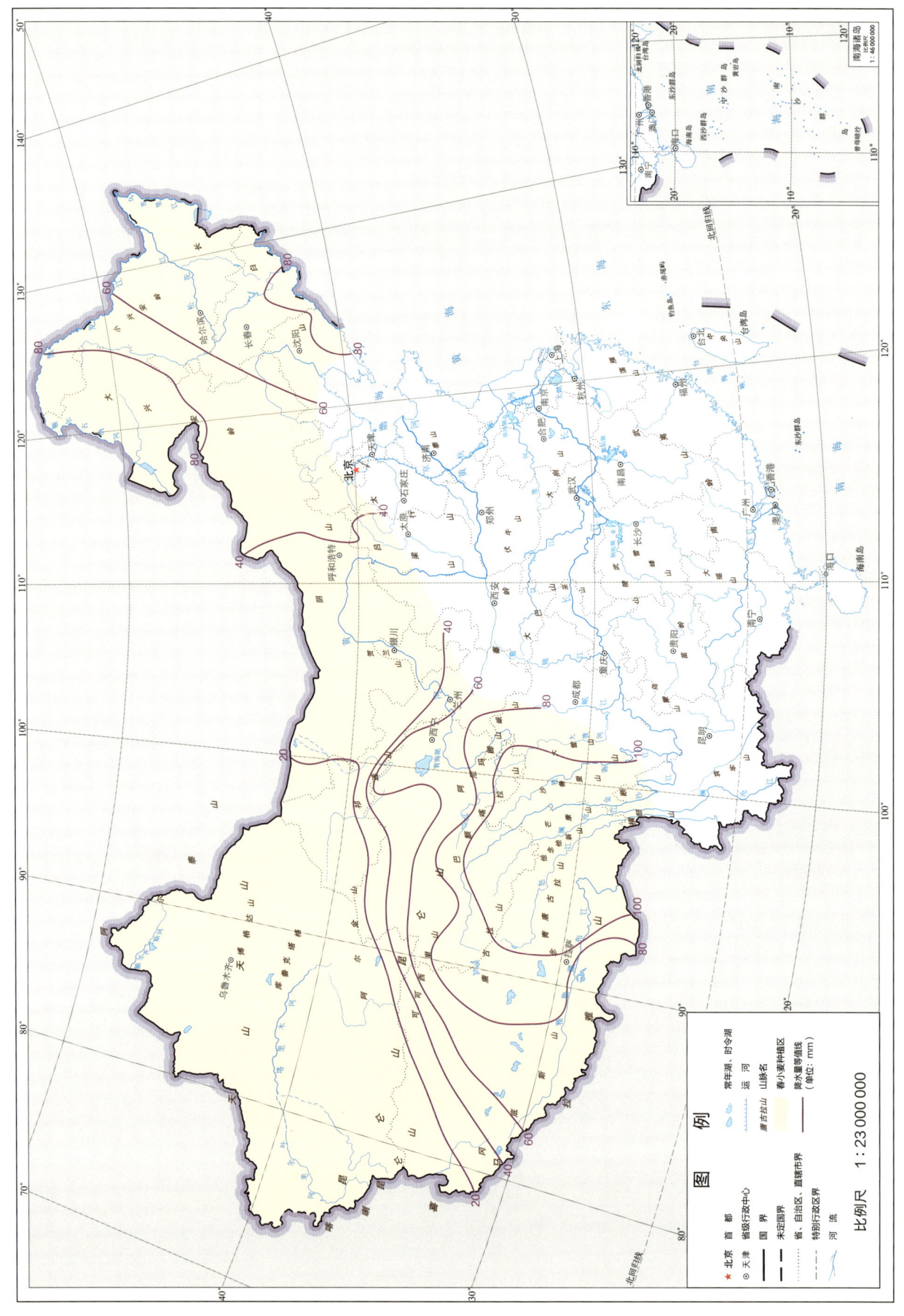

春小麦拔节期—开花期降水量

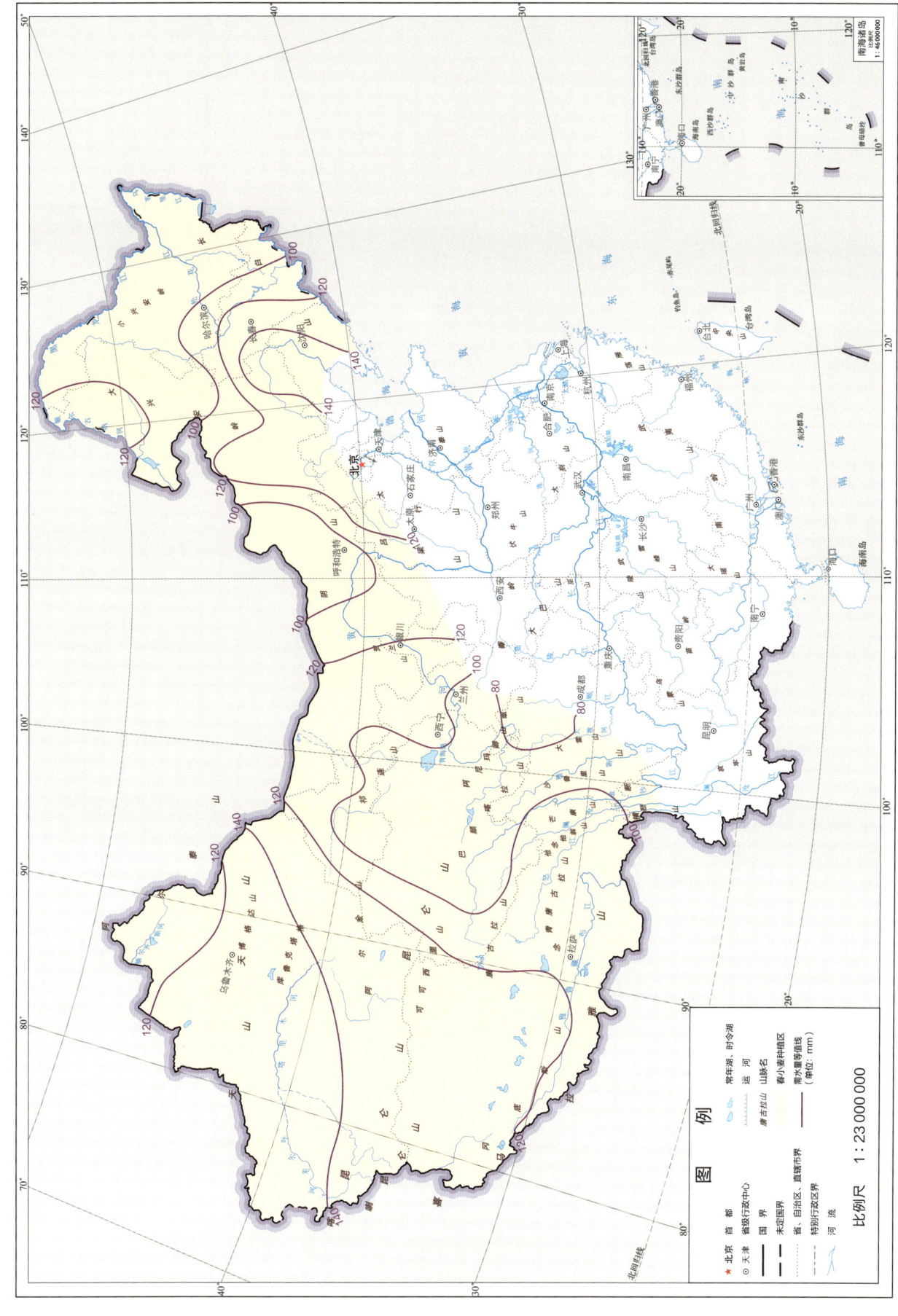
春小麦拔节期—开花期需水量

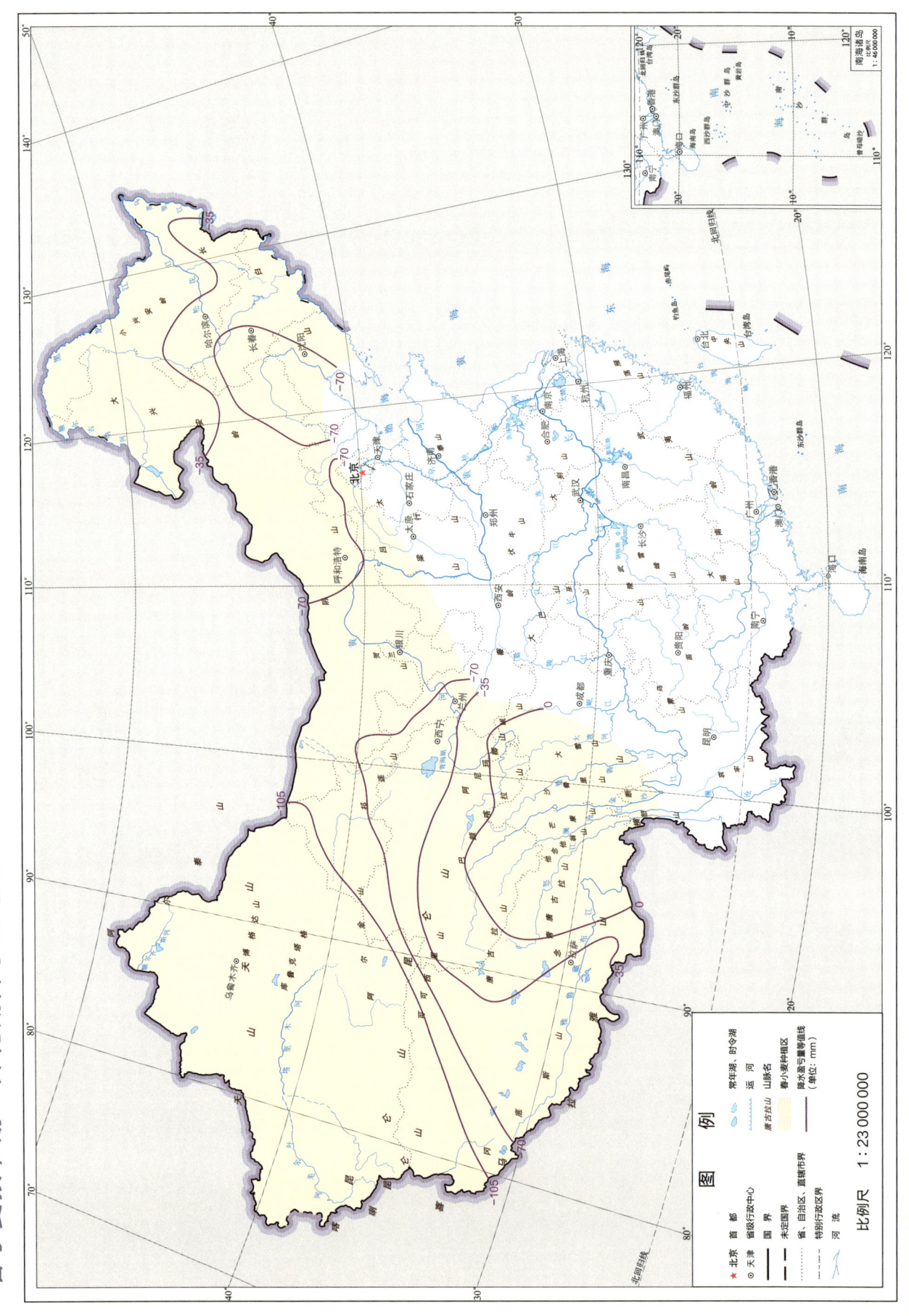
春小麦拔节期—开花期降水盈亏量

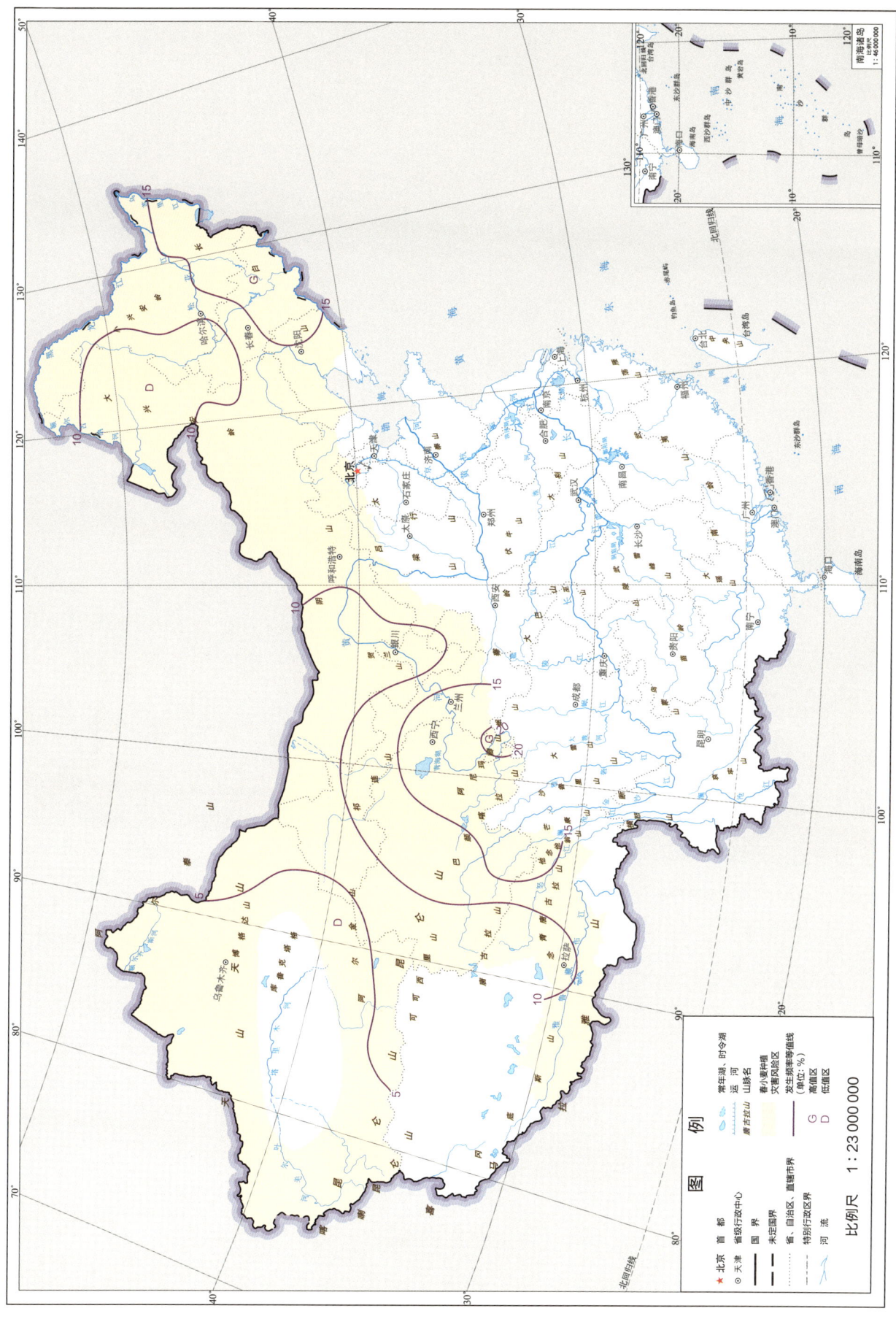

春小麦拔节期轻旱发生频率

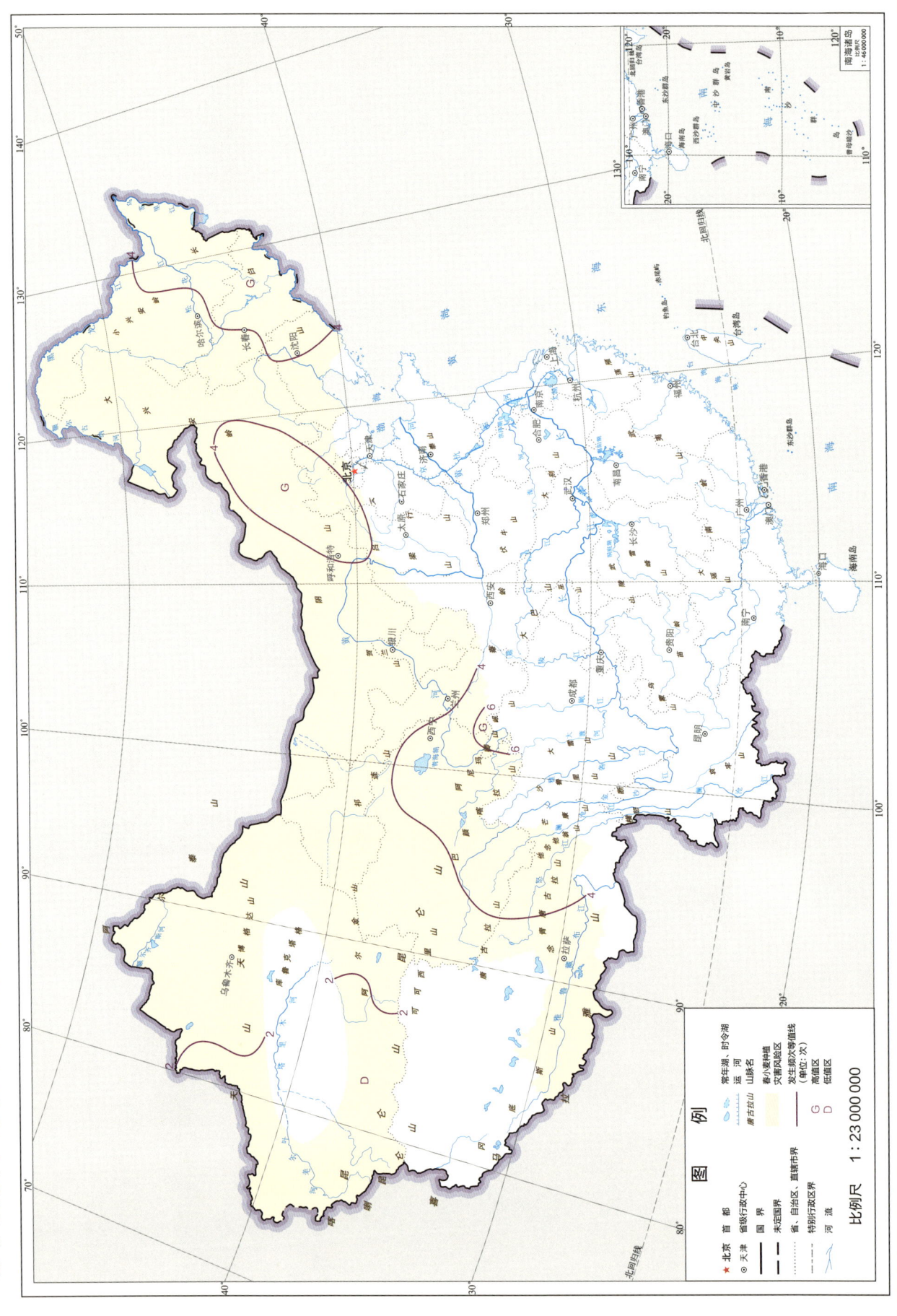

春小麦拔节期轻旱发生频次

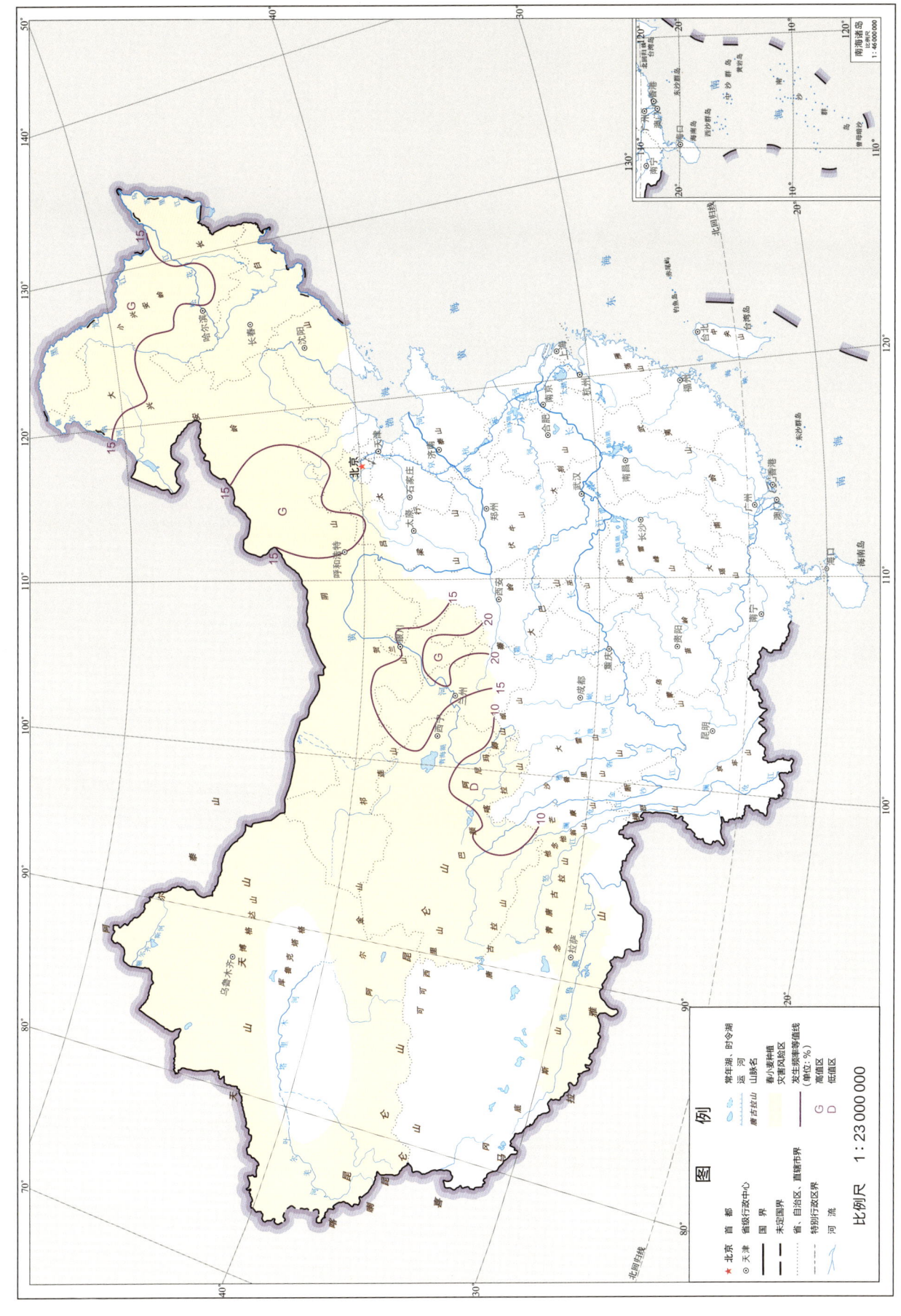

春小麦拔节期中旱发生频次

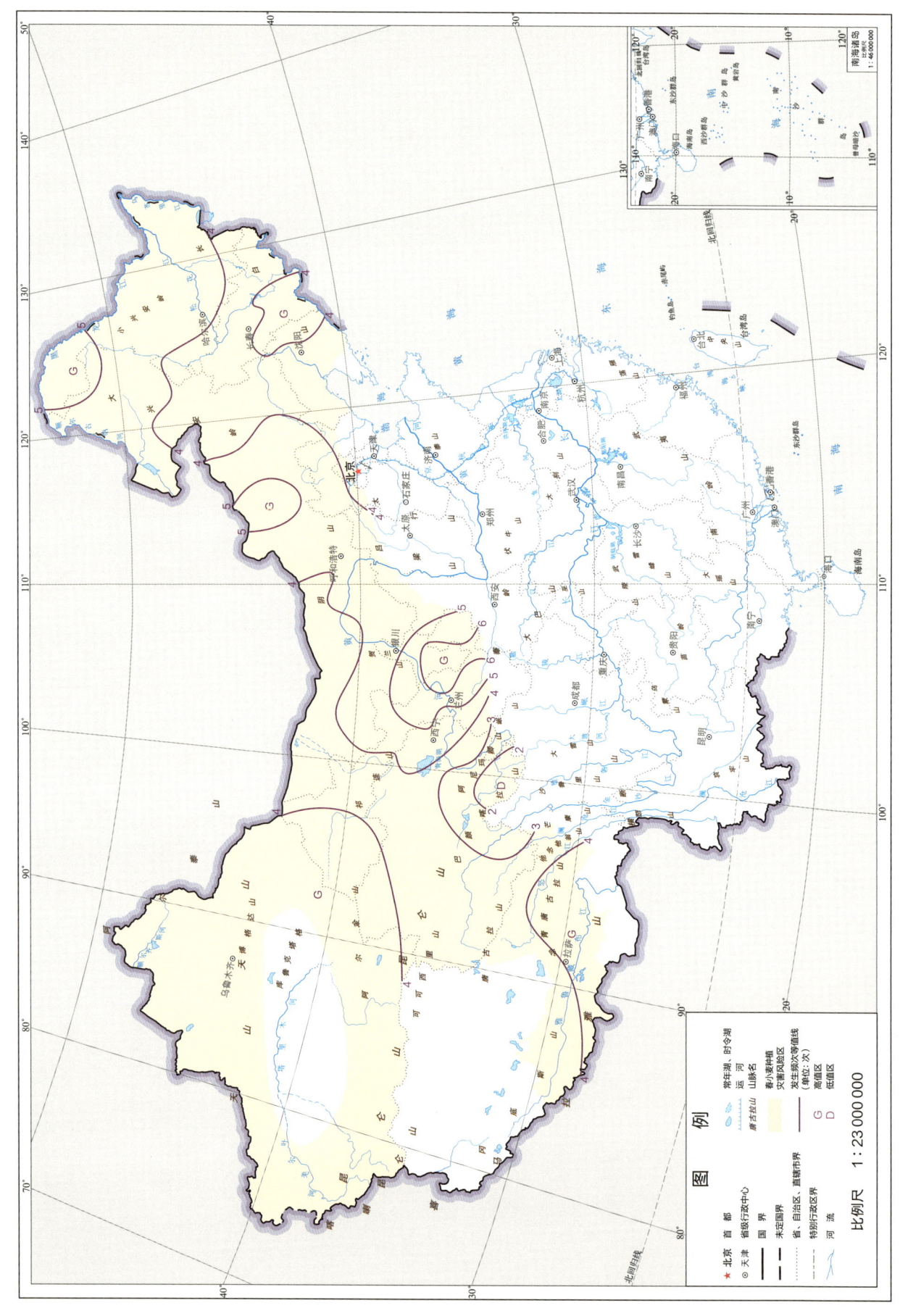

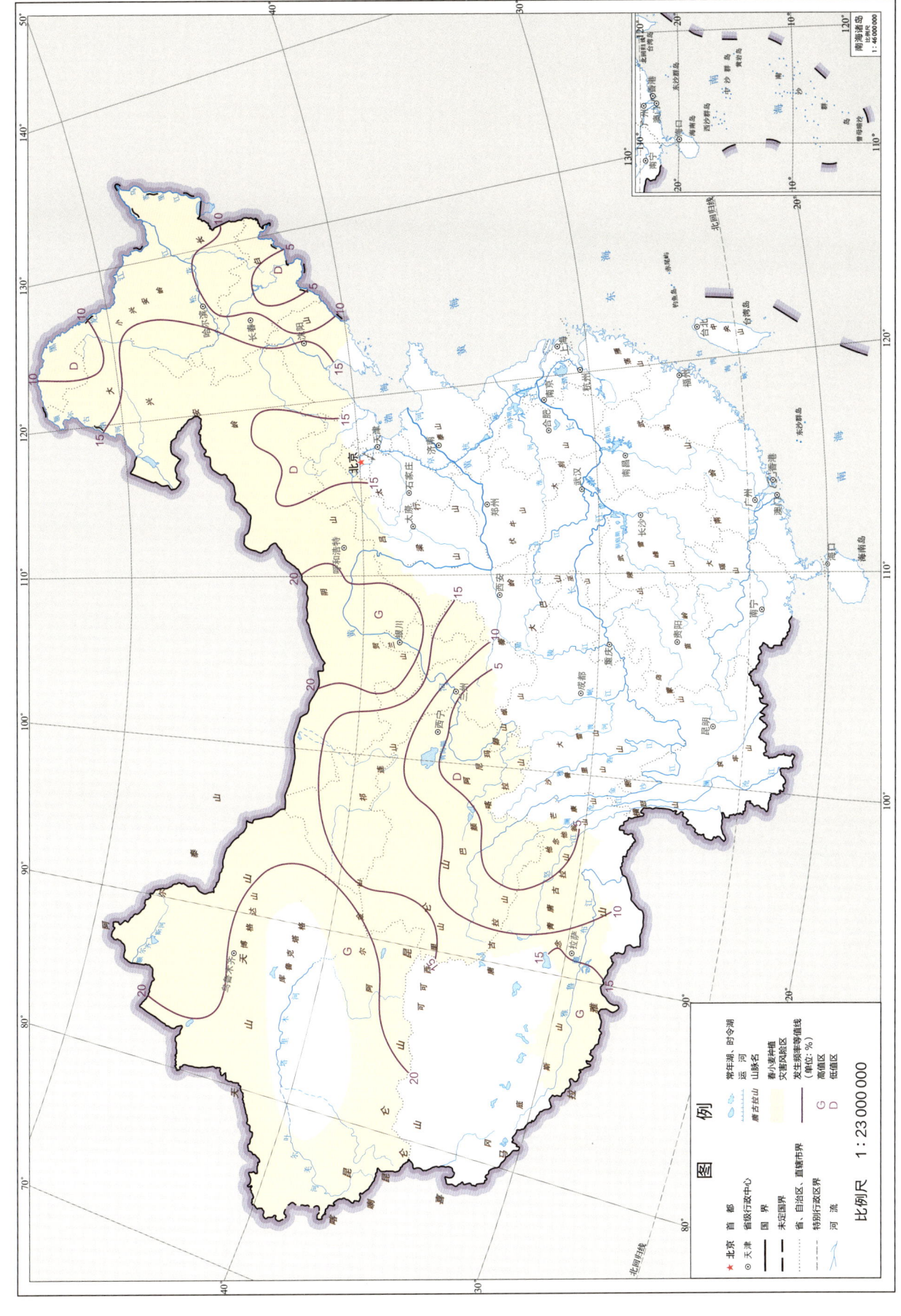

春小麦拔节期重旱发生频率

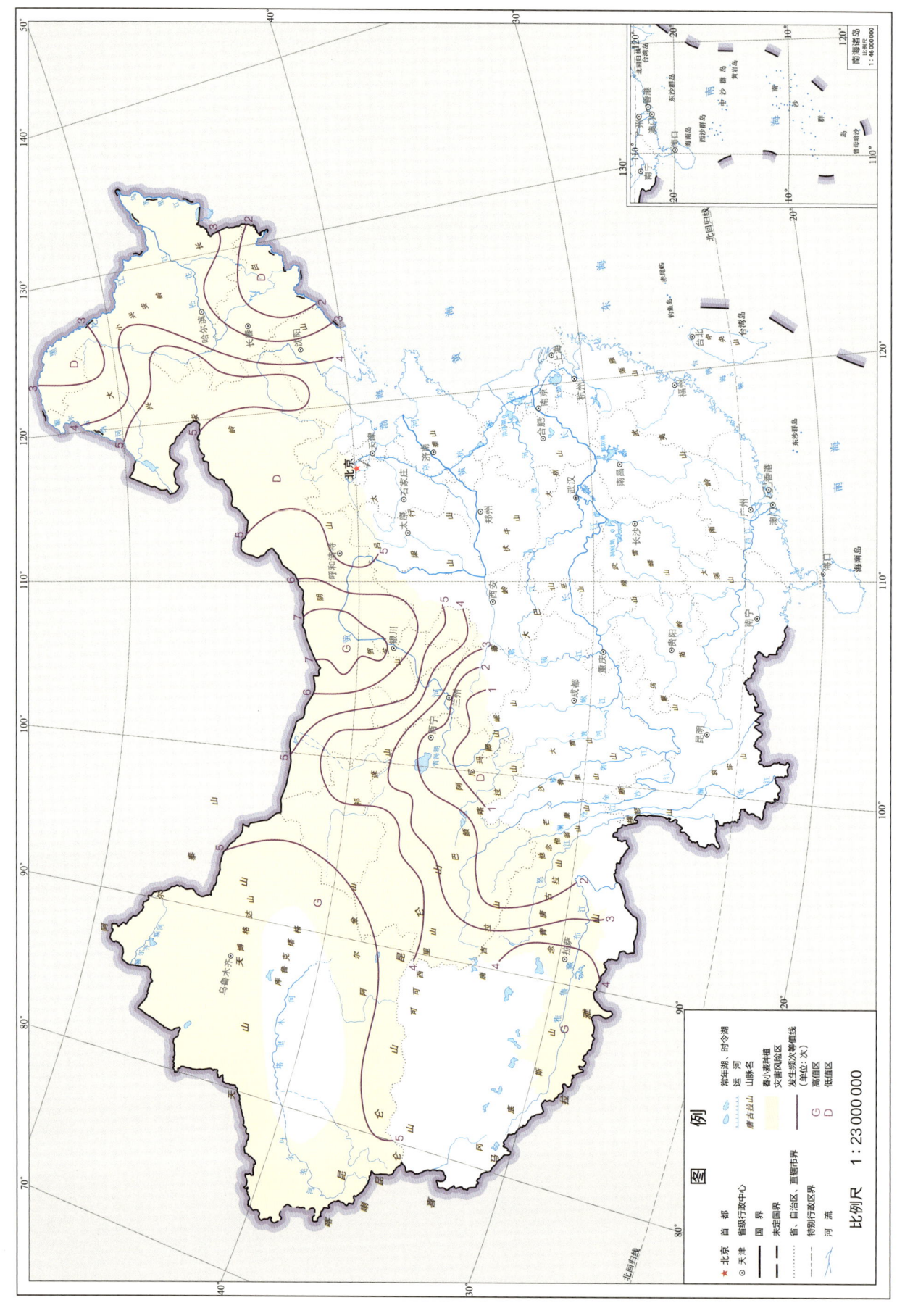

春小麦拔节期重旱发生频次

# 1.4 春小麦开花期—成熟期日数、光、温、水和灾害相关数据说明

春小麦开花期和成熟期日数由于气候条件和品种的差异而有所不同,其中开花期—成熟期日数为30~50 d。在西藏地区,受特殊地理和气候条件的影响,春小麦开花期—成熟期日数在65 d左右,比一般情况下春小麦相对应的生育期日数明显增加。辽宁南部和河北中部地区春小麦成熟期比黑龙江北部和内蒙古东部早30~40 d;由于青藏高原低纬度和高海拔的特点,成熟期推迟1~3个月。与20世纪80年代相比,21世纪10年代青海地区春小麦成熟期推迟约10 d,而西藏东南部地区提前约20 d,其他地区无明显变化。

春小麦开花期—成熟期光照资源自东向西、自南向北呈现逐渐递增的变化趋势,且随纬度和海拔增高而增加。东北地区纬度越高,太阳总辐射量值越大;新疆和青海地区由于地形的原因,海拔越高,太阳总辐射量值越大。光合有效辐射量和日照时数分布趋势与太阳总辐射量相似。青海地区光照资源最为丰富,太阳总辐射量最高值达到1200 MJ/m$^2$左右,光合有效辐射量达总辐射量的一半,为560 MJ/m$^2$左右;东北地区的太阳总辐射量为600~750 MJ/m$^2$;西北地区的太阳总辐射量为900~1200 MJ/m$^2$,光合有效辐射量为240~560 MJ/m$^2$。东北地区日照时数为240~280 h,日照百分率为45%~60%;西北地区的日照时数最多,为320~440 h,日照百分率为35%~65%。青海和西藏的唐古拉山脉区域光照资源相对较弱,日照时数为320~360 h,日照百分率为35%~50%。

春小麦开花期—成熟期热量资源总体上自东向西、自南向北呈现逐渐递增的变化趋势,新疆和青海由于海拔较高,热量资源相对减少。东北地区≥10℃积温为700~800℃·d,内蒙古东四盟(市)≥10℃积温在700℃·d左右,西北地区≥10℃

积温为500～1200℃·d，而青海和西藏的唐古拉山脉区域≥10℃积温较低，为600～700℃·d。东北地区平均气温在20℃左右，极端最高气温为26～28℃，极端最低气温为14～16℃；内蒙古东四盟（市）平均气温在20℃左右，极端最高气温在28℃左右，极端最低气温为14～16℃；西北地区由于海拔和纬度共同作用，气温变化幅度较大，平均气温为12～28℃，极端最高气温为18～28℃，极端最低气温为8～16℃。春小麦开花期—成熟期光合生产潜力自东向西呈现逐渐递增的变化趋势，最高的区域在青海地区，光合生产潜力在12.0 kg/hm²左右；东北地区的光合生产潜力最低，为6.0～7.5 kg/hm²；内蒙古东四盟（市）光合生产潜力为7.5 kg/hm²左右；西北地区光合生产潜力为9.0～12.0 kg/hm²。

春小麦开花期—成熟期水分资源依具体衡量指标存在一定的变化规律。西北地区降水量自南向北呈现逐渐递减的变化趋势，变化范围为15～105 mm，新疆地区降水量最少，基本上＜15 mm，降水量最丰富的区域为青海和西藏南部山区，降水量为90～105 mm；东北地区降水量自南向北呈现逐渐递增的变化趋势，变化范围为30～90 mm，内蒙古东四盟（市）降水量为30～60 mm，东北三省降水量为60～90 mm。春小麦开花期—成熟期的需水量空间分布特点与降水量相反，降水量越高的区域需水量越少。西北地区需水量自南向北呈现逐渐增加的变化趋势，全区需水量为160～240 mm，新疆地区需水量最多，为220～240 mm；内蒙古东四盟（市）需水量为100～180 mm；东北地区需水量为120～160 mm。降水盈亏量变化趋势与降水量相似，西北地区降水亏缺量自南向北逐渐递减，全区变化范围为−180～0 mm，降水亏缺量最多的是新疆地区，为180 mm左右。由于青海和西藏南部山区降水相对较多，降水盈亏量为0 mm，能够基本满足春小麦生长的水分需求。

春小麦干热风通常分为轻度和重度两种类型，多见于内蒙古河套及宁夏平原、甘肃河西走廊和新疆。不同地区干热风的衡量指标略有不同，就轻度干热风而言，内蒙古河套、宁夏平原及甘肃河西走廊主要发生在6月和7月，日极端最高气温≥32℃，14时相对湿度≤30%，14时风速≥2 m/s；甘肃河西走廊主要发生在6月10日—7月20日，日极端最高气温≥32℃，14时相对湿度≤30%；新疆地区轻度干热风较其他地区提前一个月，主要发生在5月10日—6月20日，日极端最高气温≥34℃，14时相对湿度≤30%，14时风速≥2 m/s。就重度干热风时期及衡量指标而言，内蒙古河套、宁夏平原主要发生在6月10日—7月20日，日极端最高气温≥34℃，14时相对湿度≤25%，14时风速≥2 m/s；甘肃河西走廊主要发生在6月10日—7月20日，日极端最高气温≥35℃，14

时相对湿度≤30%；新疆地区主要发生在5月10日—6月20日，日极端最高气温≥36℃，14时相对湿度≤25%，14时风速≥3m/s。

春小麦区干热风发生频率自南向北呈现逐渐递增的变化趋势，越往北发生干热风的频率越高。轻度干热风发生的频率变化范围为3%～80%，自甘肃河西走廊地区向北，发生频率呈现逐渐递增的变化趋势，最严重的区域出现在新疆东北部和甘肃张掖南部地区，均为50%～80%；干热风发生频率较轻的区域在甘肃兰州以南地区，为5%～10%。轻度干热风发生的频次与频率变化趋势相同，其频次变化范围为1～25次，其中发生频次最高的区域在新疆东北部地区，频次为15～25次，而频次最低的区域在甘肃兰州以南地区，发生频次为1～5次。春小麦重度干热风发生的频率为3%～80%，最频繁区域主要在新疆东北部地区，为25%～35%。甘肃河西走廊地区和内蒙古河套及宁夏平原地区重度干热风发生的频率从南到北逐渐增加，变化范围为3%～25%，其发生的频次均为1～8次，变化趋势与频率变化相同，自南向北递增。灾害风险区内，重度干热风发生次数最多的地区在新疆东北部，为4～8次，而发生次数最少的区域分布于甘肃兰州以南地区，大约仅有1次。

干热风是春小麦开花灌浆期出现的一种高温低湿且伴有大风的农业气象灾害，主要发生在我国北方黄淮海流域和新疆一带，一般出现在每年的5月中旬至6月中旬。此时正是小麦生长敏感时期，干热风会破坏水分平衡和光合作用，影响小麦籽粒灌浆成熟，从而造成严重减产。根据春小麦干热风发生的次数和强度，可适当控制氮肥用量，保证植株所需养分供给，防止植株旺长，加深耕作层，熟化土壤，使根系深扎；同时，选择抗逆性强的早熟品种，适时早播促进早发、早抽穗，使其对干热风有较强的抵抗能力。

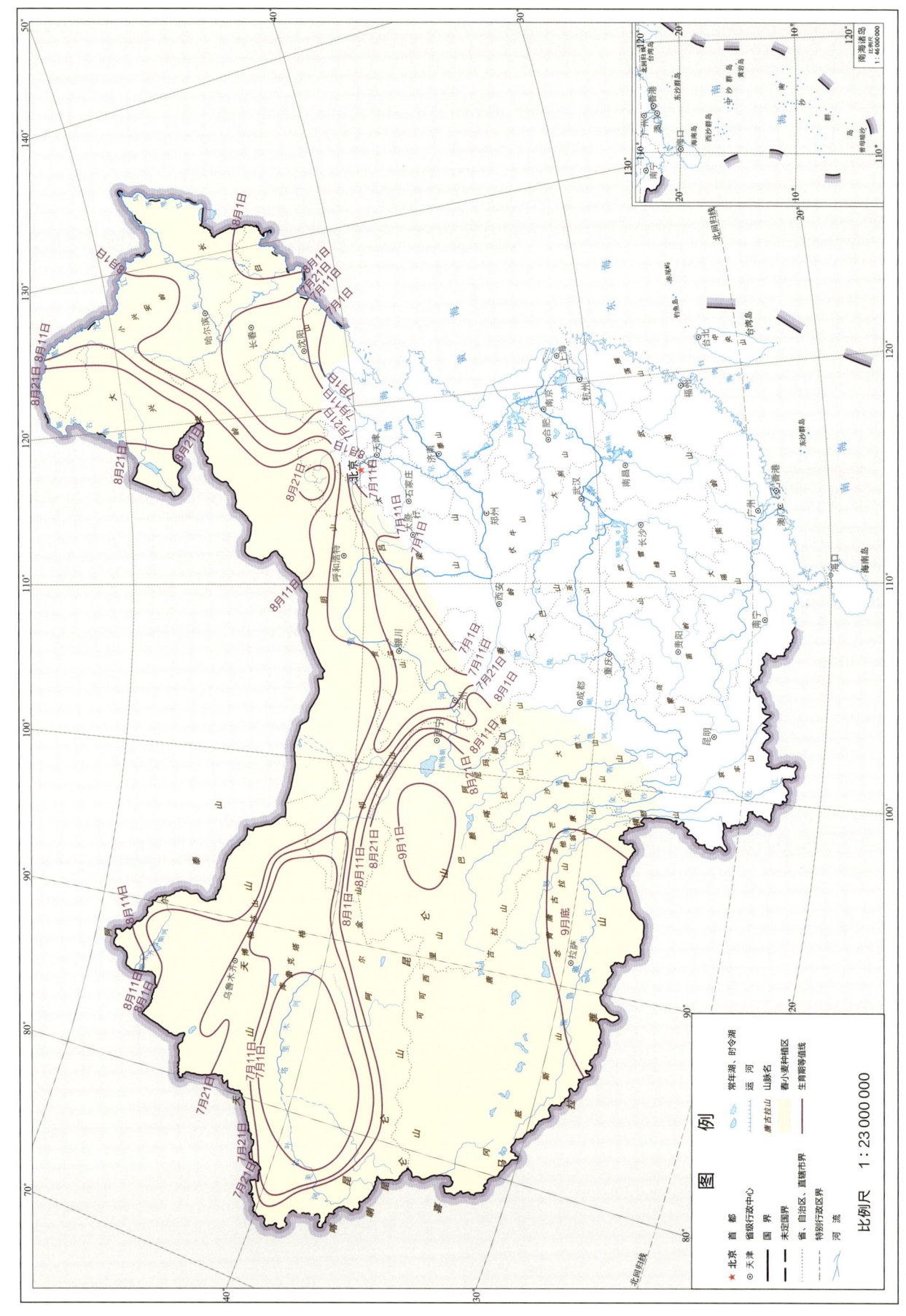

# 21世纪10年代春小麦成熟期

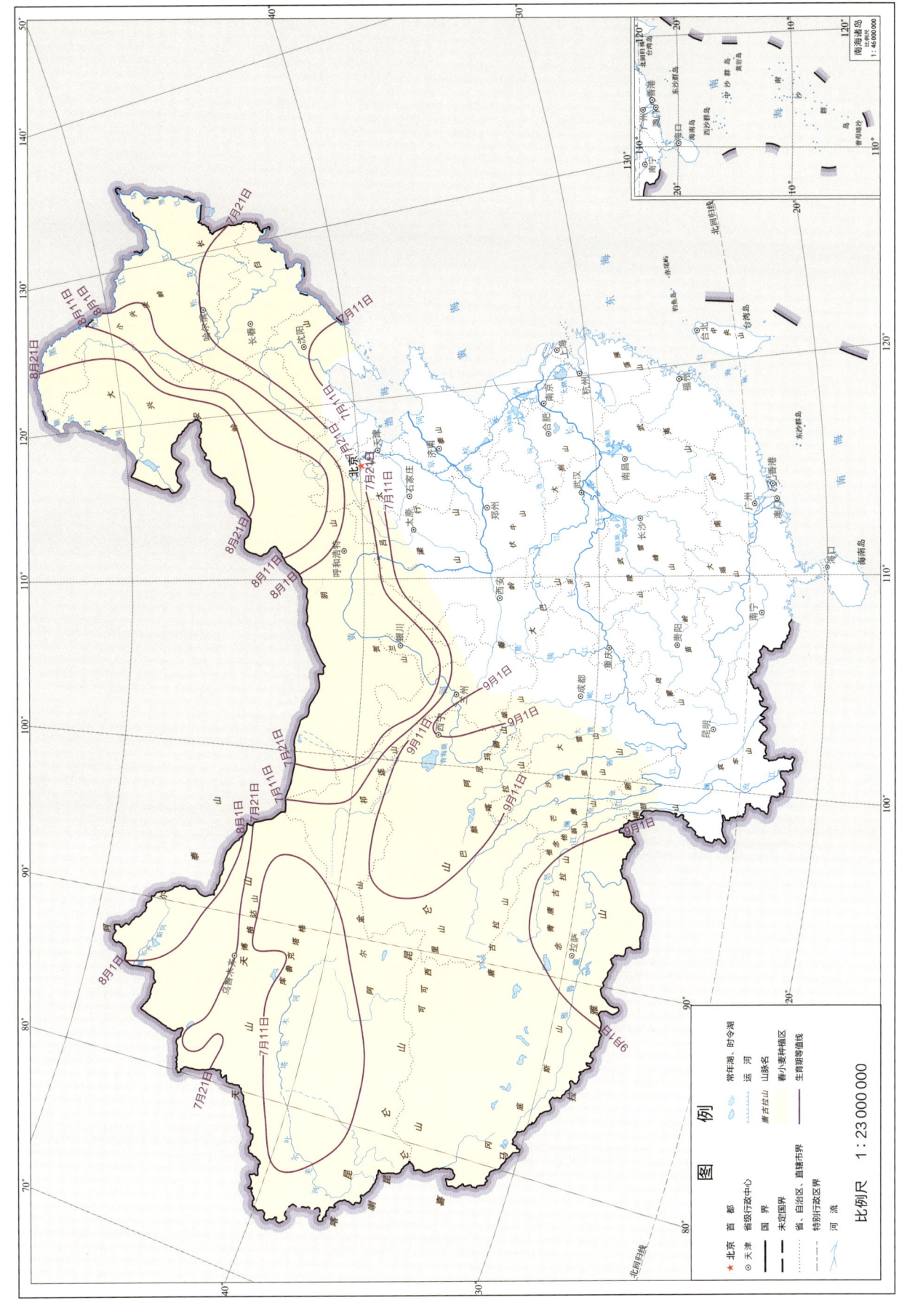

1 春小麦

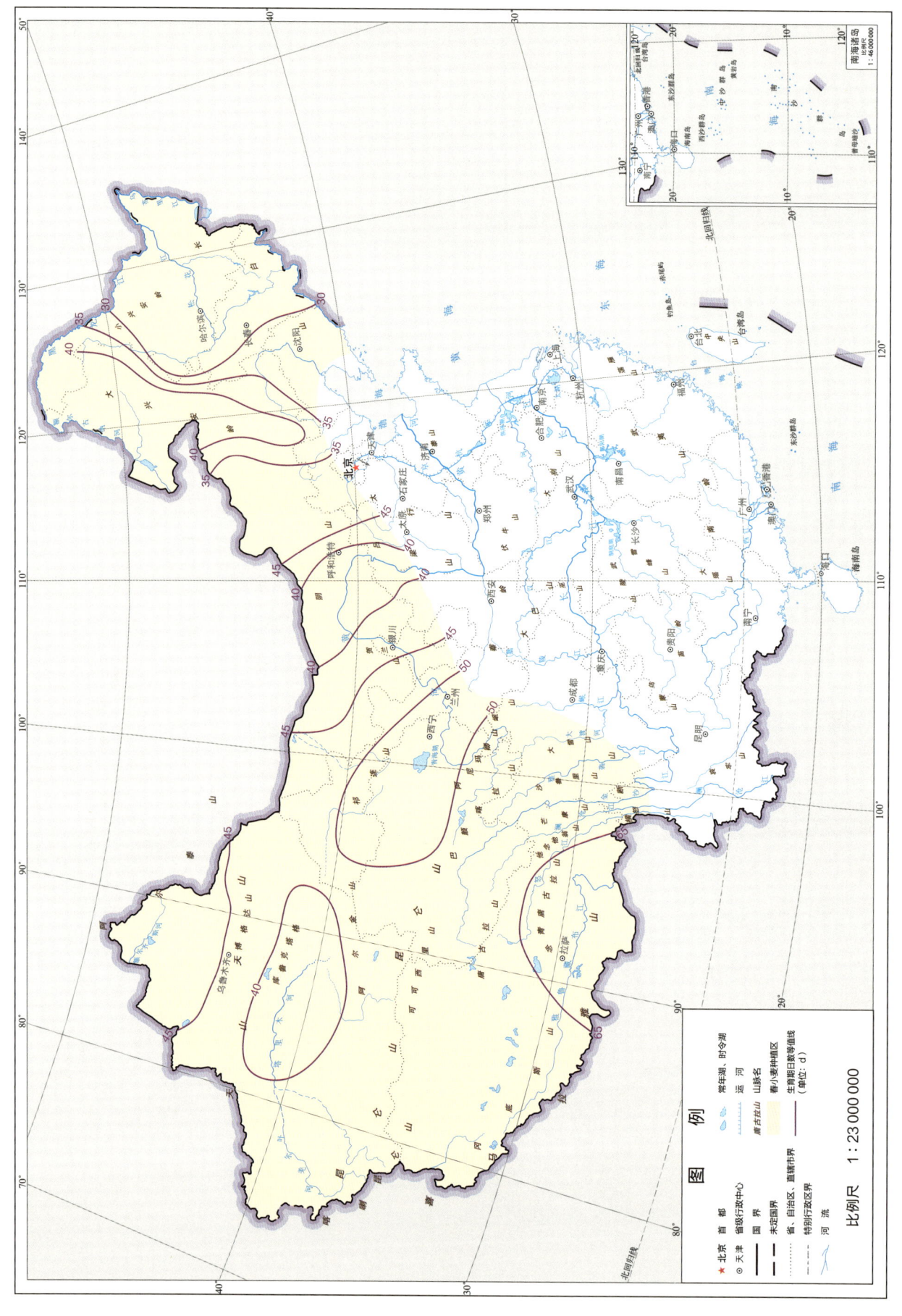

21世纪10年代春小麦开花期—成熟期日数

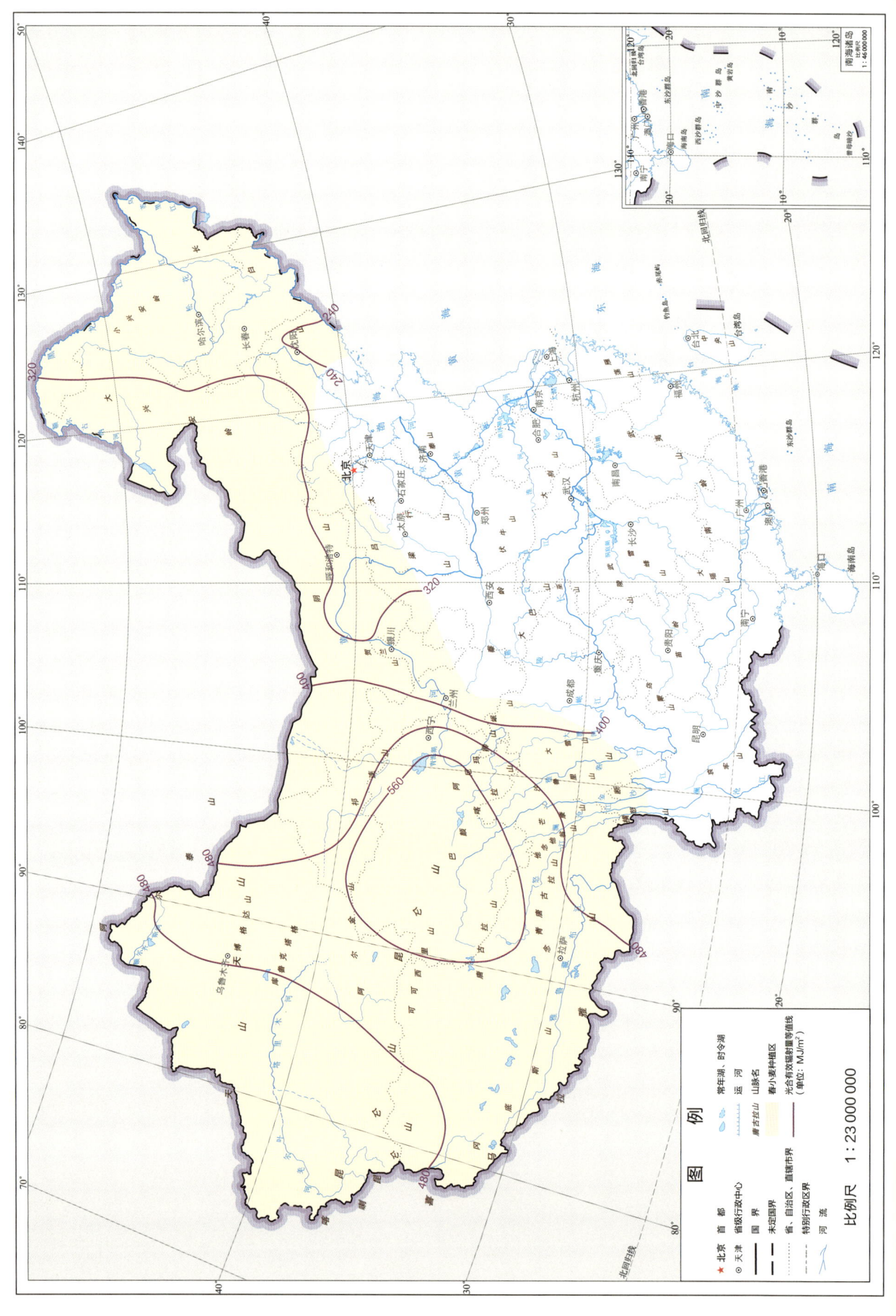
春小麦开花期—成熟期光合有效辐射量

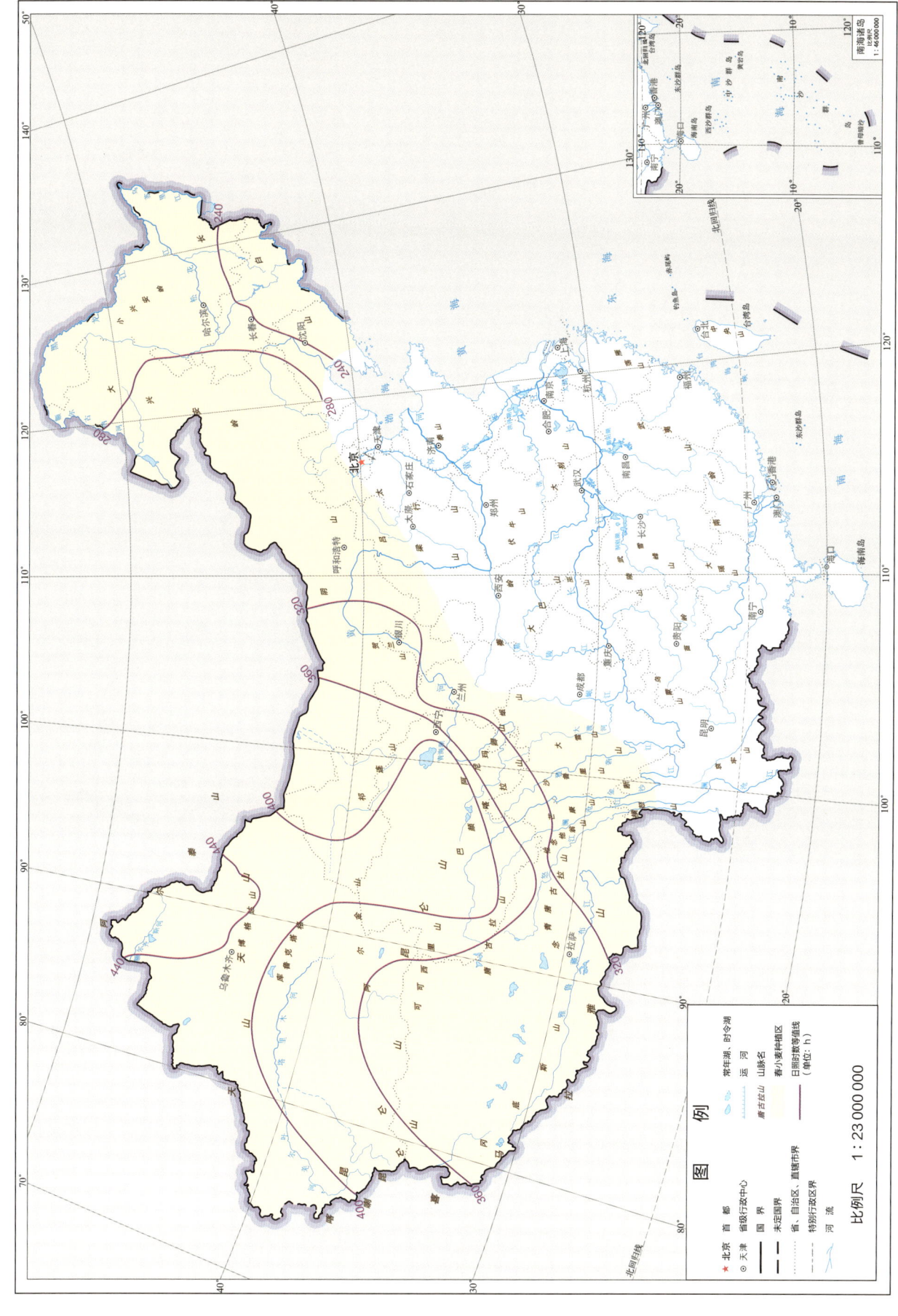

春小麦开花期—成熟期日照时数

1 春小麦

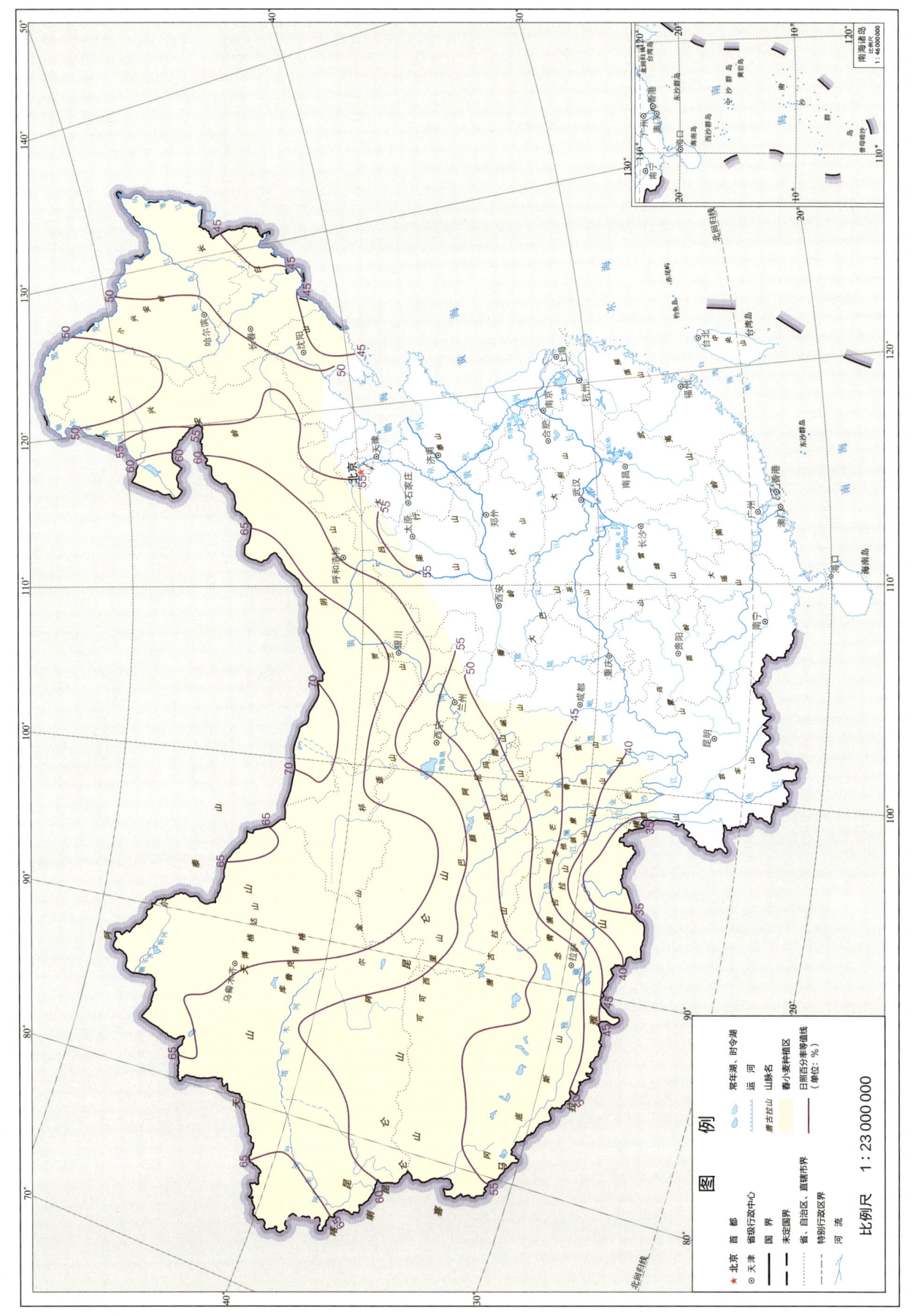

春小麦开花期—成熟期日照百分率

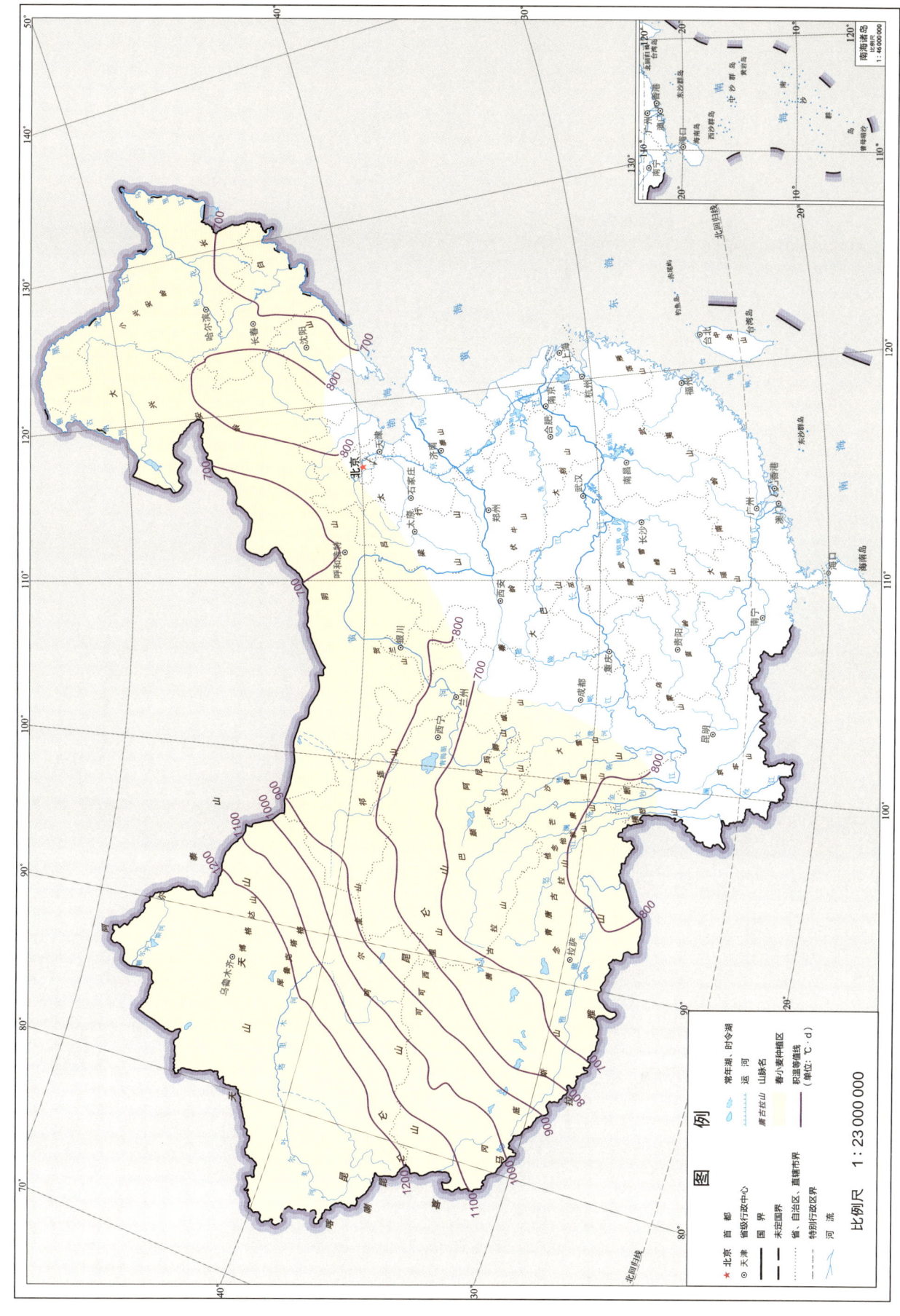

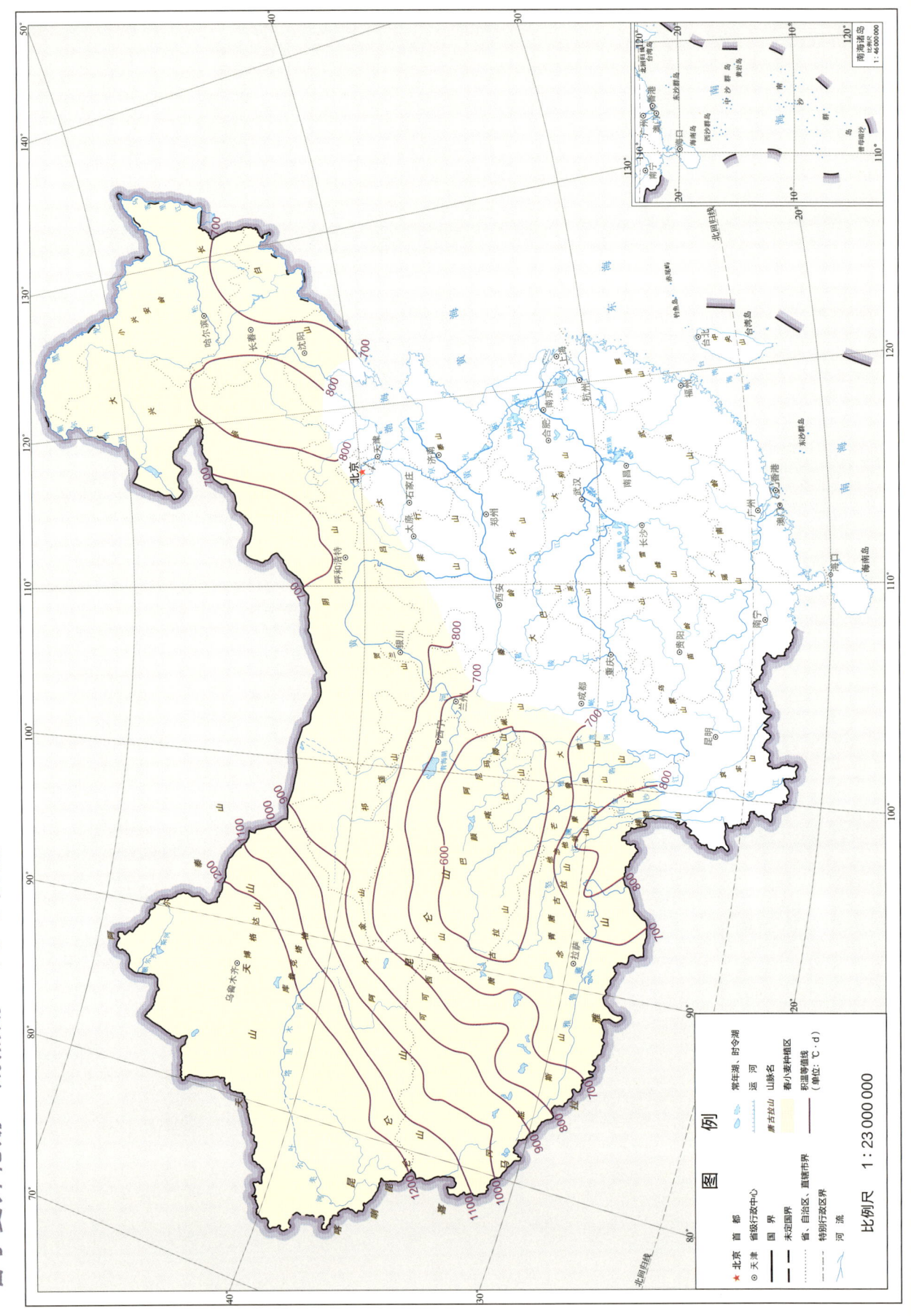

春小麦开花期—成熟期≥10℃积温

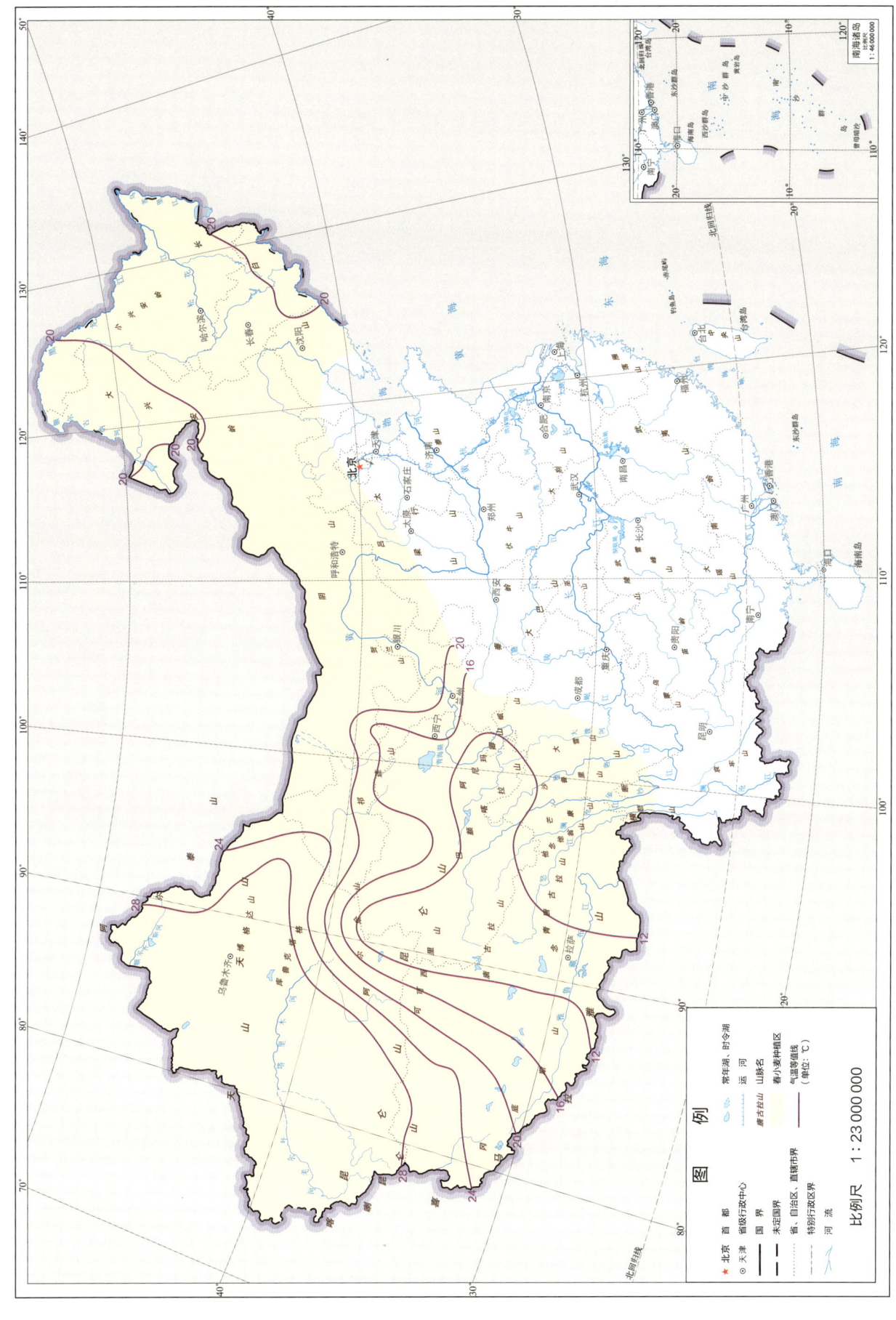

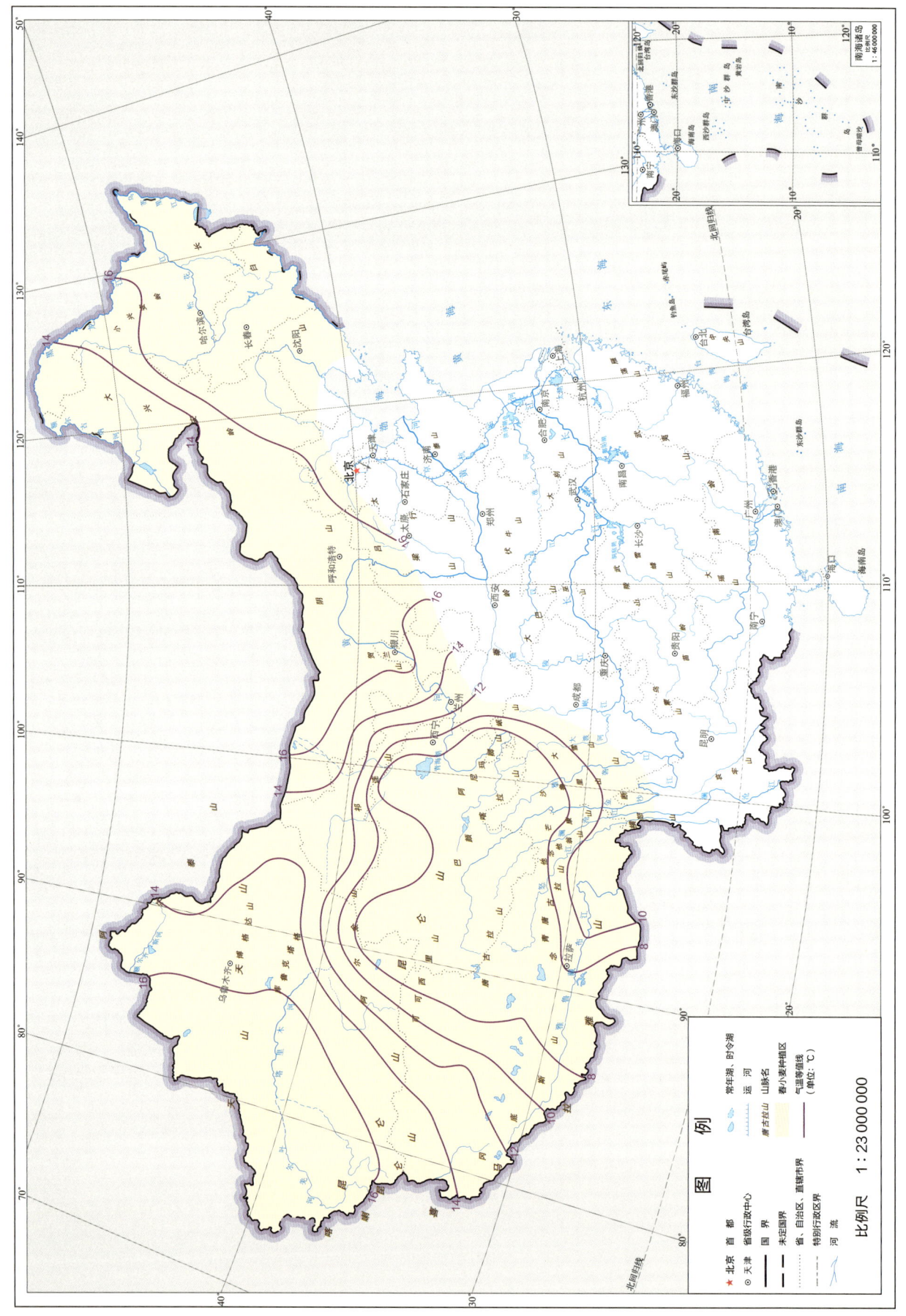

春小麦开花期—成熟期极端最低气温

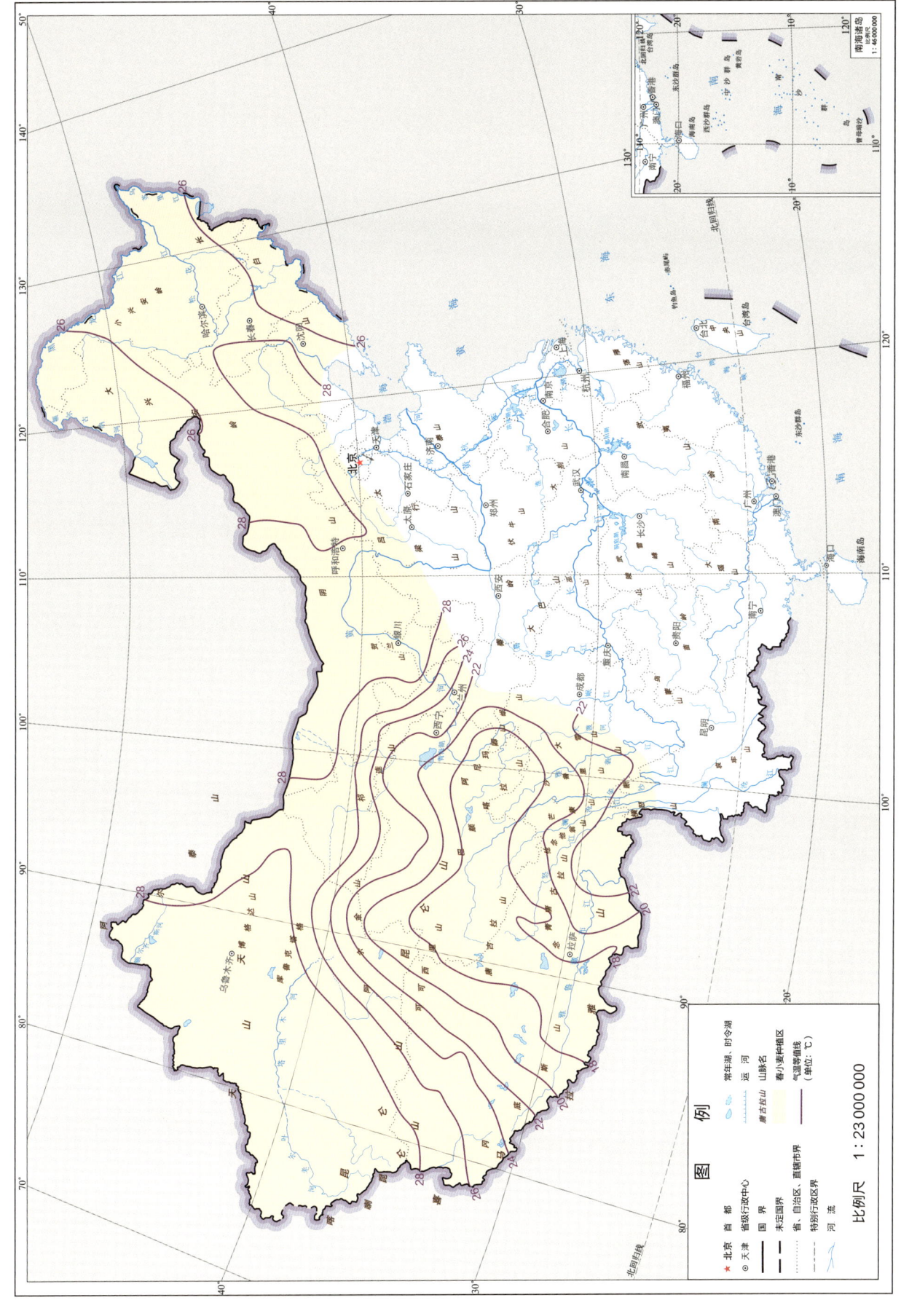

春小麦开花期—成熟期极端最高气温

1 春小麦

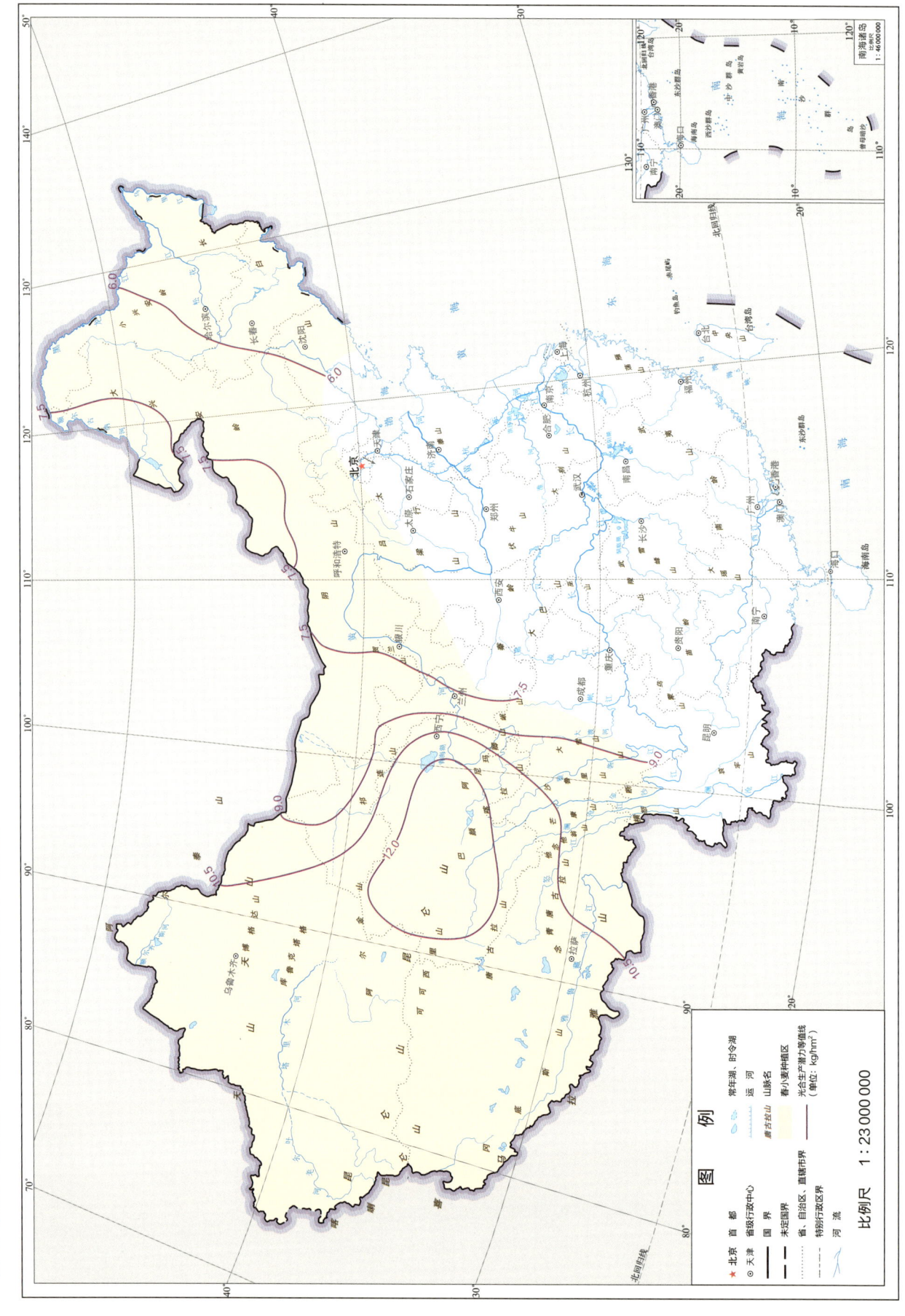

春小麦开花期—成熟期光合生产潜力

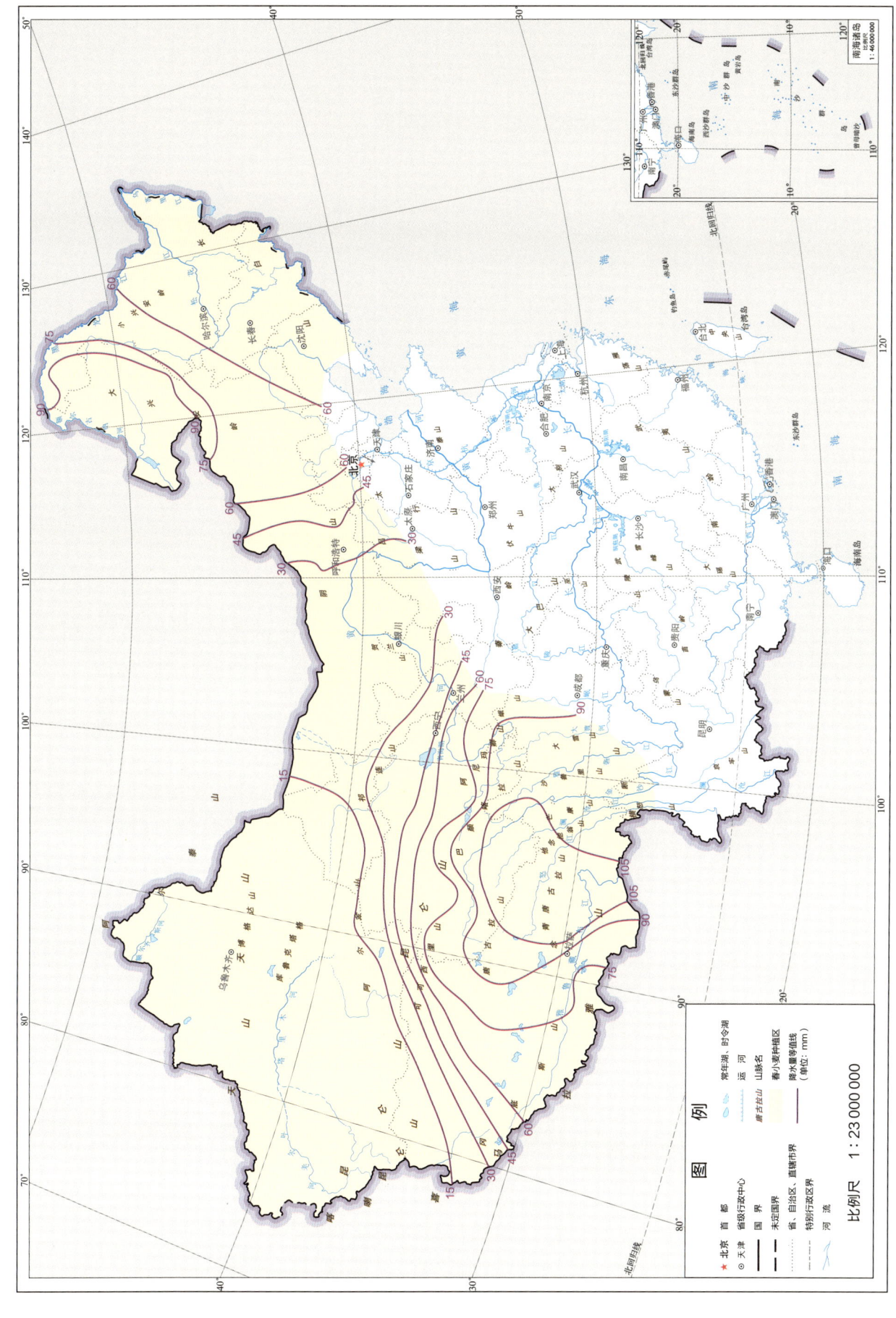

春小麦开花期—成熟期降水量

# 春小麦开花期—成熟期需水量

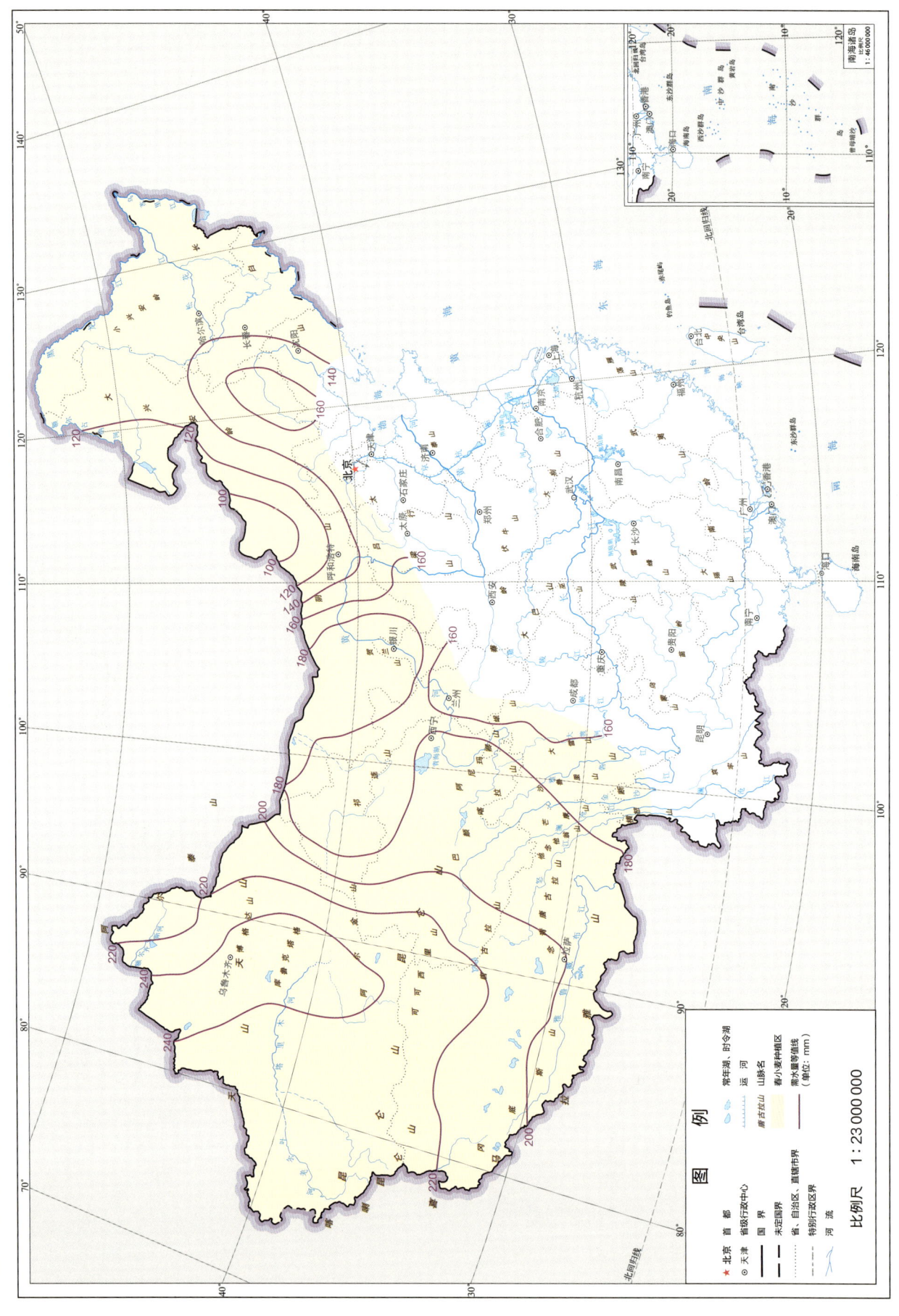

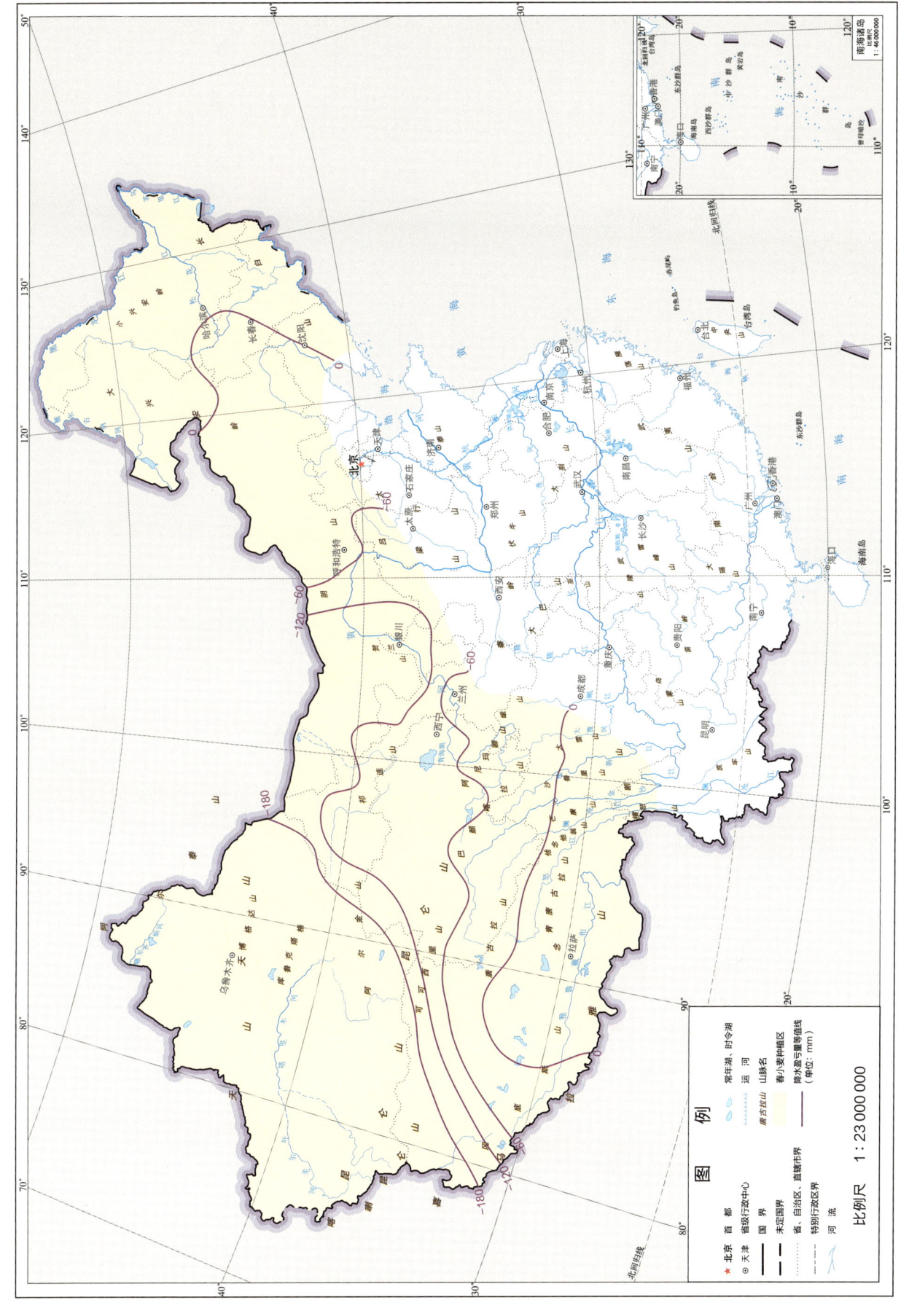

春小麦开花期—成熟期降水盈亏量

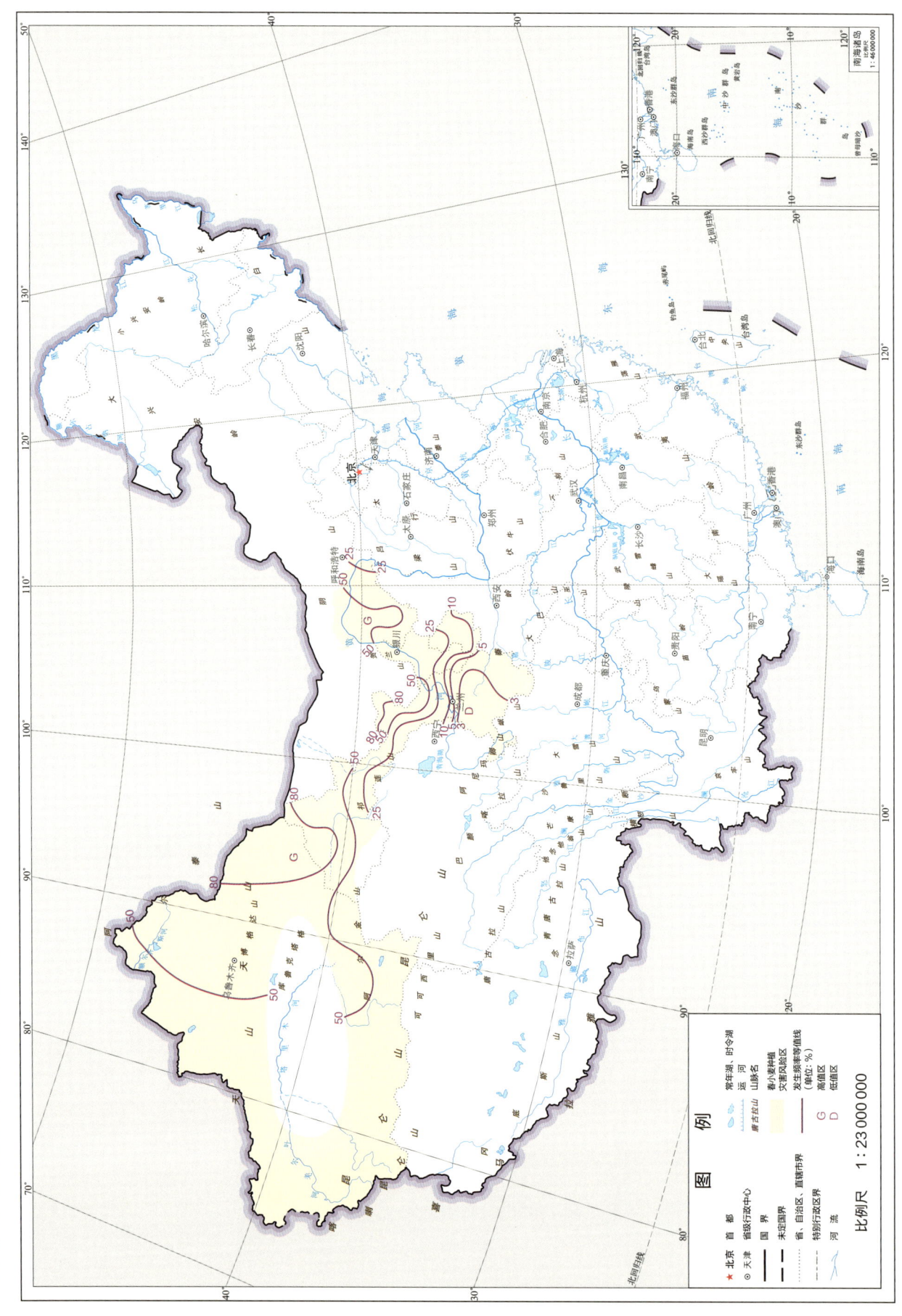

春小麦区轻度干热风发生频率

春小麦区轻度干热风发生频次

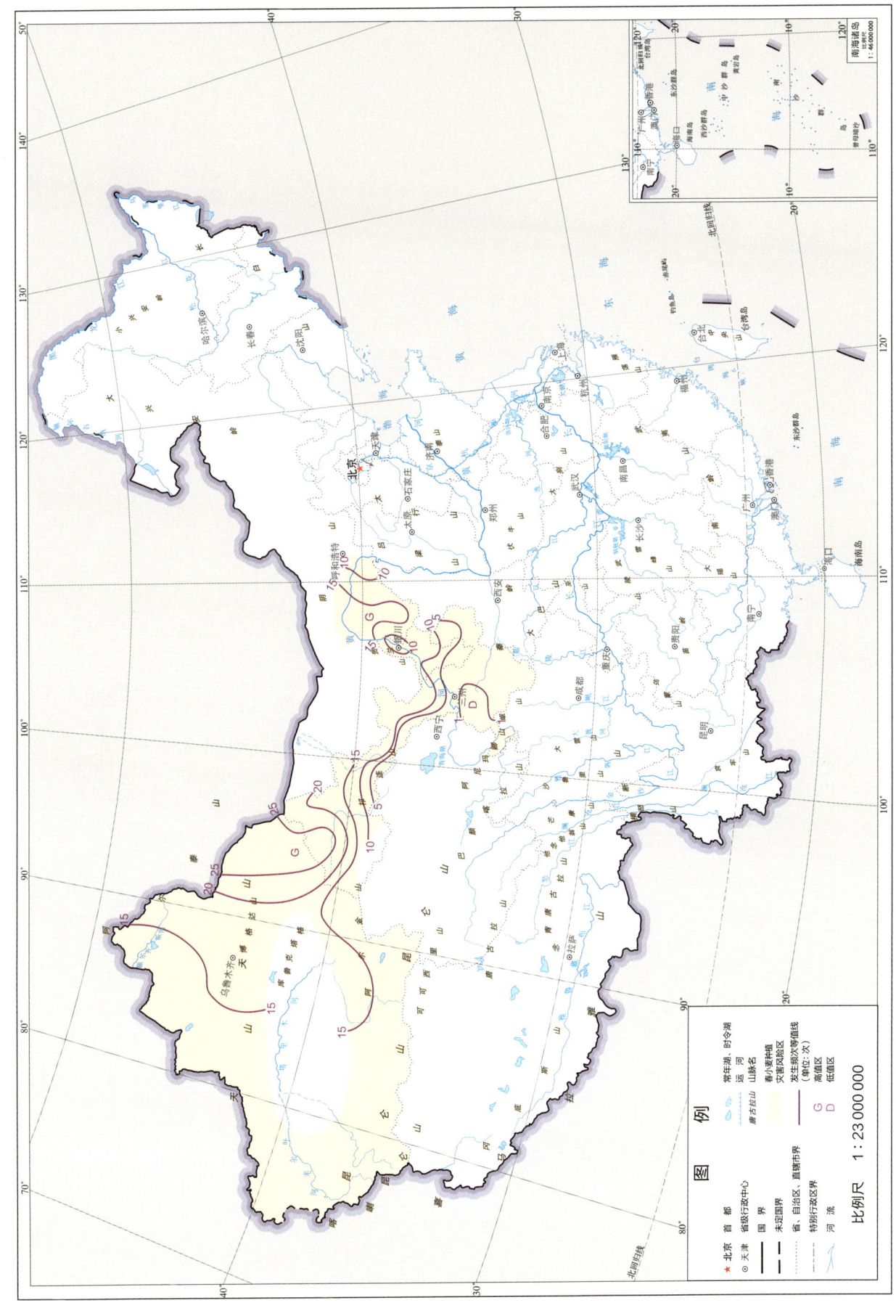

1 春小麦

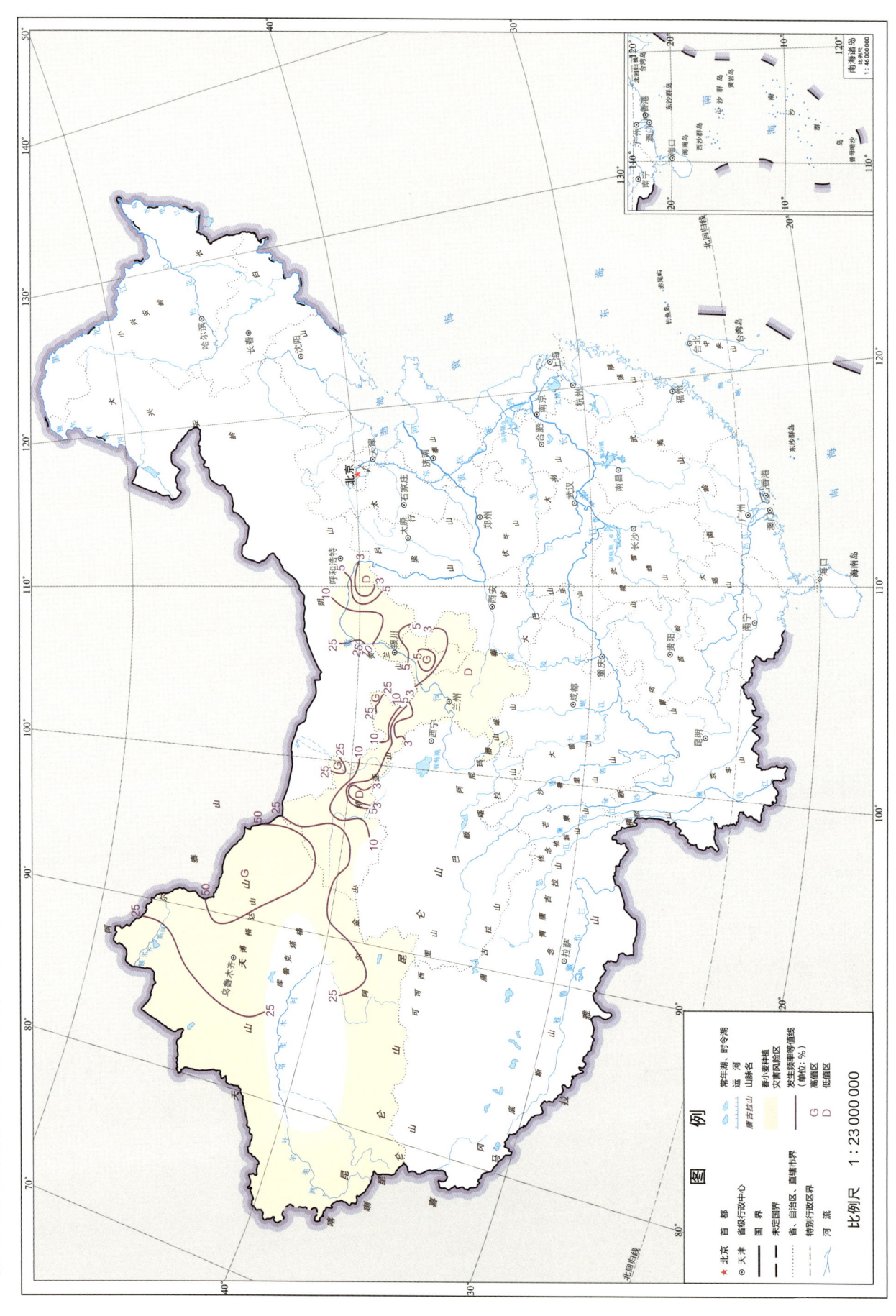

春小麦区重度干热风发生频率

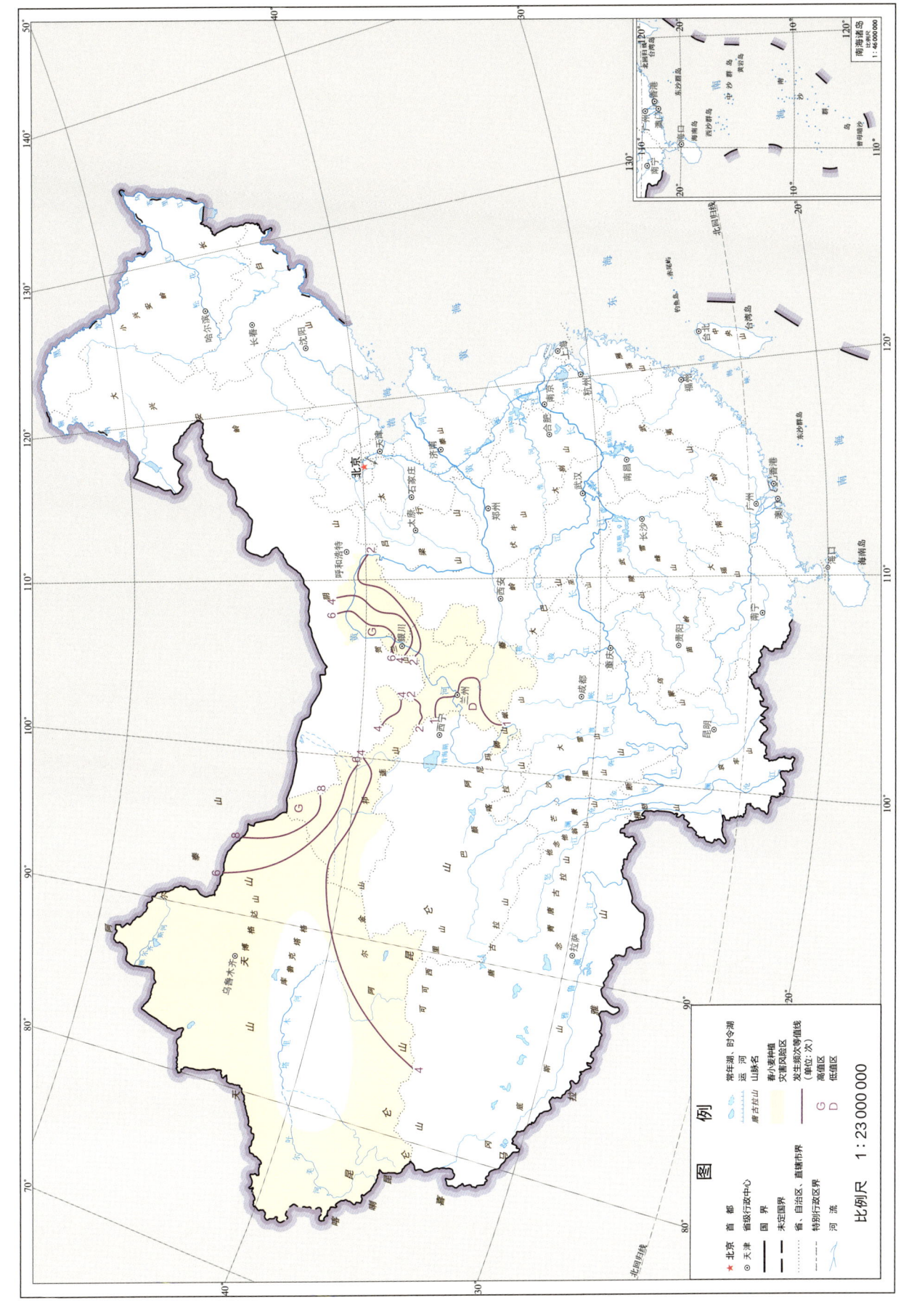

## 2 ｜ 冬小麦

　　冬小麦是我国主要的粮食作物之一，播种面积约占小麦总面积的90%，种植区域广泛，从热带的海南岛到东北的辽宁、西北的新疆以及青藏高原部分地区都有种植。冬小麦主产区分布在长城以南的广大地区，包括河南、山东、江苏、四川、安徽、陕西、湖北、山西和河北等省份，其中河南和山东是冬小麦种植面积最大、产量最高的省份，两省冬小麦种植面积和产量合占全国小麦种植面积和产量的一半以上。

# 2.1 冬小麦全生育期日数、水分和灾害相关数据说明

我国北方地区冬小麦全生育期日数为260 d左右，新疆为280 d左右，而青藏高原＞300 d，南方地区冬小麦全生育期日数只有160 d左右。总体上，与20世纪80年代相比，21世纪10年代冬小麦全生育期日数缩短了10～15 d。

从全生育期水分条件来看，降水量空间分布呈现出长江中下游以南最高，向西南和华北地区逐渐减少的格局。冬小麦全生育期降水量在长江中下游以南大部分地区均＞500 mm，其中赣鄱平原最高，达到700 mm左右，而西南地区＜200 mm；秦岭—淮河以北全生育期降水量＜300 mm，其中黄河以北大部分地区＜200 mm；新疆冬小麦区全生育期降水量空间差异不大，在100 mm左右。

全生育期需水量空间分布特征与降水量相反，西南、华北及新疆较高，而长江中下游以南地区较低。四川北部、贵州西部以及云南大部分地区冬小麦需水量＞330 mm，其中云南大部分地区＞450 mm，而长江以南为300～330 mm；秦岭—淮河以北是冬小麦水分需求量较大的地区，大部分＞360 mm，且黄河以北＞390 mm；新疆冬小麦区全生育期需水量自西向东呈现逐渐增加的变化趋势，是需水量最大的地区，乌鲁木齐以东大部分地区需水量＞480 mm。

通常需水量高的地区降水量少，而需水量低的地区降水量多，因此冬小麦全生育期降水盈亏量在长江以南地区高于长江以北，降水盈亏量0 mm等值线在合肥—武汉—重庆—贵阳—南宁一线。西南地区降水亏缺量＞200 mm，而长江中下游以南降水盈余量＞200 mm；秦岭—淮河以北地区降水亏缺量在200 mm左右；新疆冬小麦区的降水亏缺程

度最大，在400 mm左右。从缺水率和降水满足率来看，秦岭—淮河以北自然降水能够满足冬小麦需水量的60%左右，其中黄淮海平原自然降水量仅能满足冬小麦需水量的40%左右；西南缺水量也比较严重，如云南地区降水量仅能满足冬小麦需水量的40%左右；长江以南的其他区域降水满足率较高，大部分地区>80%。

我国冬小麦干热风灾害主要发生在华北平原、汾渭谷地、黄土高原旱塬区以及新疆。轻度干热风在华北平原发生频率>50%，其中河北中部>80%，华北平原冬小麦干热风发生次数累积>15次，而在淮河以南和吕梁山以西地区发生频率较低，大部分地区<25%，冬小麦整个生育期仅发生1次干热风灾害。新疆冬小麦区干热风发生频率在50%左右，其中新疆南部部分地区为80%左右。重度干热风的发生频率远低于轻度干热风，在华北平原为10%左右，生育期内平均发生4次干热风灾害，淮河以南和吕梁山以西低于3%，新疆大部分地区在10%左右。

以温度较高的夏季7月和8月平均气温为判断冬小麦条锈病越夏依据，适宜越夏区域（≤20℃）和次适宜区域（20～22℃）主要分布在青藏高原东侧，燕山以北地区也存在小范围适宜越夏区域，其他区域包括华北平原、黄土高原、川渝地区和长江流域以及我国华南地区均为不能越夏区域。以12月—翌年2月平均温度为冬小麦条锈病越冬判断依据，我国大部分地区均适宜条锈病越冬（≥5℃），仅华北平原北部、山西北部和陕西北部部分区域为不能越冬区域。以冬小麦条锈病关键期（北方：返青期—成熟期；南方：拔节期—成熟期）9～20℃且日降水量>0.5 mm的日数为判断依据，条锈病关键期发生气象条件日数整体上南方地区高于北方。在秦岭—淮河以北地区，有利气象条件日数在10 d左右，而在长江以南大部分地区均>20 d，其中浙江南部和福建大部分地区>25 d。

冬小麦赤霉病主要发生在抽穗、开花到灌浆期，该时期日平均气温≥15℃的雨日数与赤霉病发生具有较大相关性，日平均气温≥15℃的雨日数越多，赤霉病发生可能性越大。我国冬小麦开花至灌浆期日平均气温≥15℃的雨日数整体上随纬度增高而降低，西南地区日平均气温≥15℃的雨日最多，在20 d左右，长江以南其他区域在15 d左右，秦岭—淮河以北在10 d左右。

以夏季7月和8月最热平均气温为判断冬小麦白粉病越夏气象条件的依据，平均气温<24℃适宜越夏，24～26℃可以越夏，而>26℃则不能越夏。从空间分布来看，适宜冬小麦白粉病越夏的区域主要分布在河北北部、山西北部、陕西北部、甘肃大部以及青藏高原东侧地区，而其他大部分地区均不适宜冬小麦白粉病越夏。我国冬小麦关键期（北方：

返青期—成熟期；南方：拔节期—成熟期）白粉病发生的气象条件与平均温度和降水量有关，当平均温度在10～24℃且日降水量＜25 mm日数越多，越适宜白粉病发生。从平均温度在10～24℃且日降水量＜25 mm日数的分布来看，长江以南大部分地区在25 d左右，其中四川南部以及云南大部分地区在15 d左右。我国北方地区平均温度在10～24℃且日降水量＜25 mm日数低于南方，在15 d左右。新疆冬小麦区南部较低，在5 d左右，而北部较高＞10 d。

我国冬小麦关键期（北方：返青期—成熟期；南方：拔节期—成熟期）麦蚜发生的气象条件与平均气温和相对湿度显著相关。当平均气温为12～22℃且平均相对湿度＜70%日数越多，越有利于麦蚜发生。从平均气温为12～22℃且平均相对湿度＜70%日数的分布来看，北方地区和西南地区平均气温为12～22℃且平均相对湿度＜70%日数较高，为30～40 d，其中河北北部、山西大部、陕西北部以及云南大部地区＞40 d。秦岭—淮河一带为20～30 d，长江以南大部分地区在10 d左右。

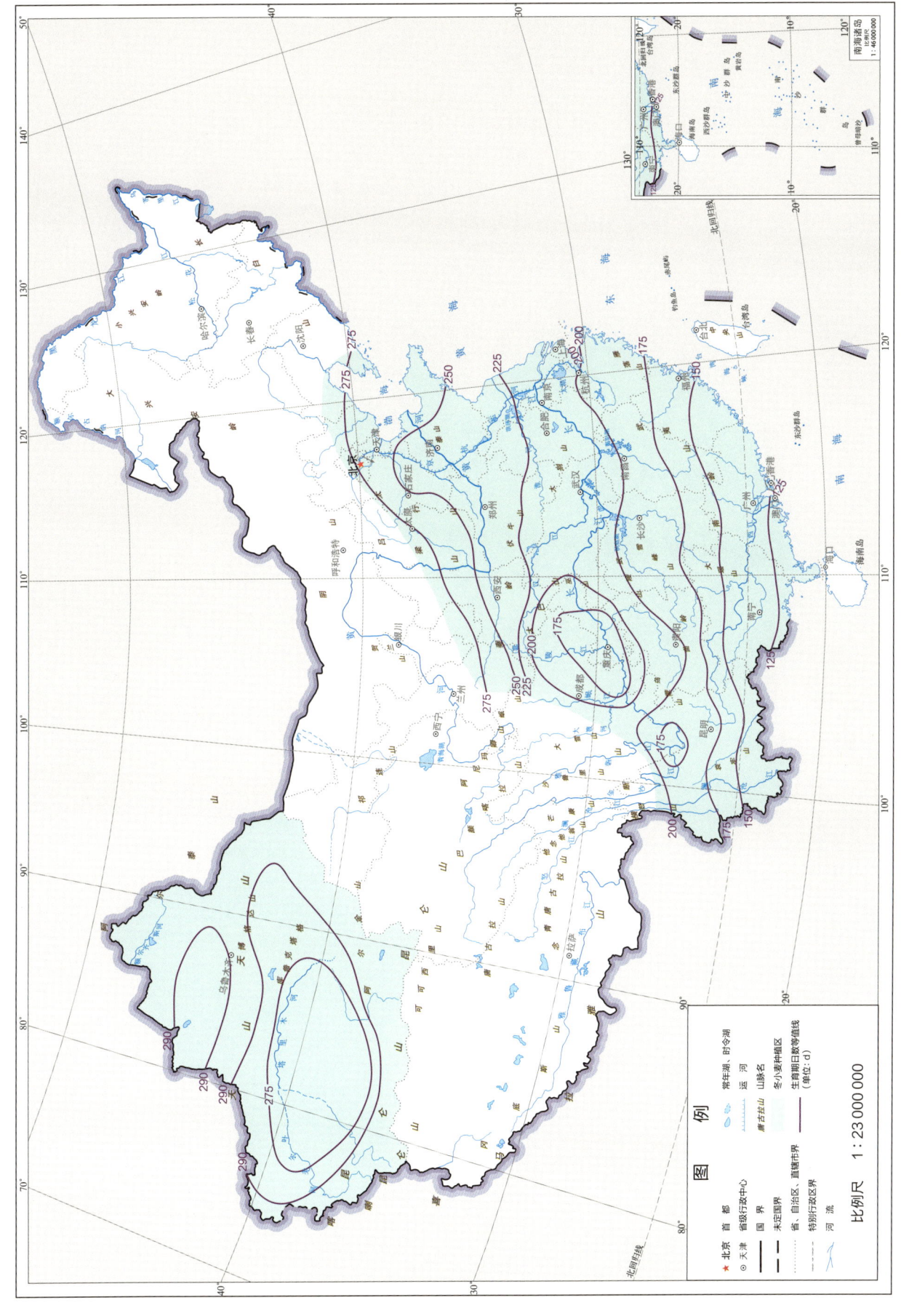

20世纪80年代冬小麦播种期—成熟期日数

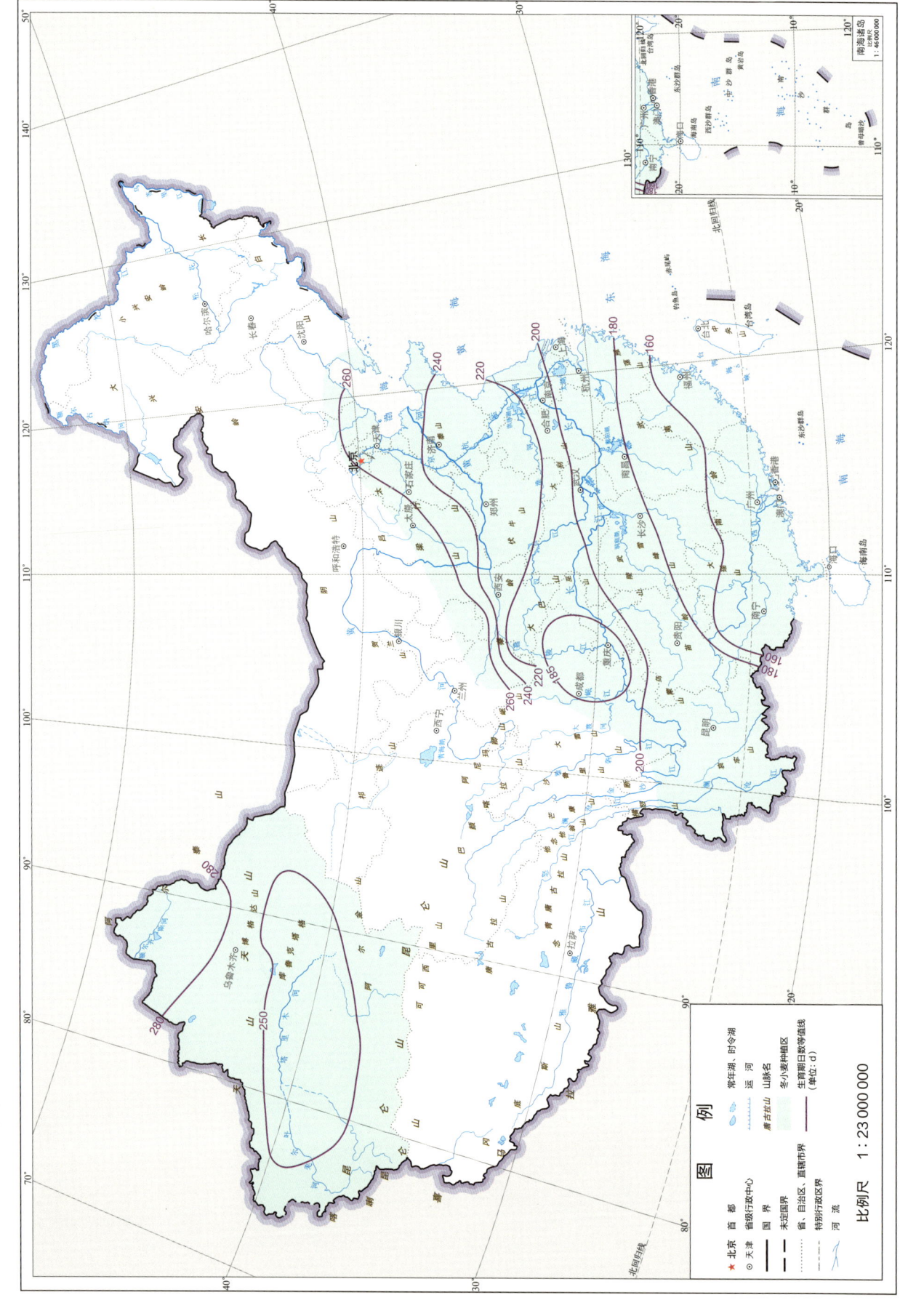

21世纪10年代冬小麦播种期—成熟期日数

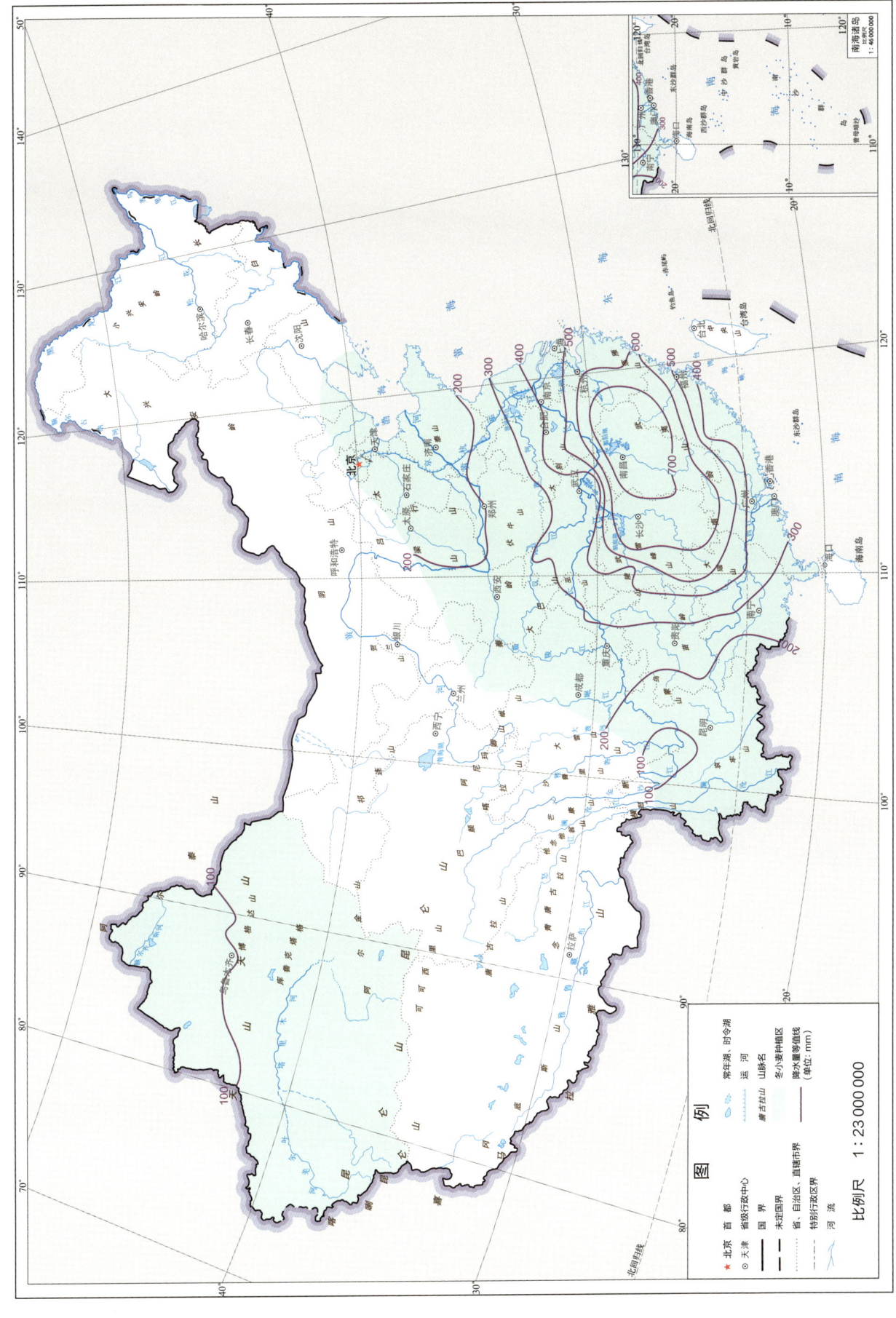

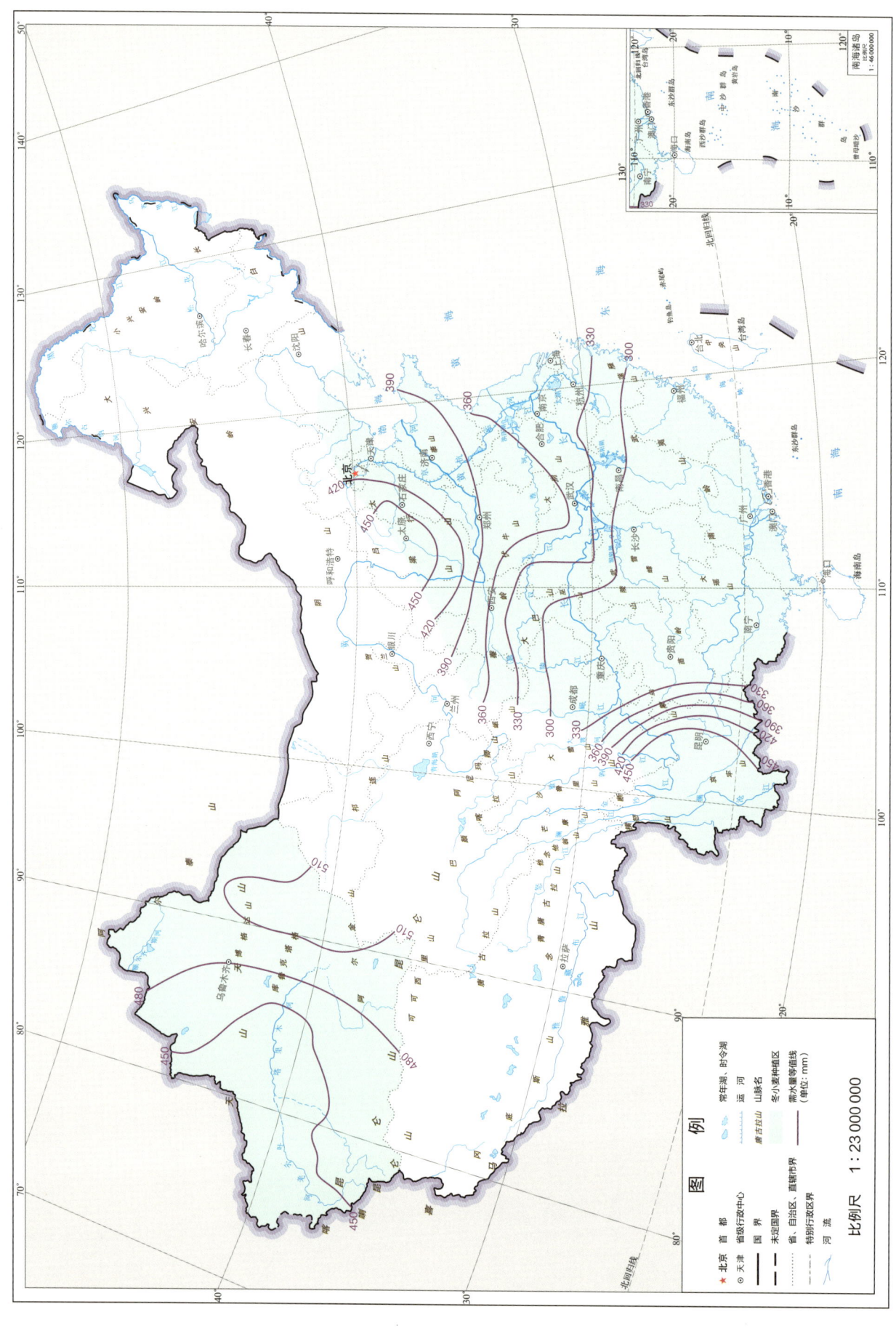

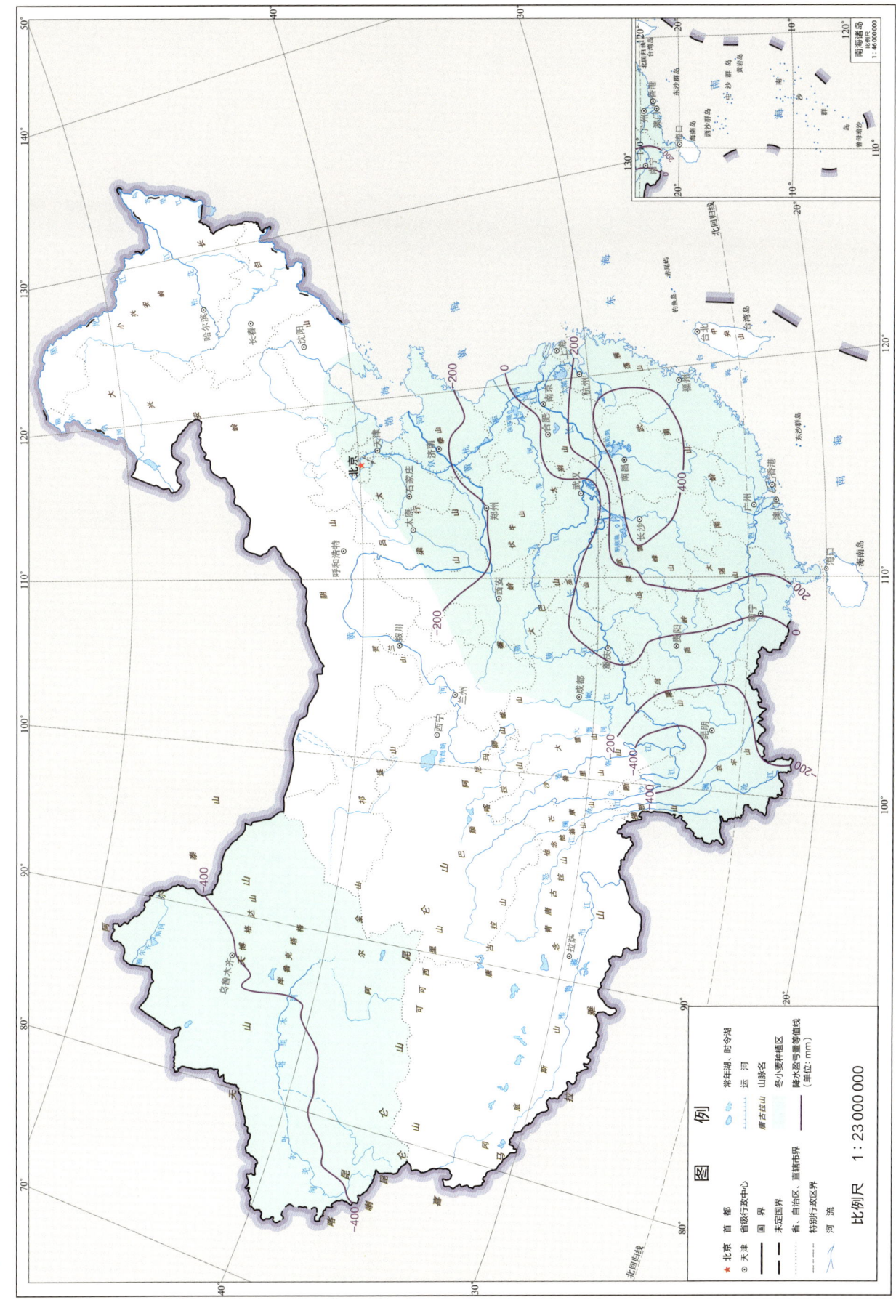

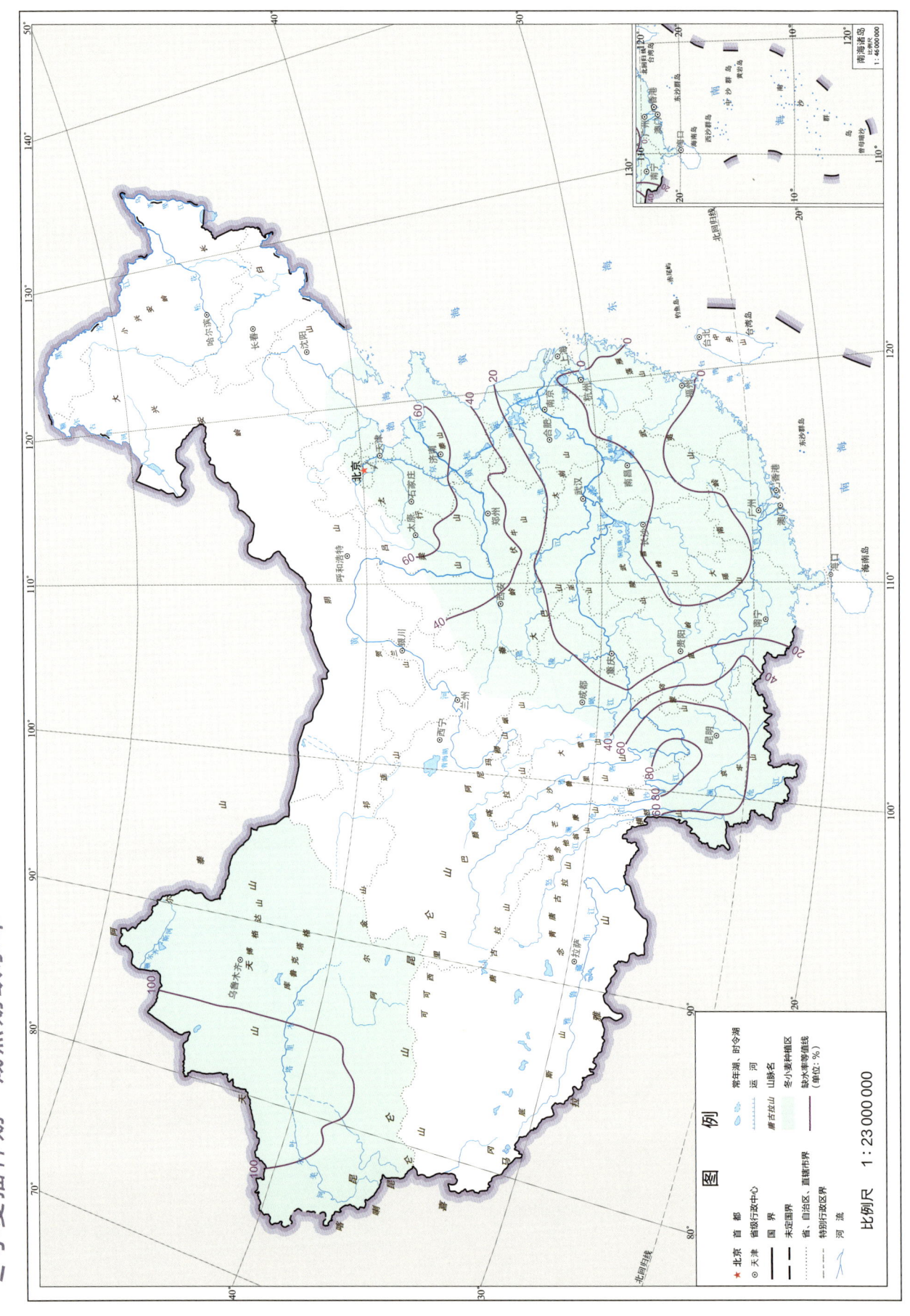
冬小麦播种期—成熟期缺水率

冬小麦播种期—成熟期降水满足率

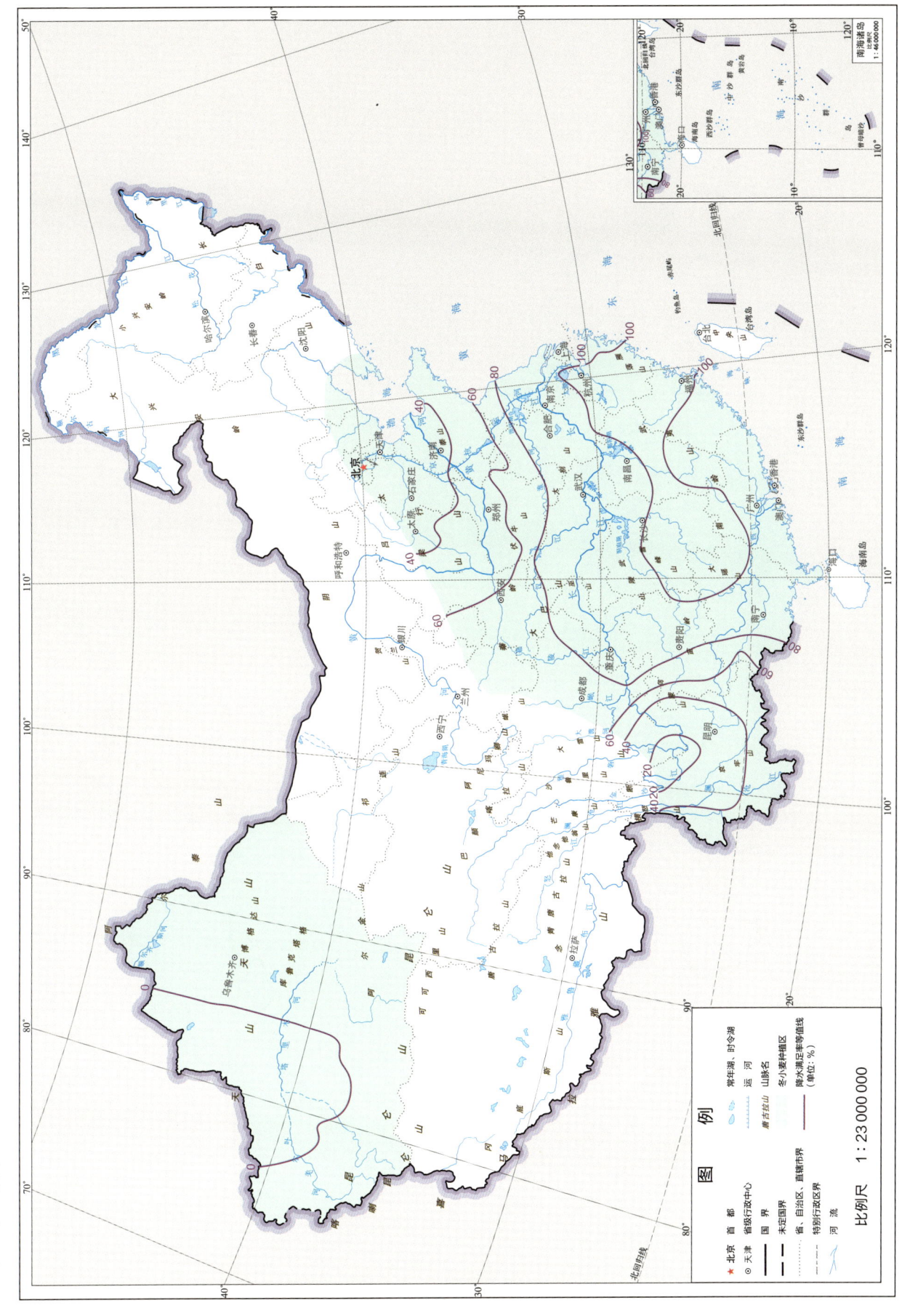

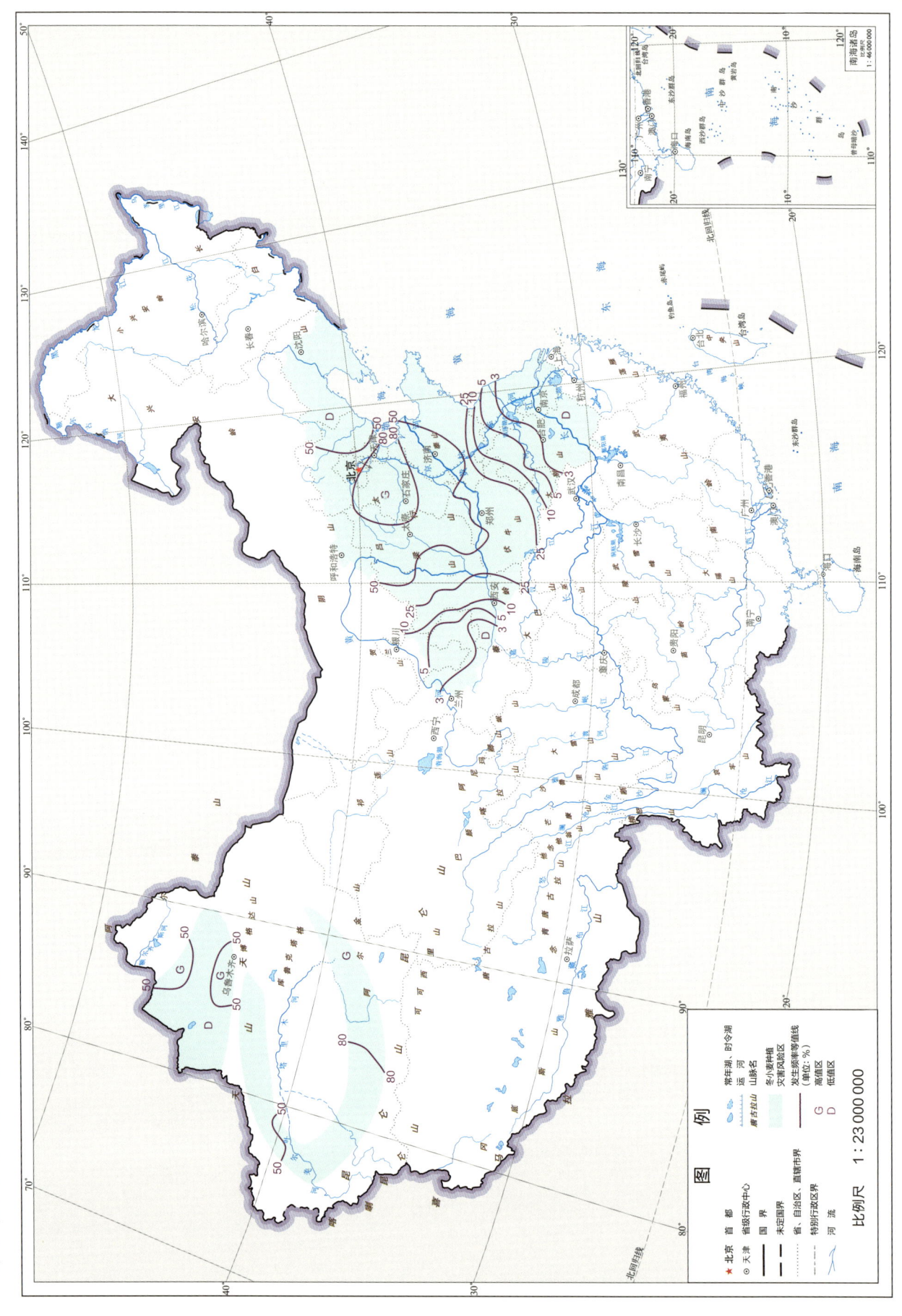

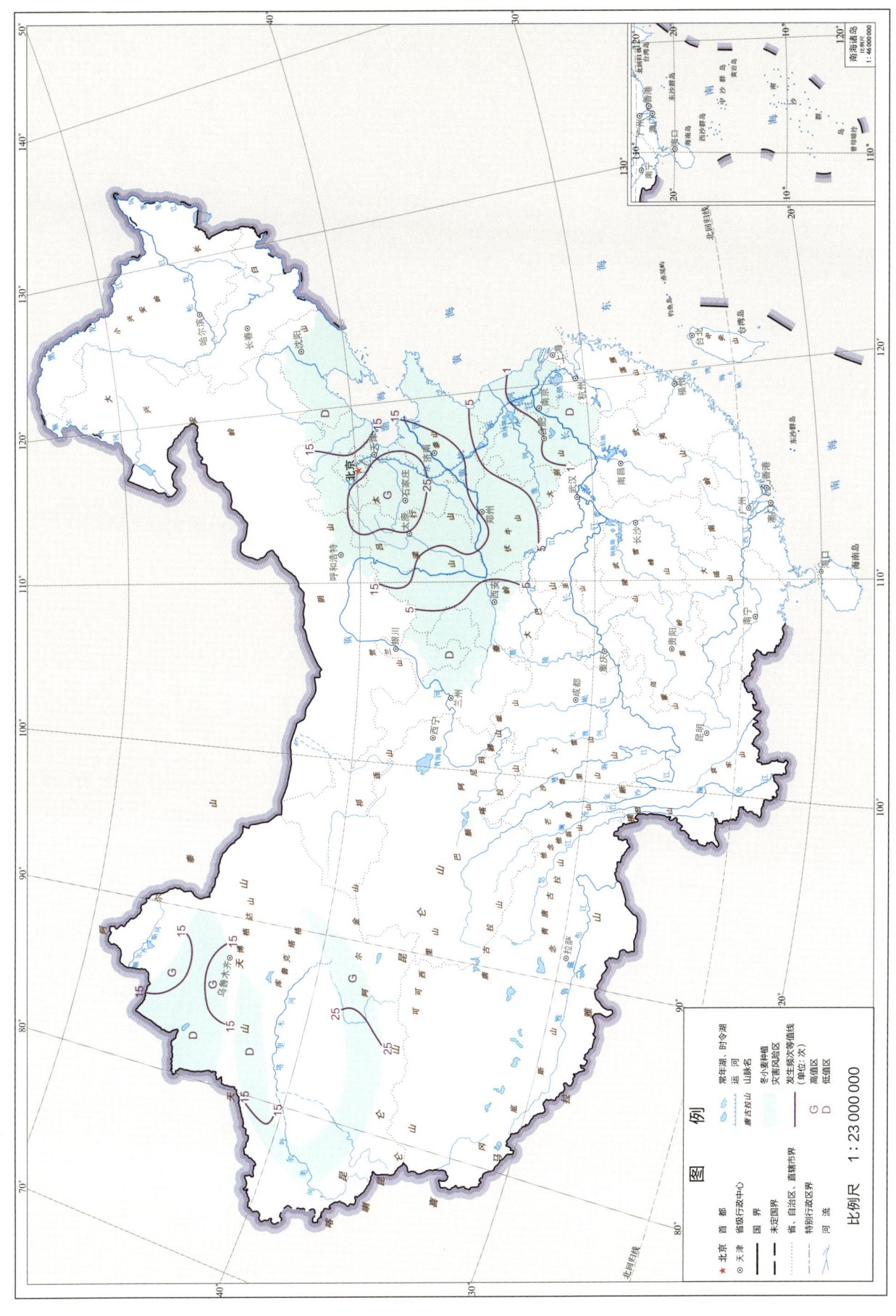

冬小麦区轻度干热风发生频次

2 冬小麦

# 冬小麦区重度干热风发生频率

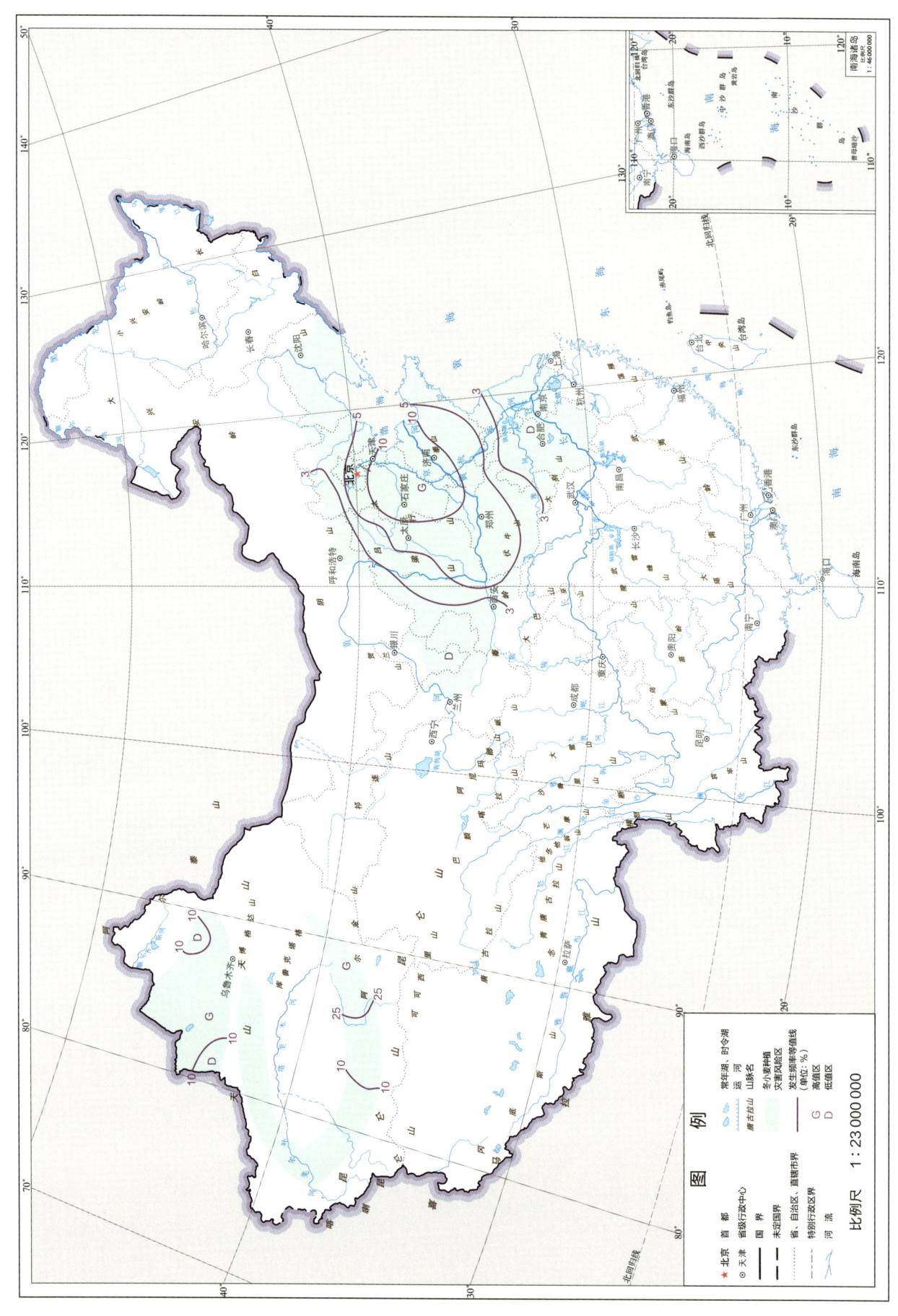

冬小麦区重度干热风发生频次

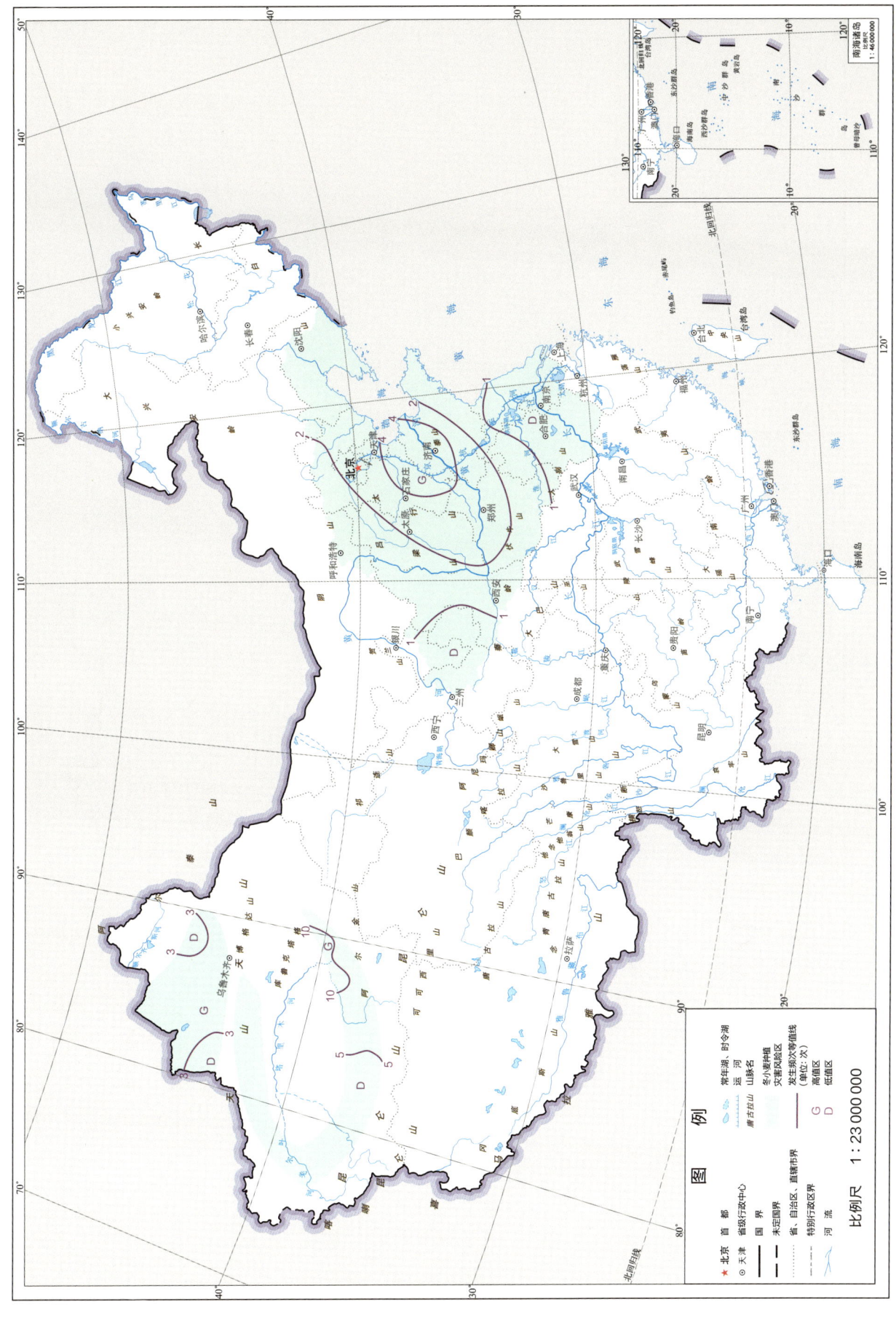

冬小麦条锈病越夏气象条件分布

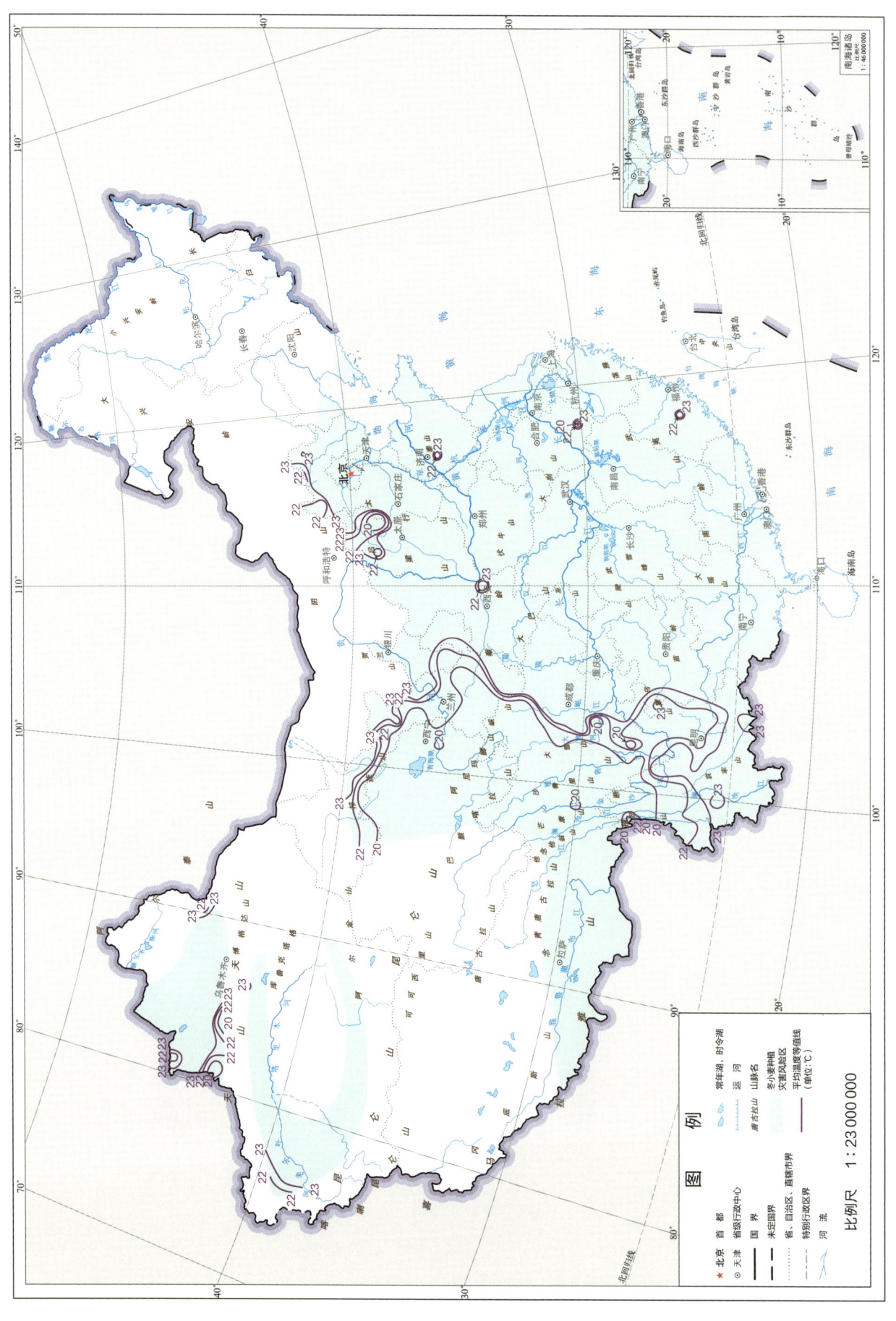

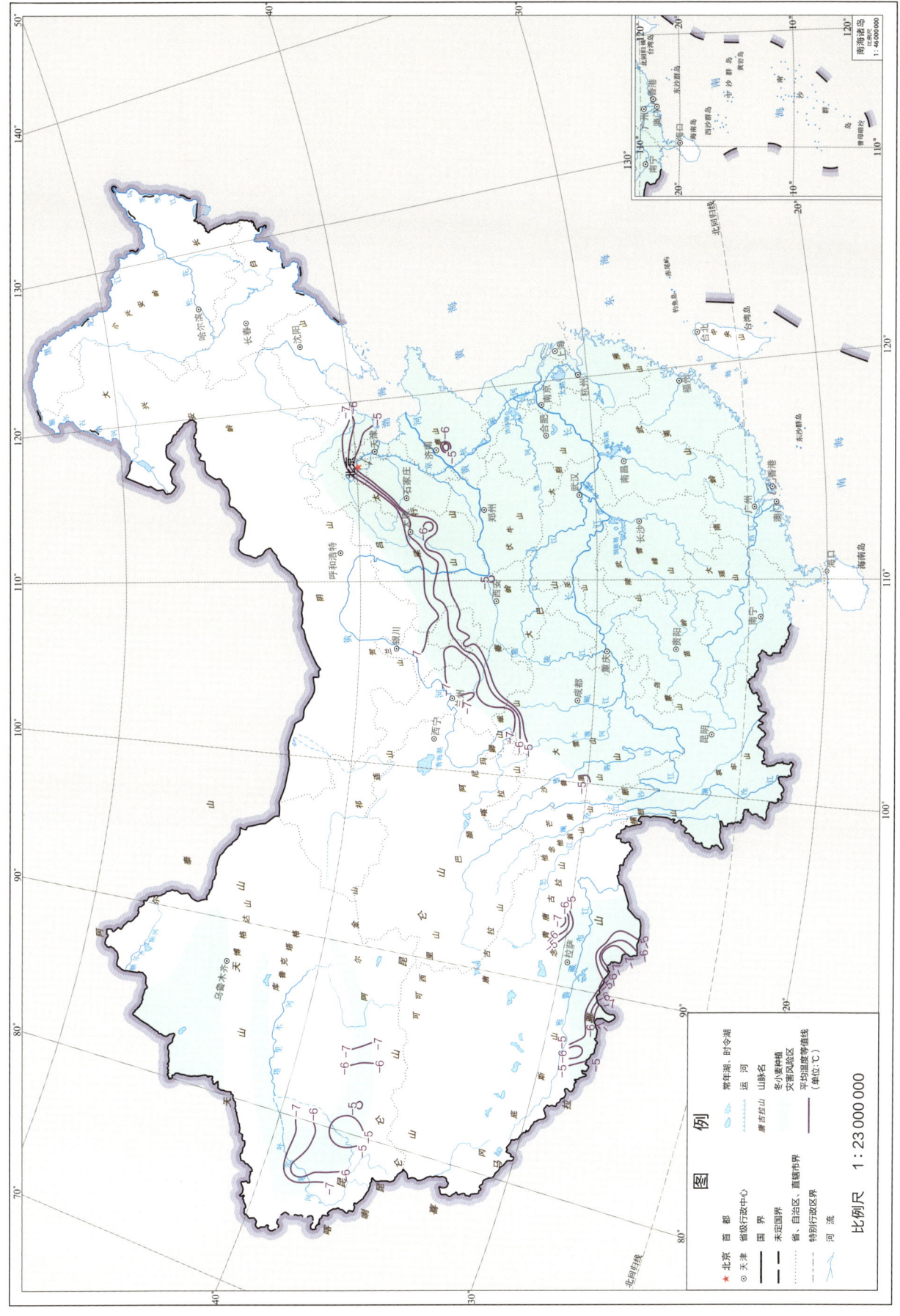

冬小麦条锈病越冬气象条件分布

冬小麦条锈病关键期发生气象条件日数分布

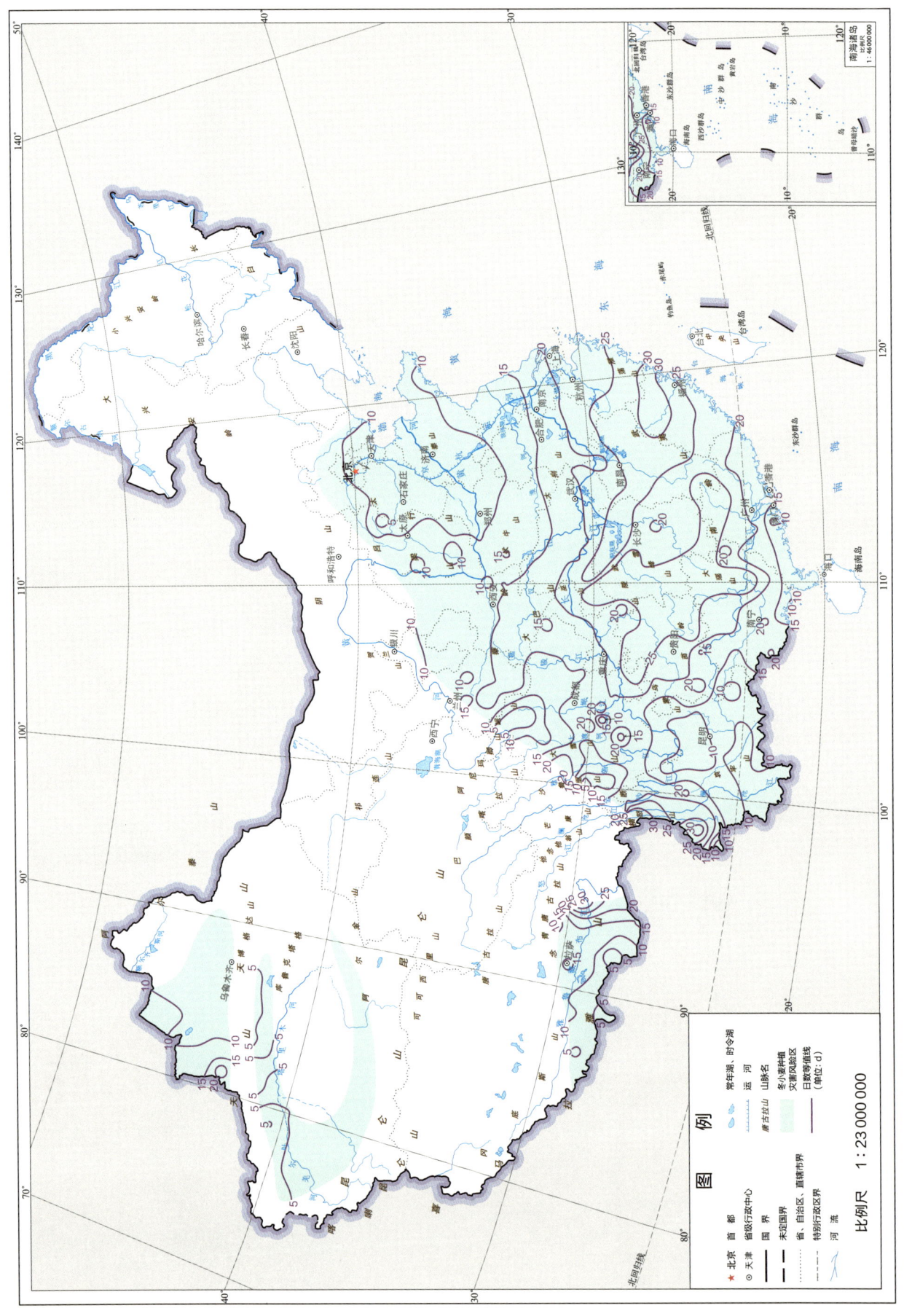

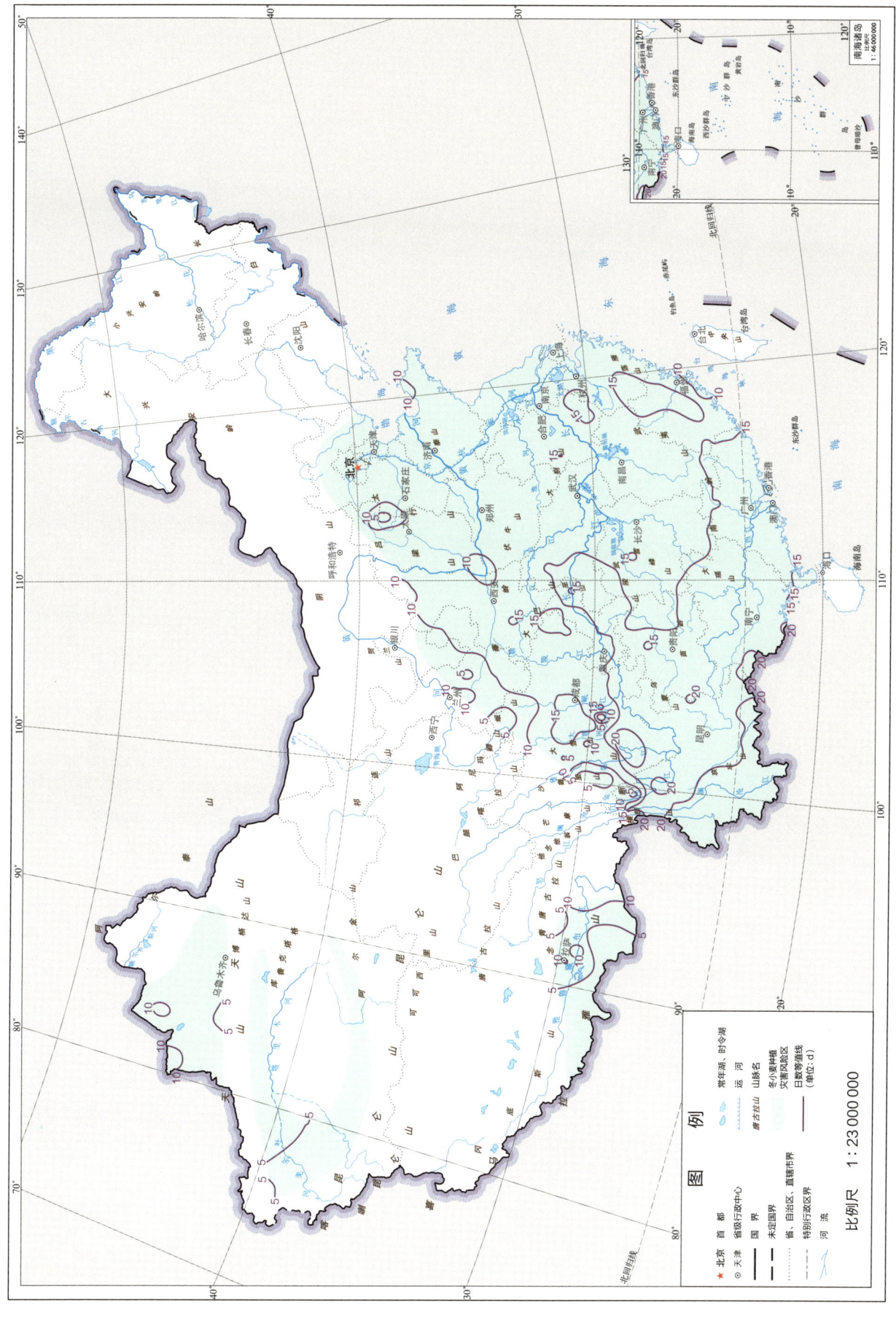

冬小麦赤霉病发生气象条件日数分布

# 冬小麦白粉病越夏气象条件分布

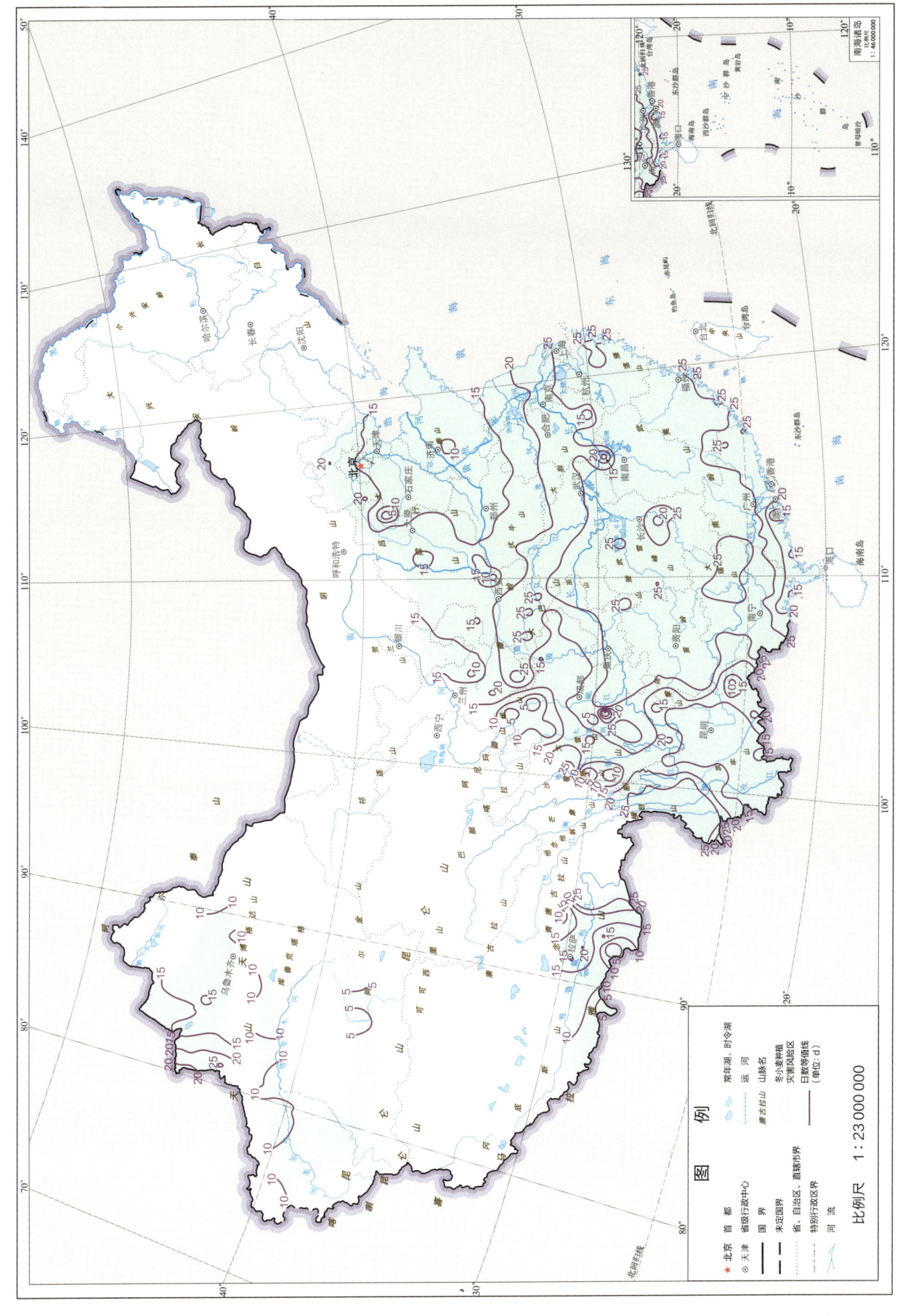

冬小麦白粉病关键期发生气象条件日数分布

2 冬小麦

冬小麦麦蚜关键期发生气象条件日数分布

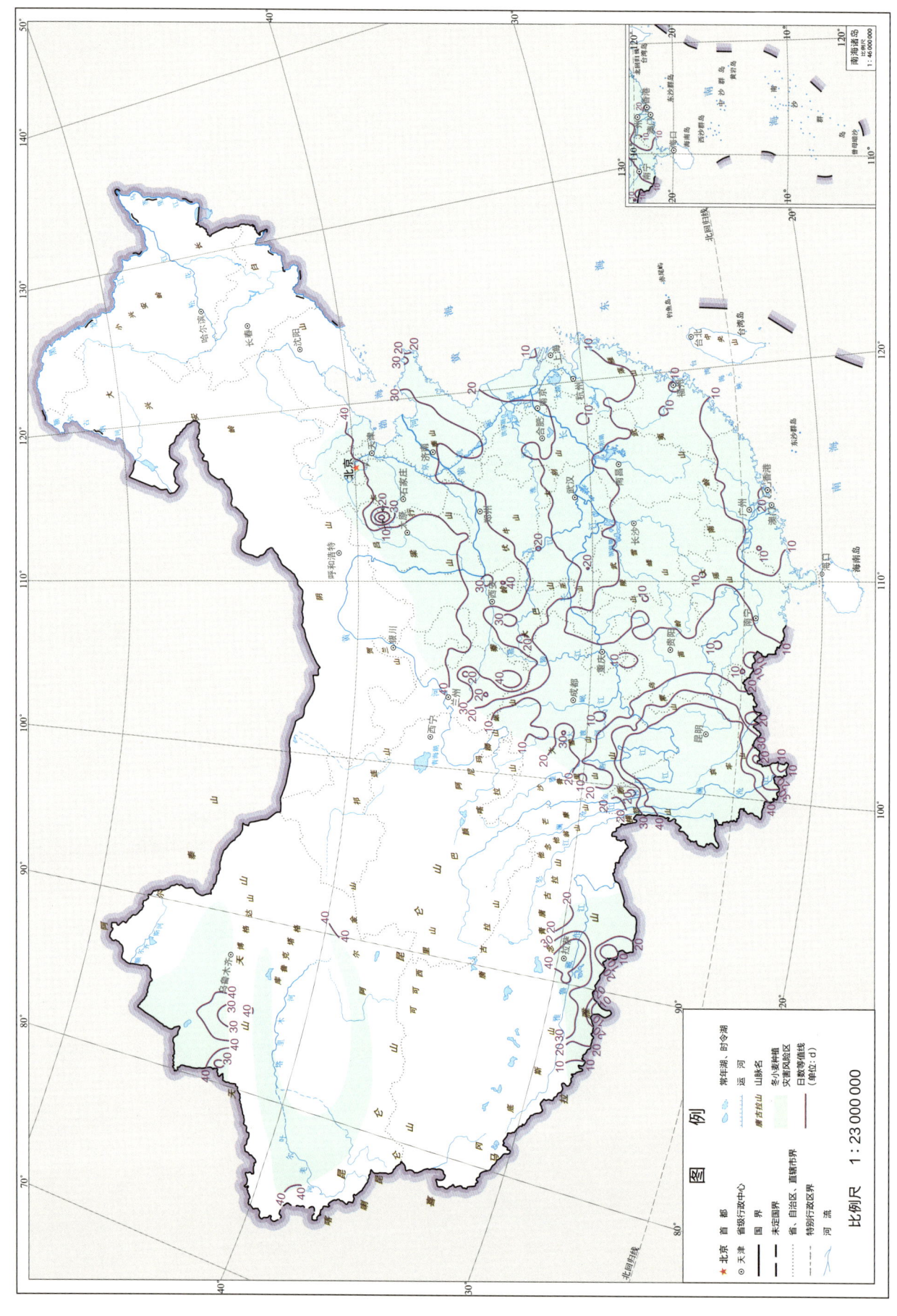

## 2.2 冬小麦播种期—越冬期日数、光、温、水和灾害相关数据说明

20世纪80年代，冬小麦播种期南北区域间差异较小，一般北方地区冬小麦播种期比南方地区早1~2个月。21世纪10年代，冬小麦播种期由南向北逐渐提前，北方地区比南方地区早1~2个月。受气候条件、冬小麦品种和作物茬口等综合因素的影响，冬小麦生育期不仅具有明显的地带性，表现出随纬度变化而变化的特点，而且在长时间尺度上，同一地点冬小麦生育期也有差异。与20世纪80年代相比，21世纪10年代，秦岭—淮河以北地区冬小麦播种期普遍延后，推迟7~10 d；而福建、广东和广西沿海一带的冬小麦播种期推迟约20 d，其他地区无明显变化。冬小麦越冬期同一时间点的等值线往北移动2个纬度，时间上普遍推迟5~10 d。冬小麦播种期—越冬期日数为60~70 d，越冬期—返青期日数为45~130 d，一般是北方地区较长，南方地区较短。

冬小麦播种期—越冬期光照资源由南向北呈现逐渐增加的变化趋势，江苏、河南和山东大部分地区太阳总辐射量在600 MJ/m²左右，山西南部、陕西南部和京津冀地区增加到660 MJ/m²左右，延安—庆阳一带＞720 MJ/m²，而新疆大部分地区在660 MJ/m²左右。播种期—越冬期光合有效辐射量空间分布格局总体与太阳总辐射量一致，该时期内光合有效辐射量约为太阳总辐射量的一半。淮河以北—黄河以南地区冬小麦播种期—越冬期光合有效辐射量为270~300 MJ/m²，山西、陕西和河北冬小麦区为300~360 MJ/m²，而新疆大部分地区光合有效辐射量为300 MJ/m²左右。冬小麦播种期—越冬期日照时数在四川广元—陕西汉中一带最低，在200 h左右，向北到陕西关中、山西和河北逐渐增加至＞400 h，山东、河南、安徽和江苏等省份为300~400 h。新疆冬小麦区播种期—越冬

期日照时数呈现自东向西逐渐递减的变化趋势，日照时数最多在新疆哈密地区，>450 h。日照百分率与日照时数分布一致，陕西汉中地区最低，为30%左右，新疆哈密地区最高，为80%左右。

冬小麦播种期—越冬期热量条件在新疆冬小麦区和内地冬小麦区呈现不同的空间分布格局，新疆冬小麦区热量资源由东南向西北逐渐增加，而内地冬小麦区热量资源随纬度增加而减少。除新疆冬小麦区外，冬小麦播种期—越冬期≥0℃积温在安徽、河南南部最高，为600~630℃·d，河北承德—唐山地区相对最低，为540~570℃·d，陕西西部和河北中北部分别存在一个低值和高值中心；新疆冬小麦区播种期—越冬期≥0℃积温在高纬度地区的塔城—克拉玛依一带>420℃·d，而东南部阿尔金山脉为300℃·d左右。内地冬小麦播种期—越冬期平均气温在河南南部最高，为9.0℃左右，西北的陕西和甘肃南部降低至8.0℃左右，京津冀地区降至<8.0℃；新疆哈密地区播种期—越冬期平均气温最低，为3.5℃左右，而塔城和克拉玛依在6.0℃左右。内地冬小麦播种期—越冬期极端最低气温在淮河流域为4.0℃左右，而北京以北地区为1.6℃左右；新疆地区冬小麦播种期—越冬期极端最低气温由东南向西北逐渐升高，极端最低气温范围为-4.0~0.8℃。

冬小麦播种期—越冬期光合生产潜力区域差异不大，黄河中下游以南和陕西南部地区为6.0 kg/hm$^2$，其他地区在6.5 kg/hm$^2$左右，其中庆阳—延安一带>7.0 kg/hm$^2$；新疆冬小麦区播种期—越冬期光合生产潜力在6.5 kg/hm$^2$左右。

受品种生育期长度和气候条件南北差异的影响，冬小麦播种期—越冬期降水量空间分布较为复杂。在长江流域以南地区，由于播种期—越冬期日数较短，累计降水量较低，在20 mm左右，西北和黄淮海麦区播种期—越冬期降水量为40~60 mm。冬小麦播种期—越冬期需水量则呈明显纬向分布，秦岭—淮河一带为40~60 mm，而黄河以北地区需水量增加到>80 mm，新疆地区冬小麦需水量在60 mm左右。受降水量和需水量的共同影响，冬小麦播种期—越冬期降水盈亏量以秦岭—淮河为界，呈现南方降水盈余而北方降水亏缺的特点，南方降水盈余量为0~10 mm，北方降水亏缺量随纬度增加逐渐增加，黄河以北降水亏缺量>20 mm。

由于我国气温分布呈明显的南高北低的态势，冬小麦高温灾害发生的频率和频次亦表现为纬向分布，高温灾害发生频率随纬度增加而逐渐减少。以12月1日—12月31日日平均气温≥17℃为指标，冬小麦分蘖期高温灾害主要发生在长江流域以南地区，灾害发生频率>3%，其中广东和广西地区>80%。在浙江南部、江西南部、湖南南部和贵州南部地区，冬小麦分蘖期平均发生5次高温灾害，广东和广西地区高温灾害次数＞25次。以1月1日—翌年2月28日日平均气温≥5℃为指标，冬小麦越冬期高温灾害在全国各大麦区均有发生，北方地区灾害发生频率较低。华北平原南部发生频率在80%左右，冬小麦越冬期平均发生25次高温灾害，而京津冀地区发生频率在25%左右，发生频次在5次左右。以5月1日—5月20日日平均气温≥24℃为指标，冬小麦灌浆结实期高温灾害南方发生的频率高于北方，长江流域以南大部分地区发生频率＞80%，高温灾害事件平均发生次数＞25次，而秦岭—淮河以北大部分地区和西南地区发生频率＜50%，发生次数为15～25次。

冬小麦越冬期冻害在全国均有发生，随纬度增加发生频率增加，其中南方地区发生频率较低。以1月1日—2月28日日平均气温＜0℃为指标，广东和广西以北的大部分地区越冬期冻害均＞80%，冬小麦越冬期平均发生25次冻害事件；广东和广西地区以及云南南部地区越冬期冻害发生频率＜50%，平均发生次数＜15次。

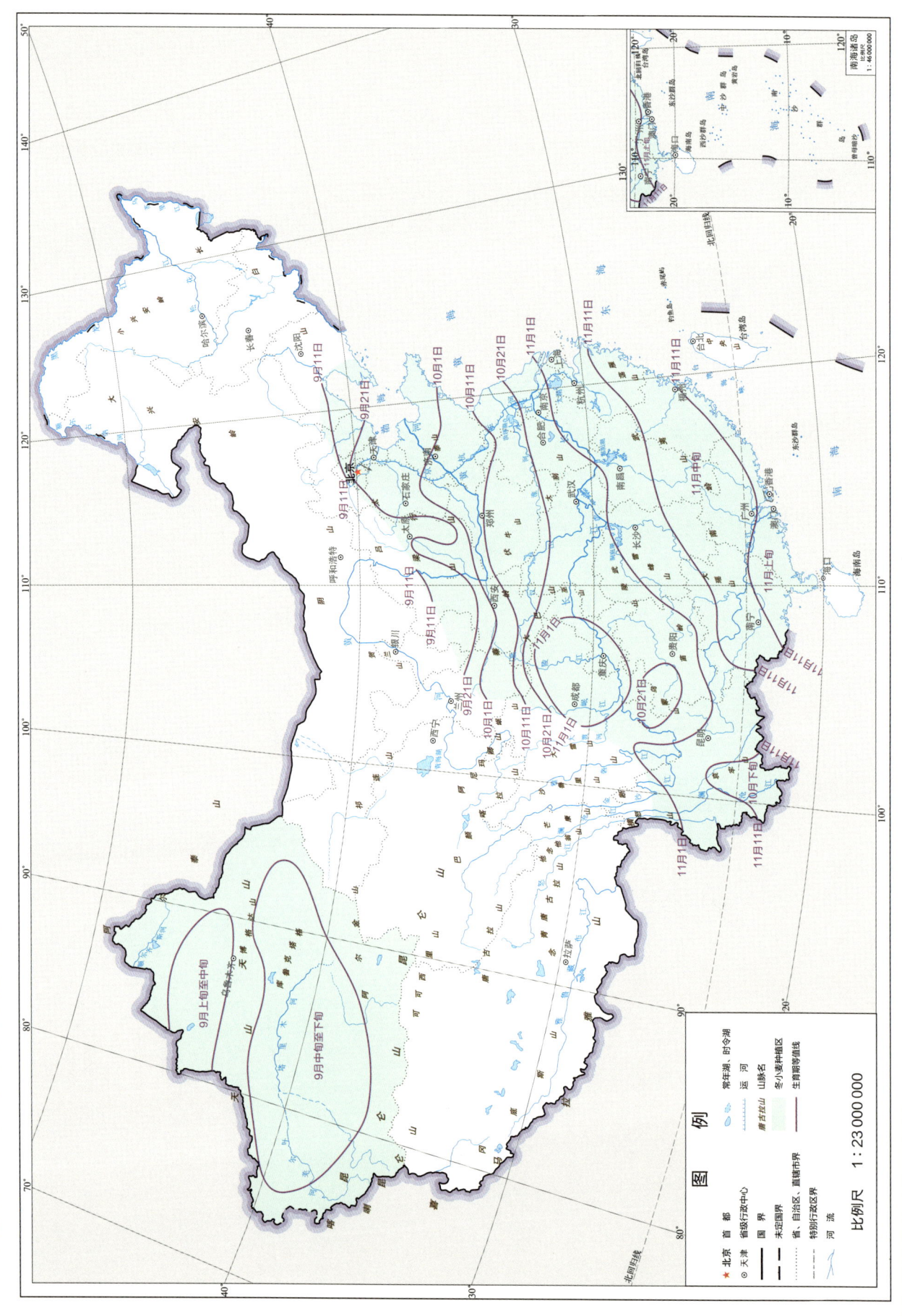

# 21世纪10年代冬小麦播种期

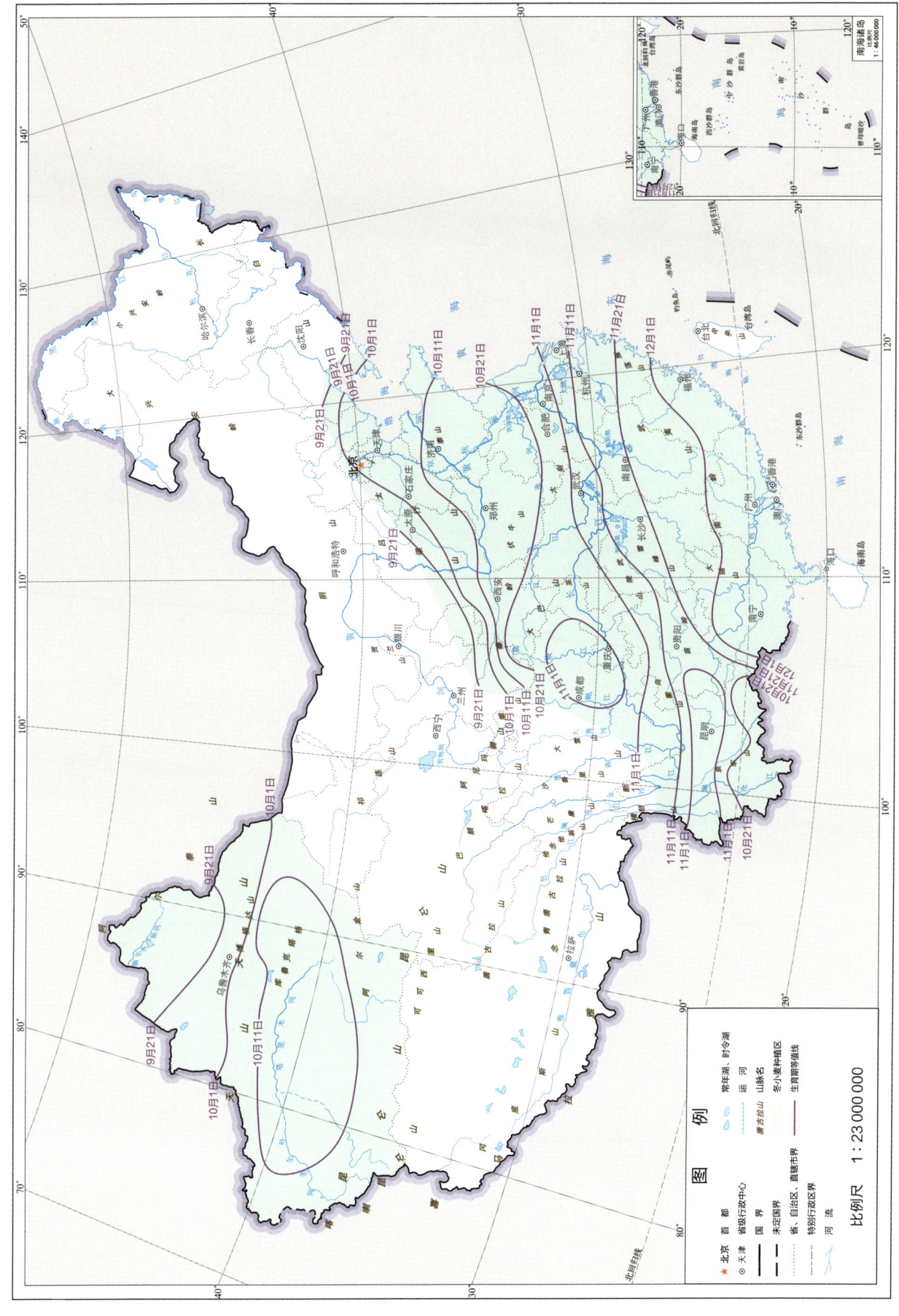

# 20世纪80年代冬小麦越冬期

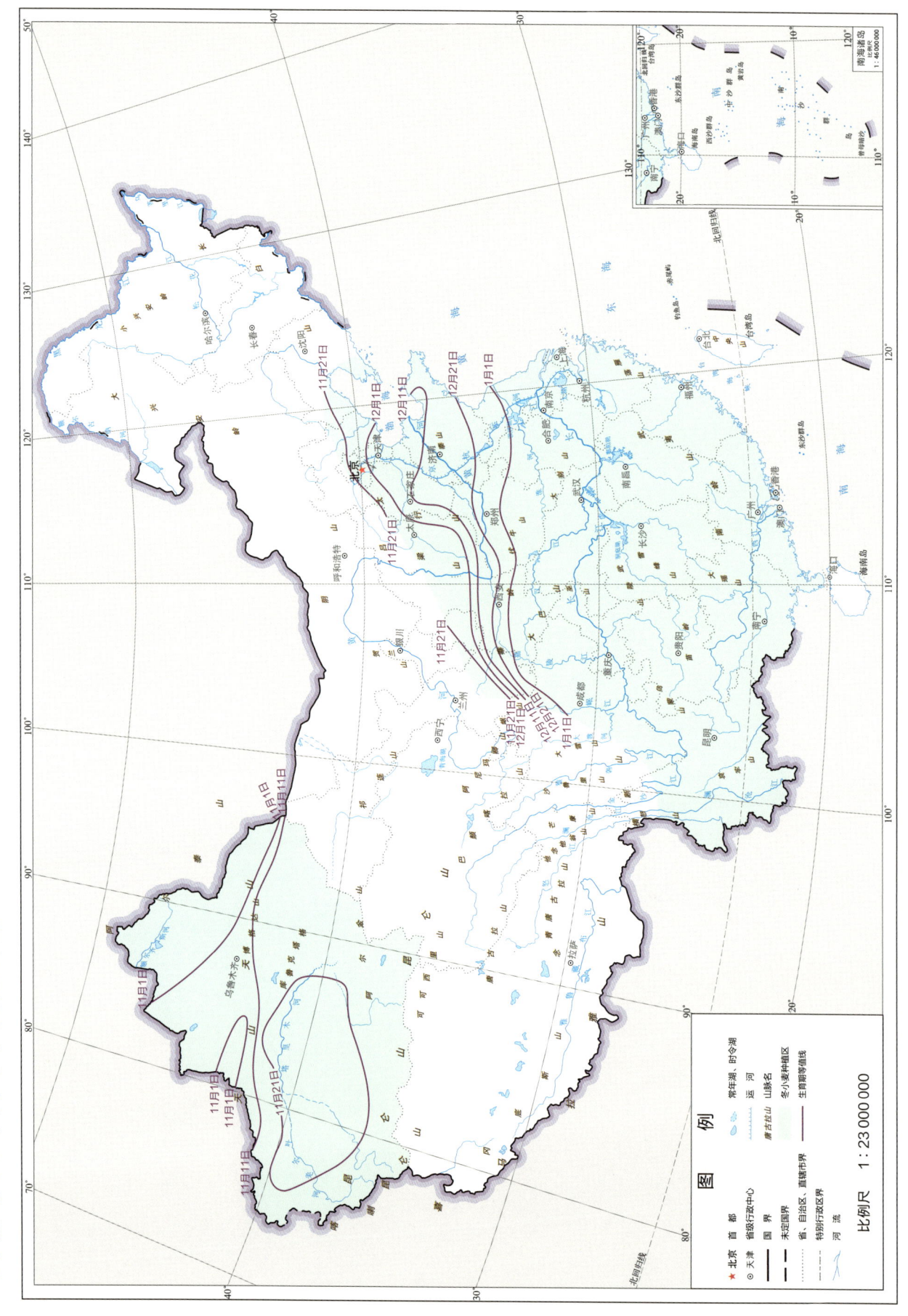

# 21世纪10年代冬小麦越冬期

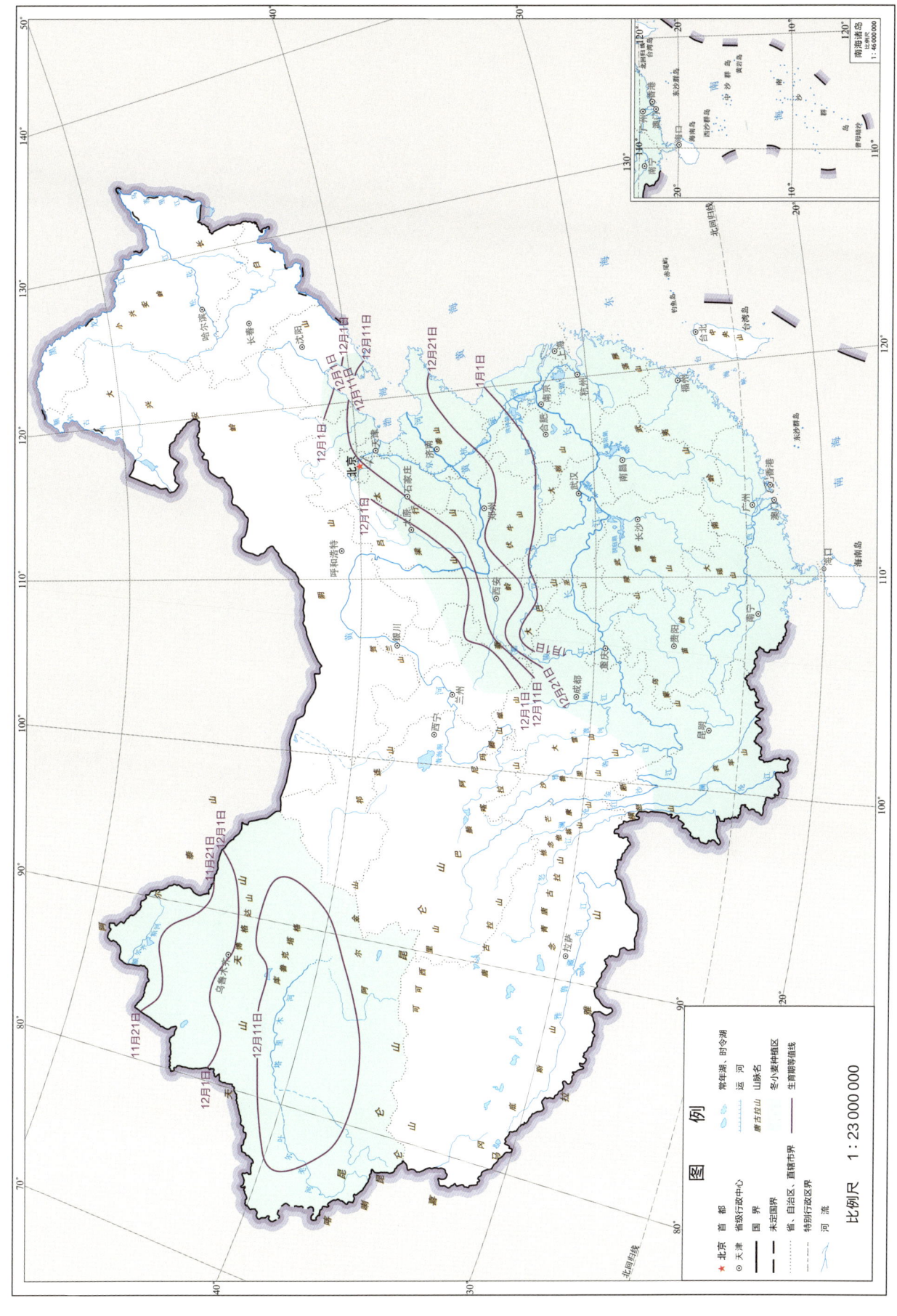

2 冬小麦

21世纪10年代冬小麦播种期—越冬期日数

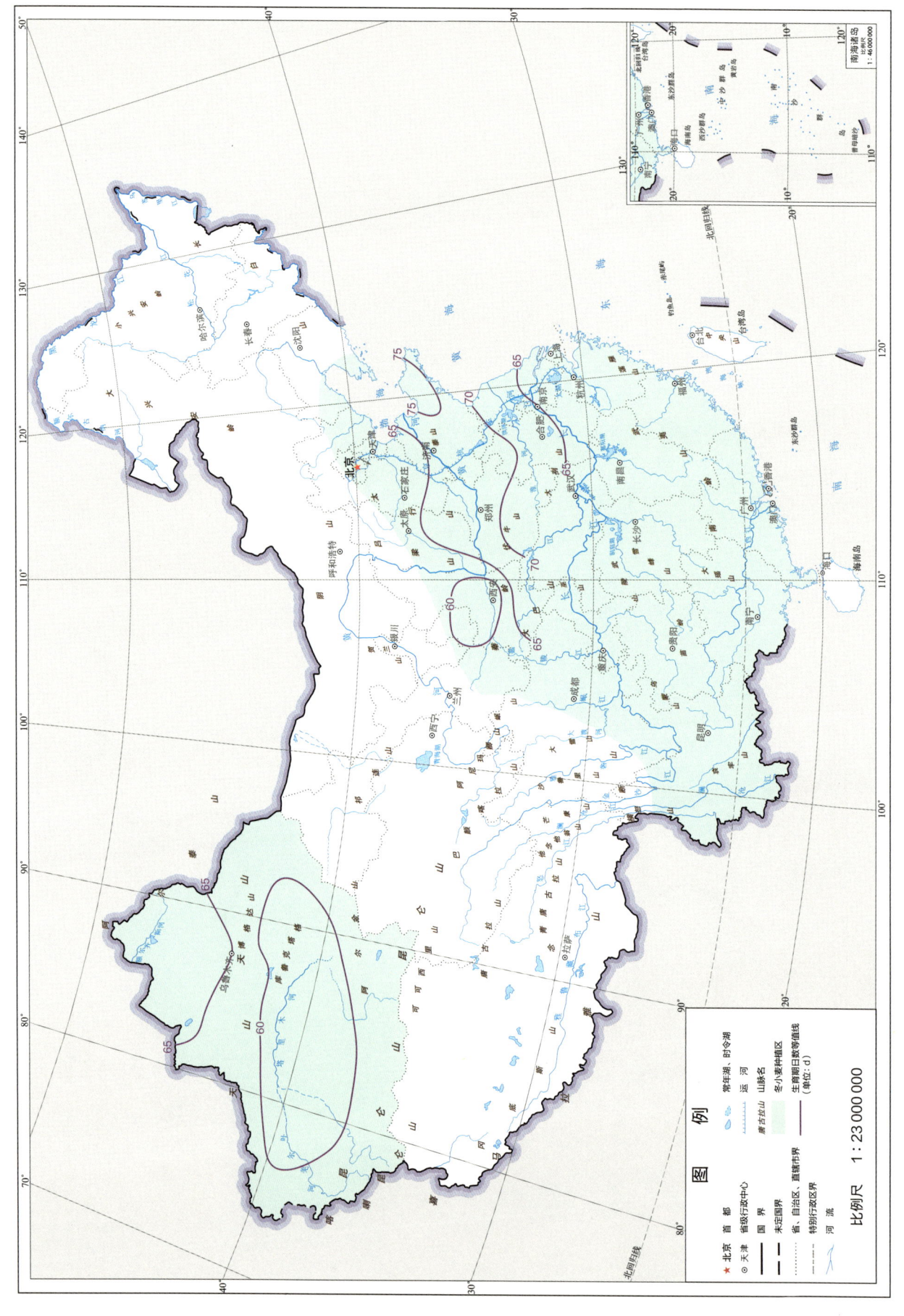

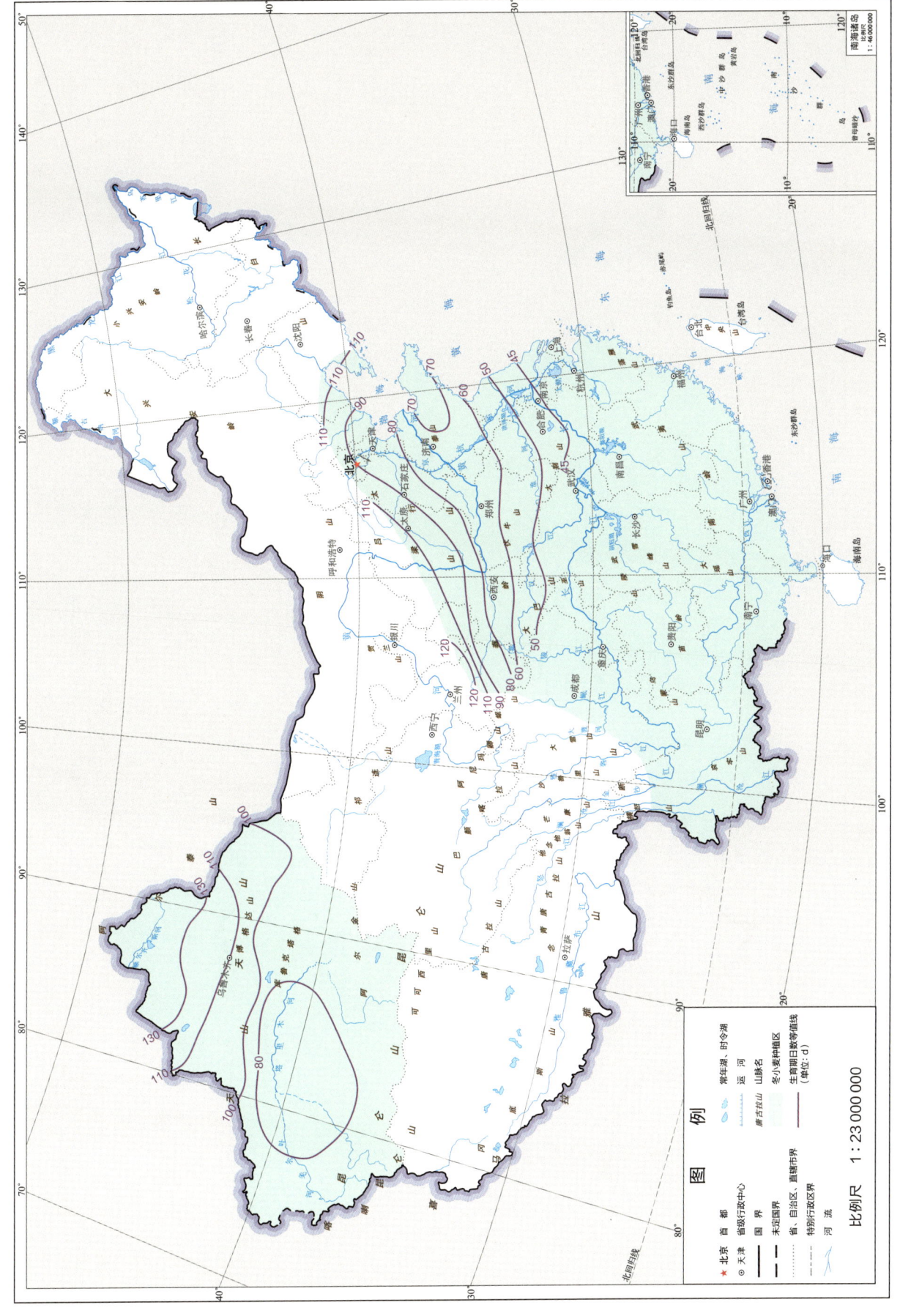

21世纪10年代冬小麦越冬期—返青期日数

# 冬小麦播种期—越冬期太阳总辐射量

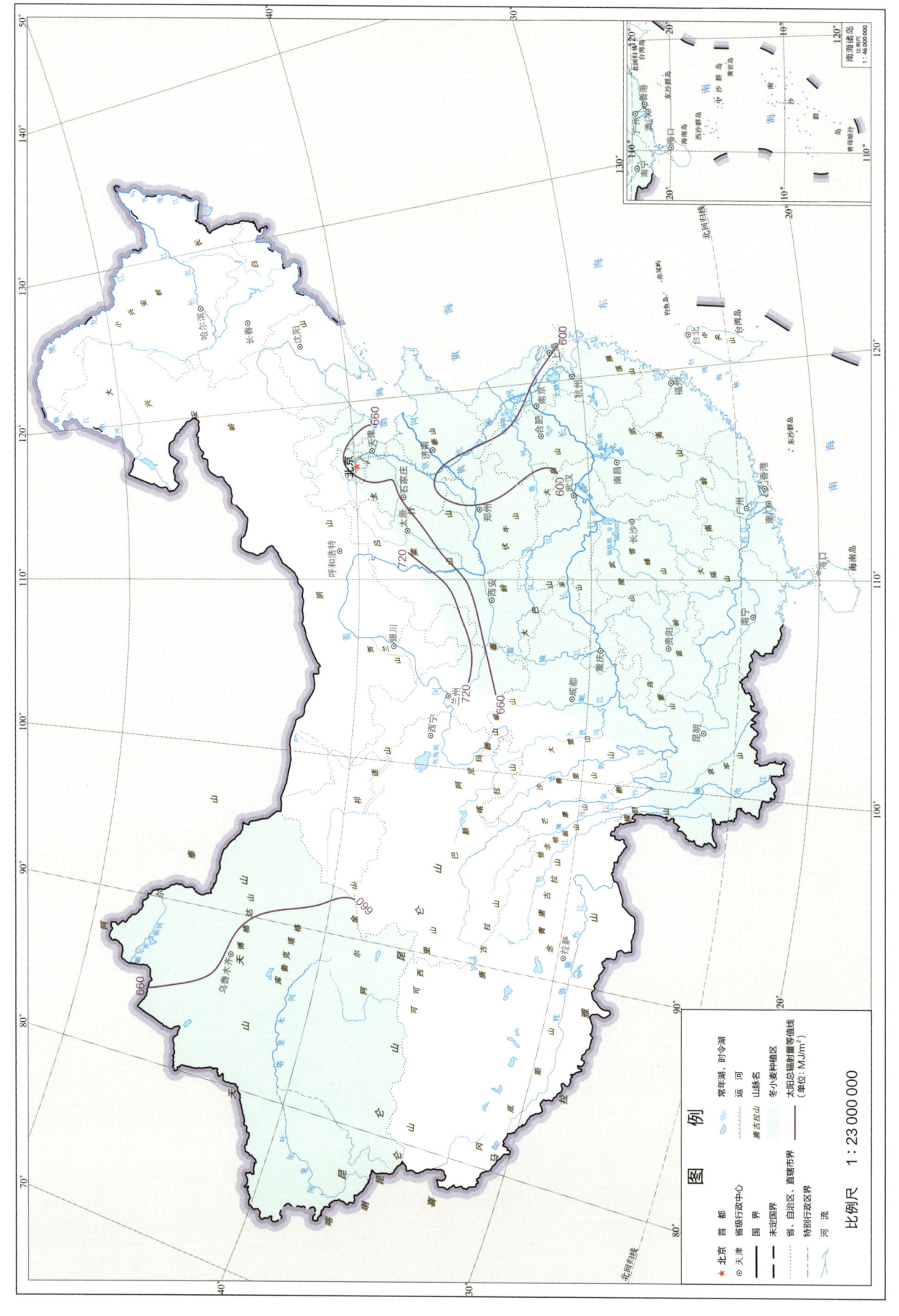

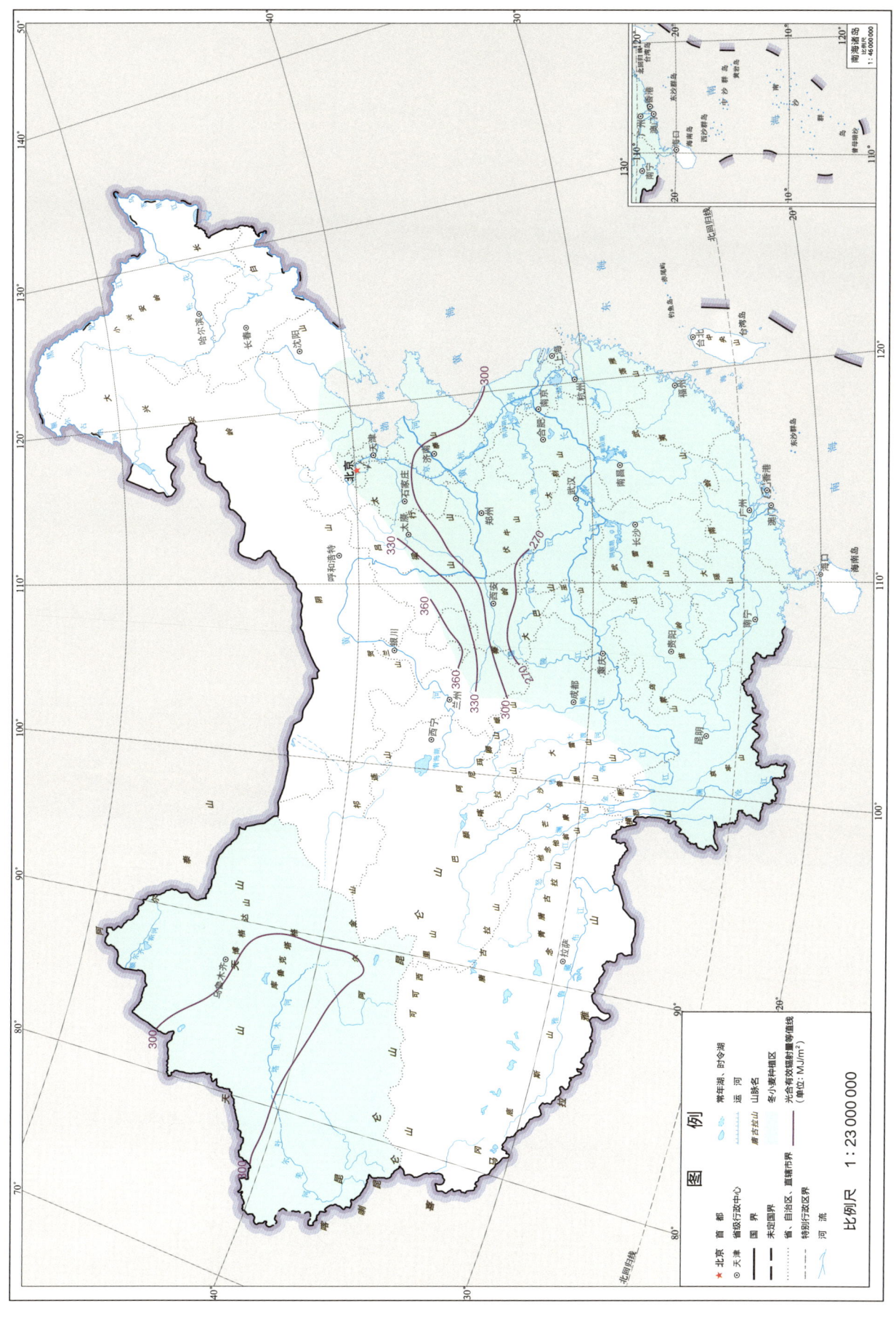

冬小麦播种期—越冬期日照时数

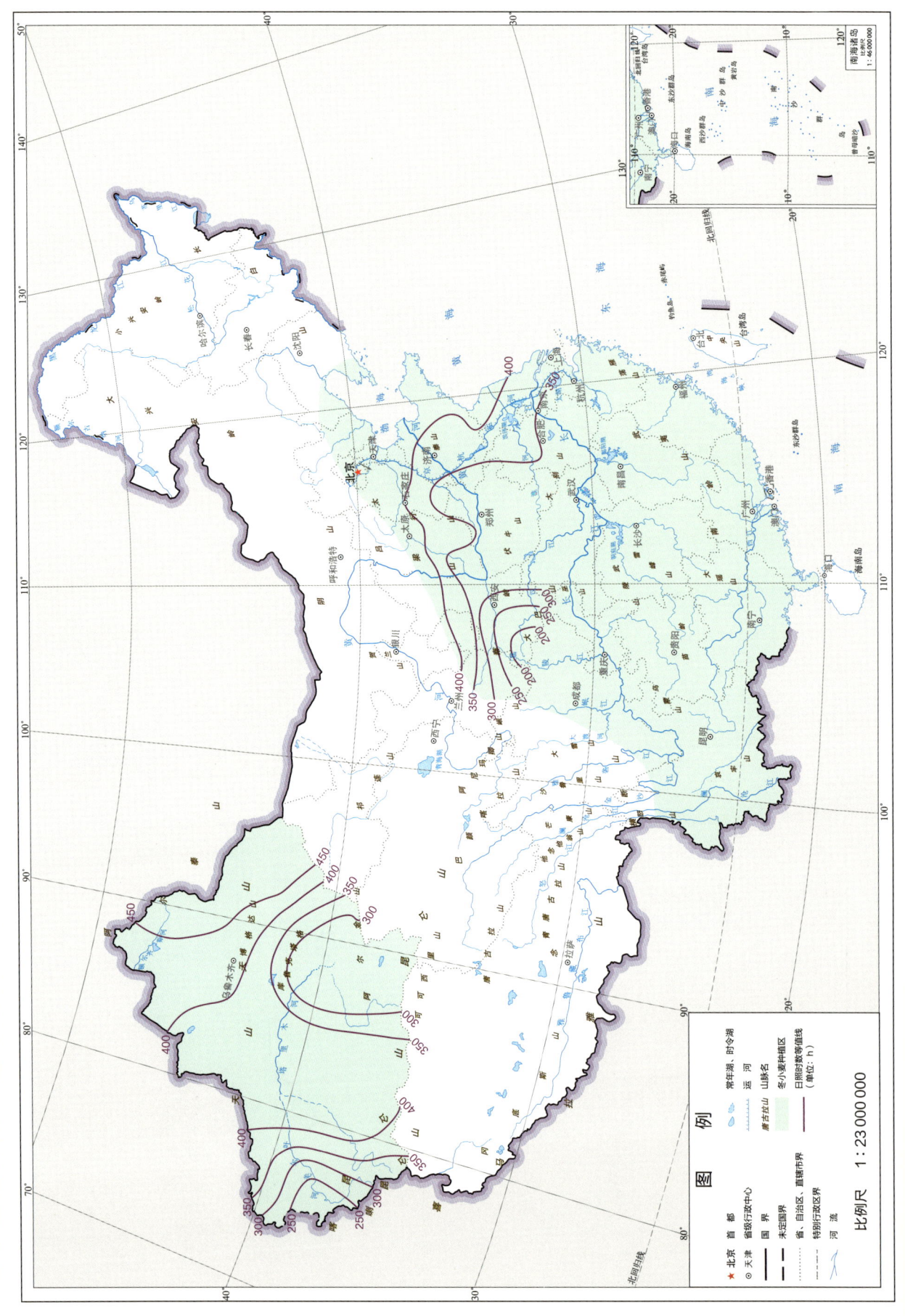

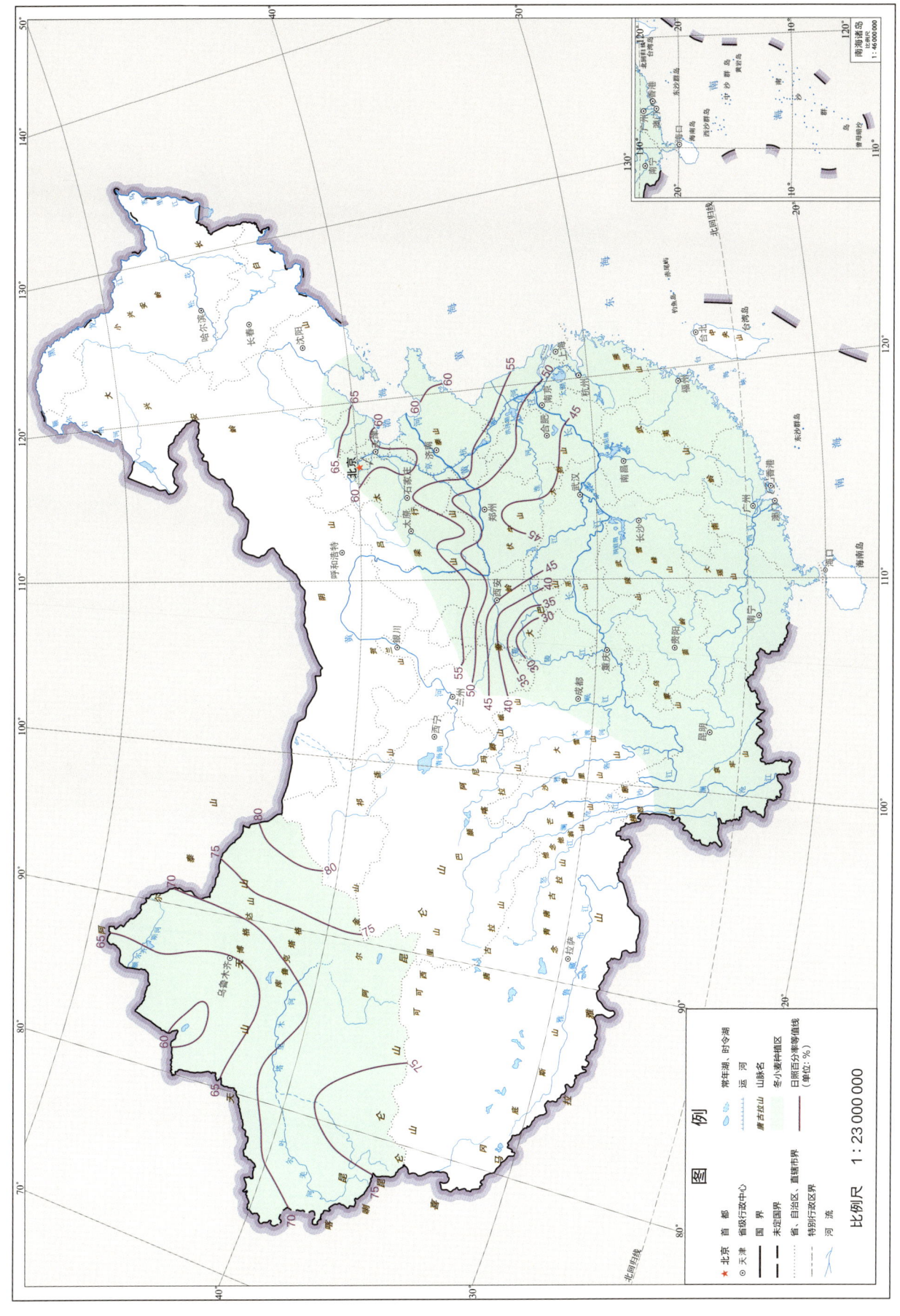
冬小麦播种期—越冬期日照百分率

# 冬小麦播种期—越冬期≥0℃积温

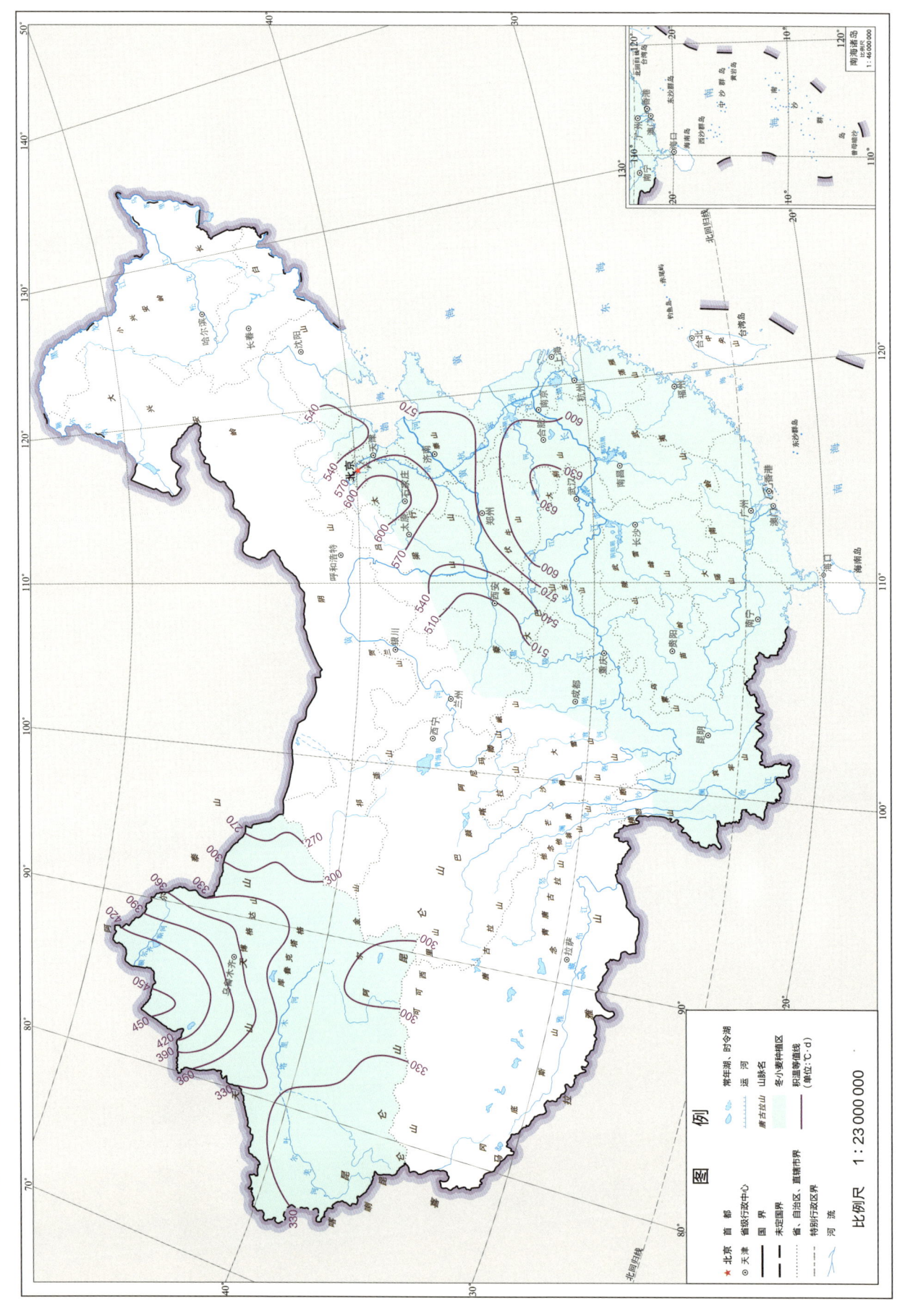

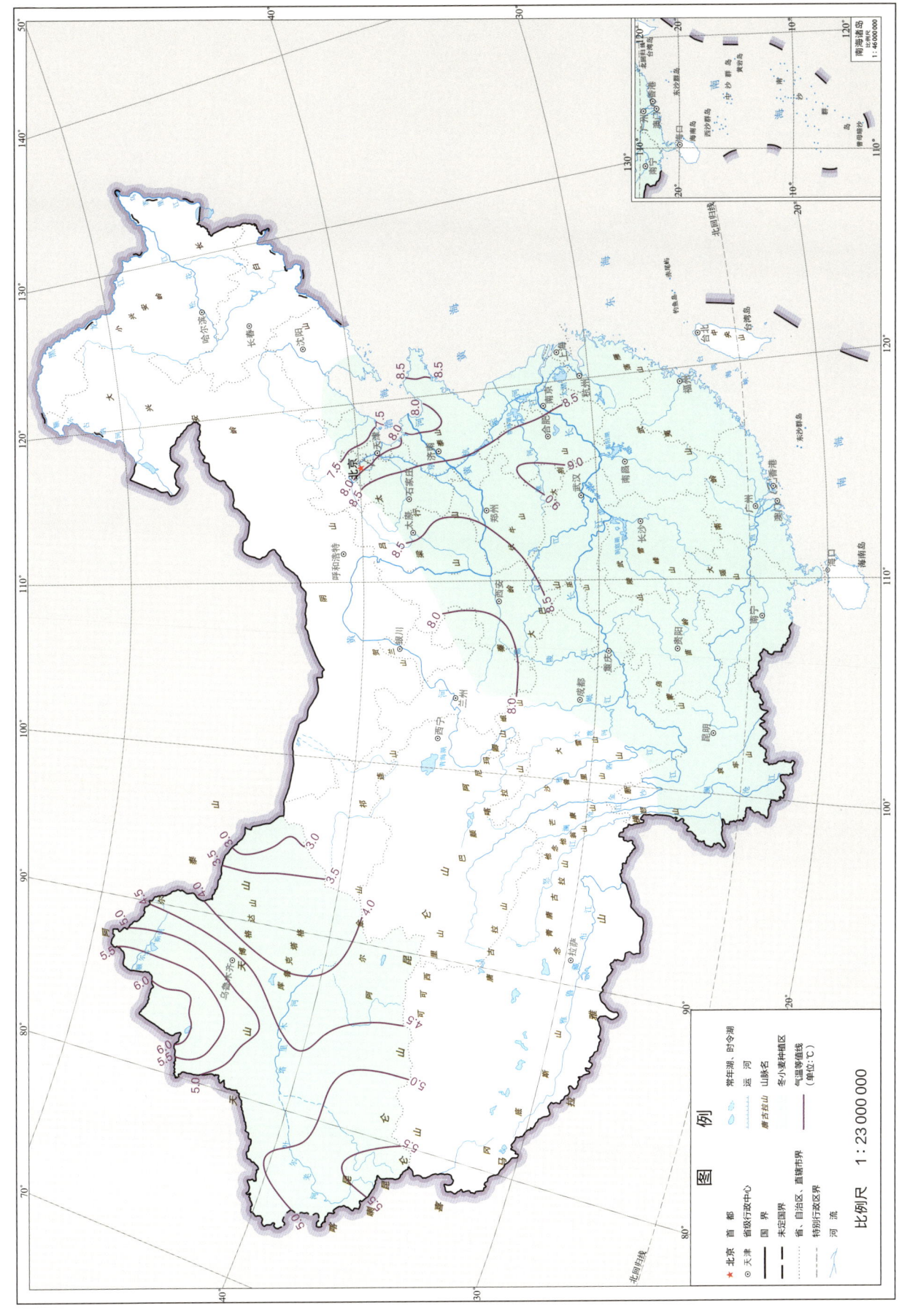

冬小麦播种期—越冬期平均气温

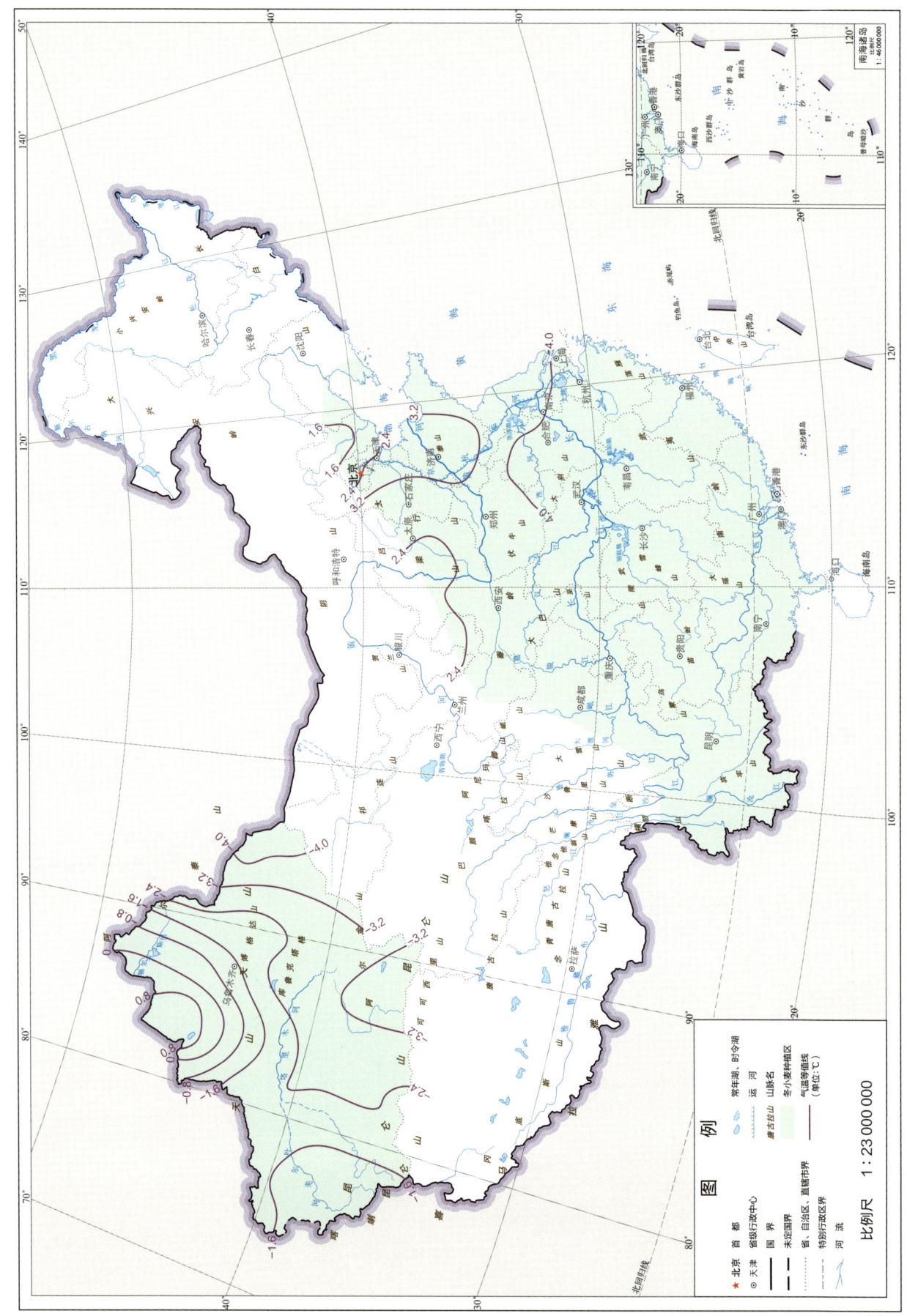

冬小麦播种期—越冬期极端最低气温

# 冬小麦播种期—越冬期光合生产潜力

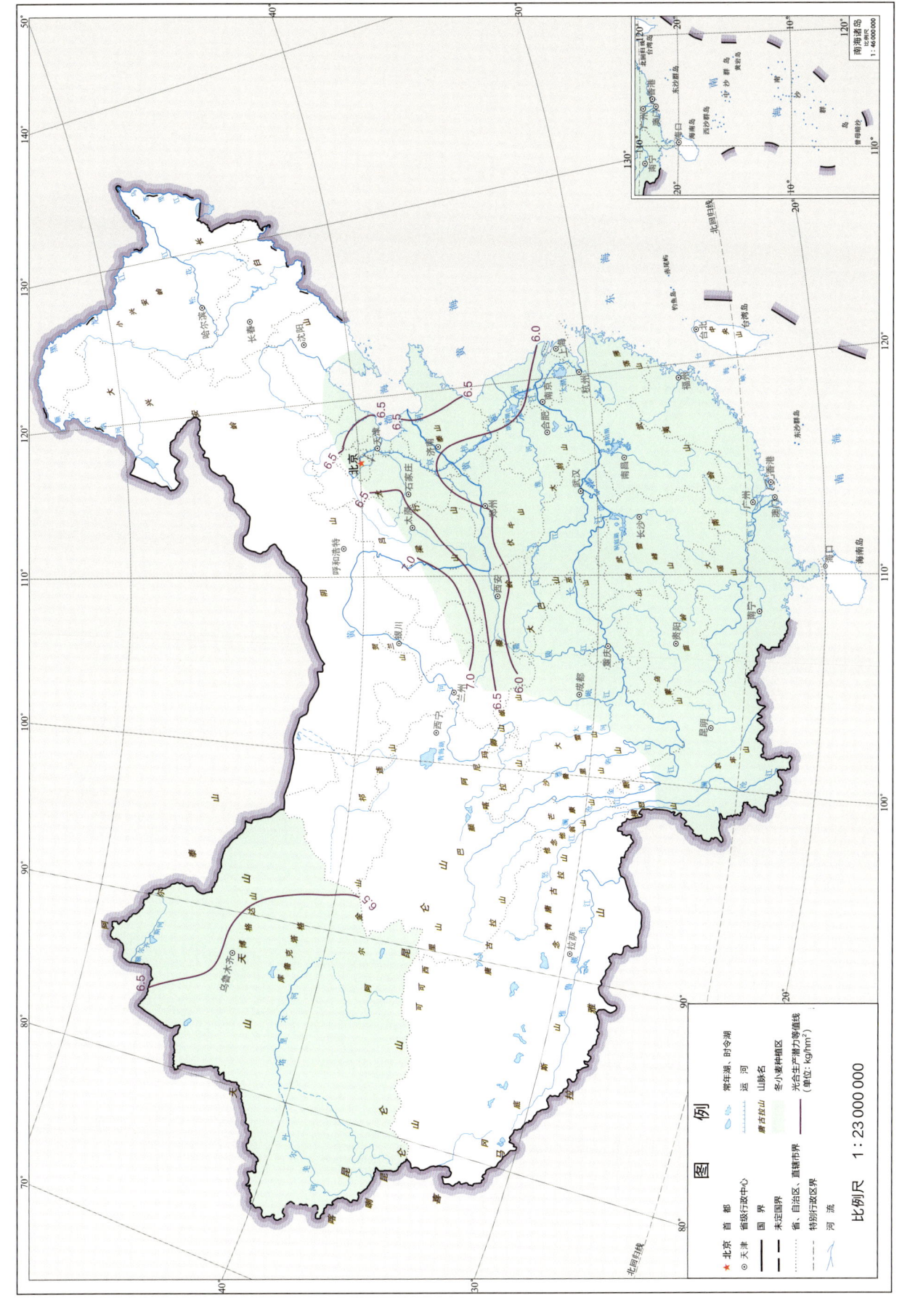

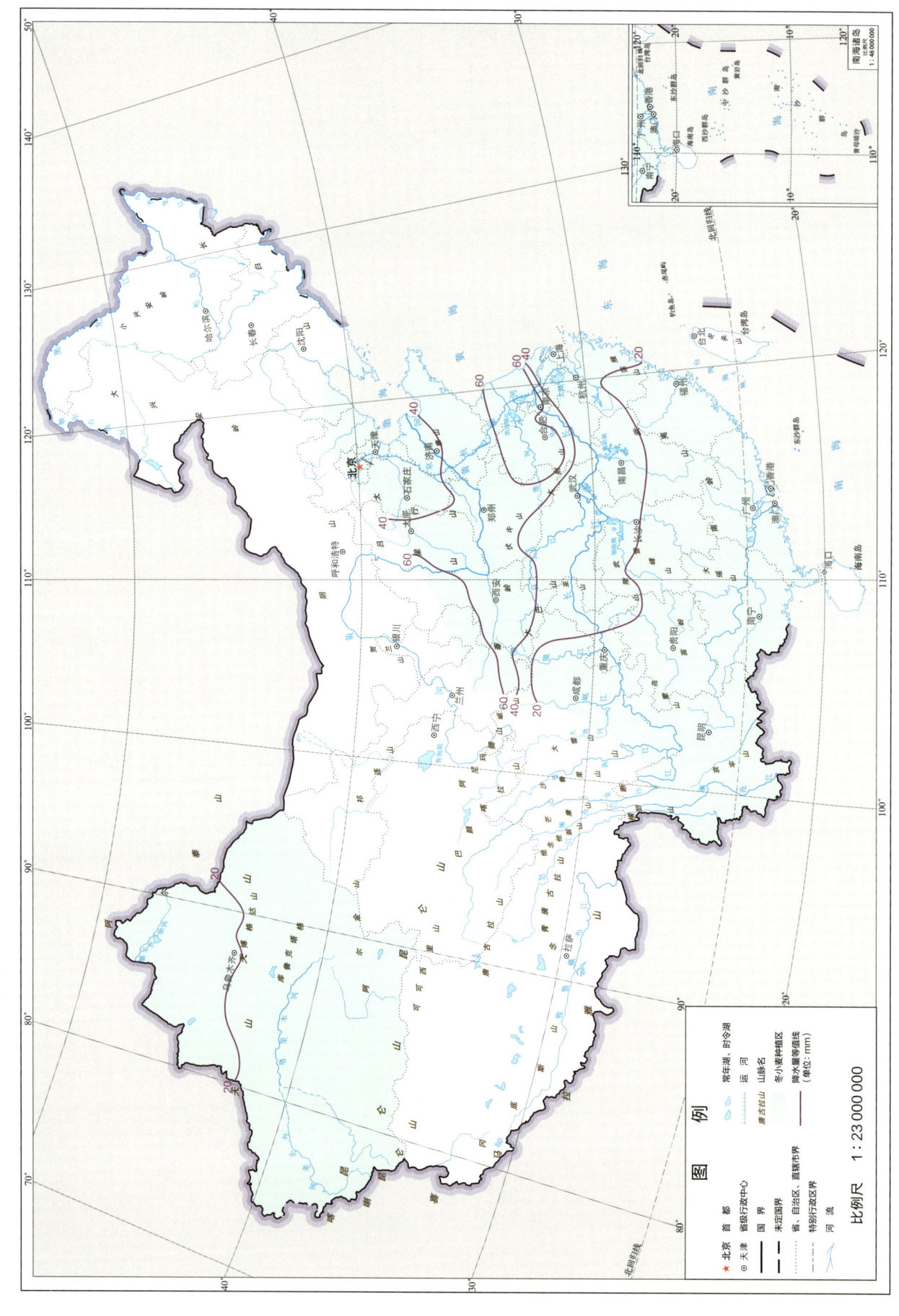

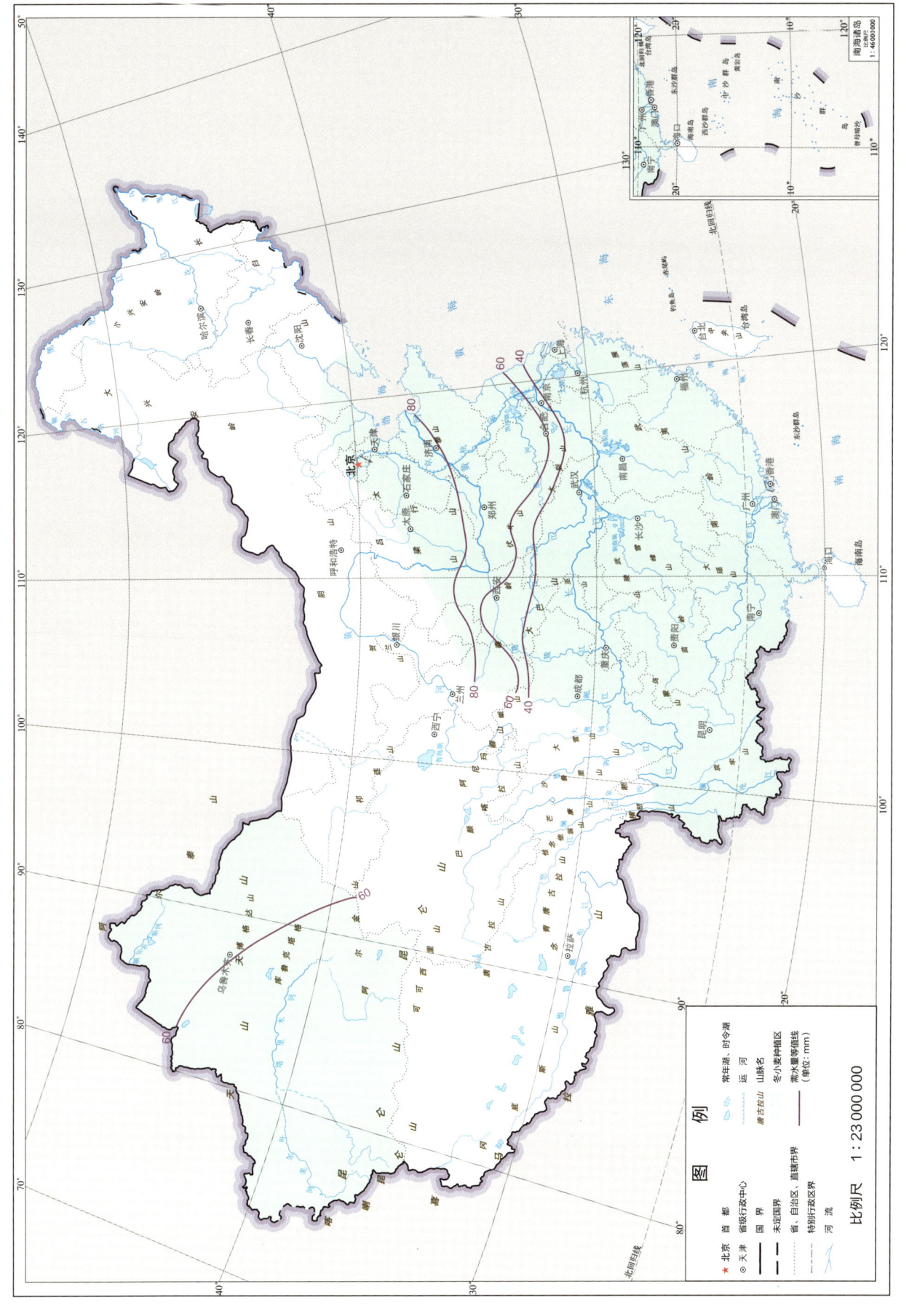

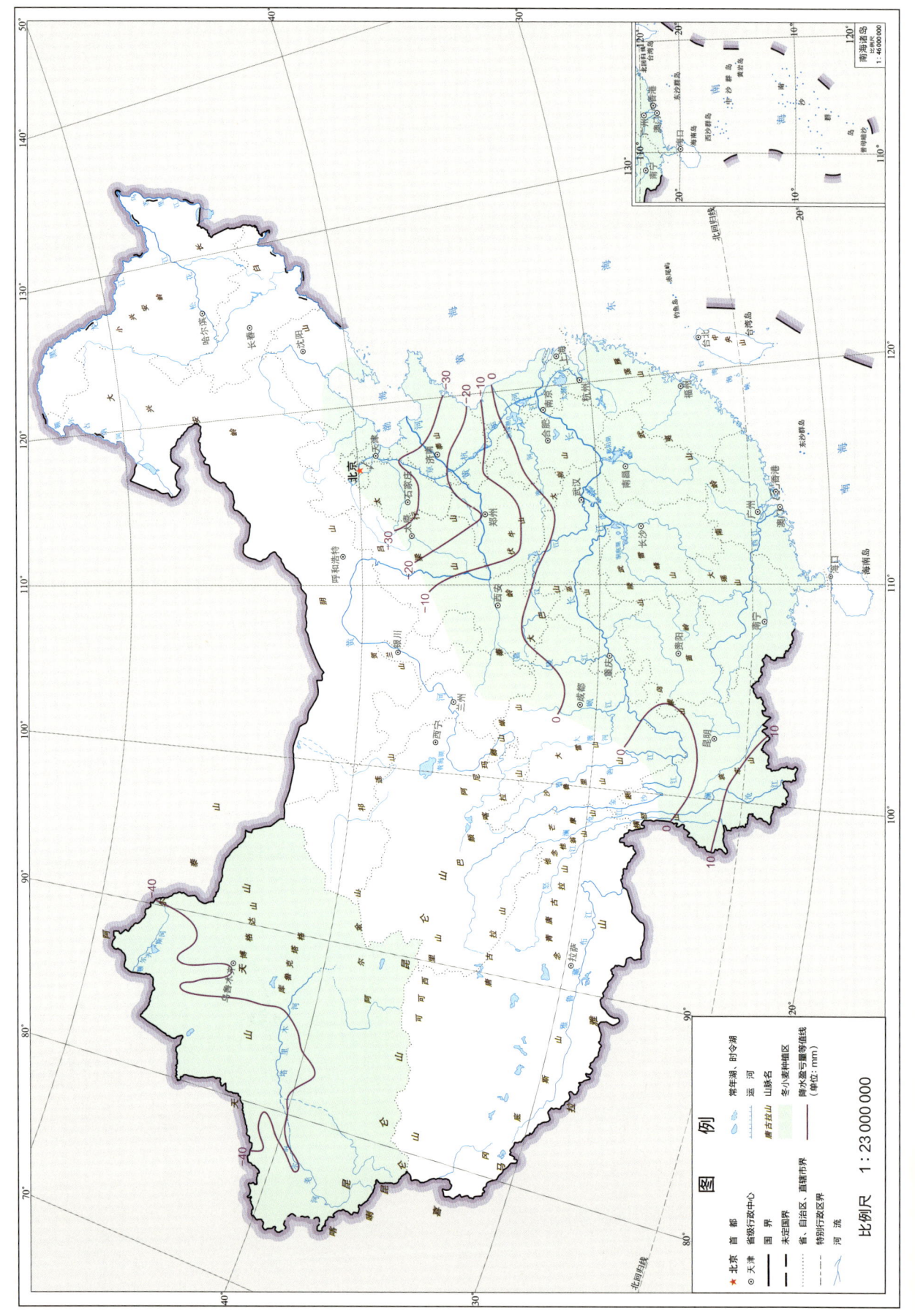

冬小麦播种期—越冬期降水盈亏量

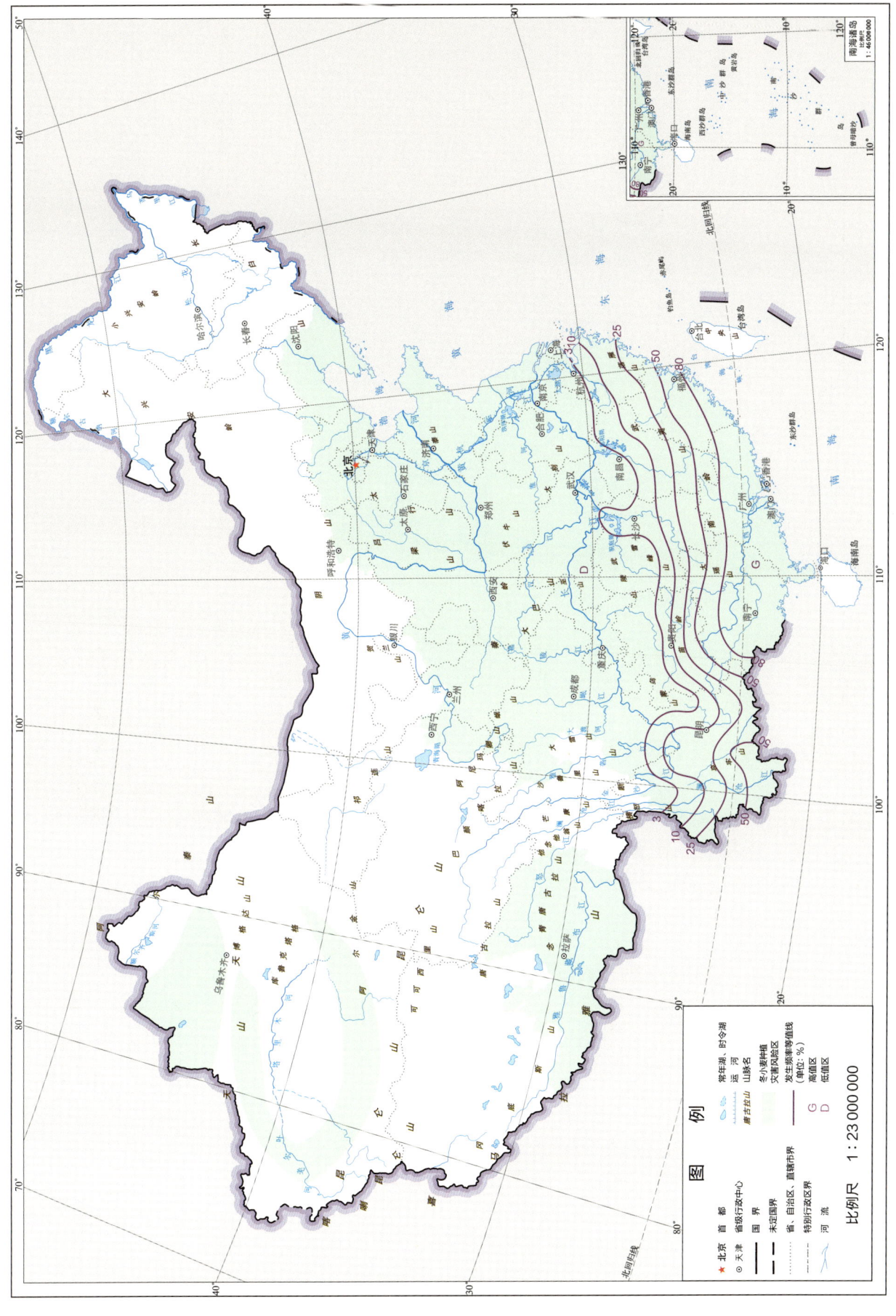

冬小麦分蘖期高温发生频率

冬小麦分蘖期高温发生频次

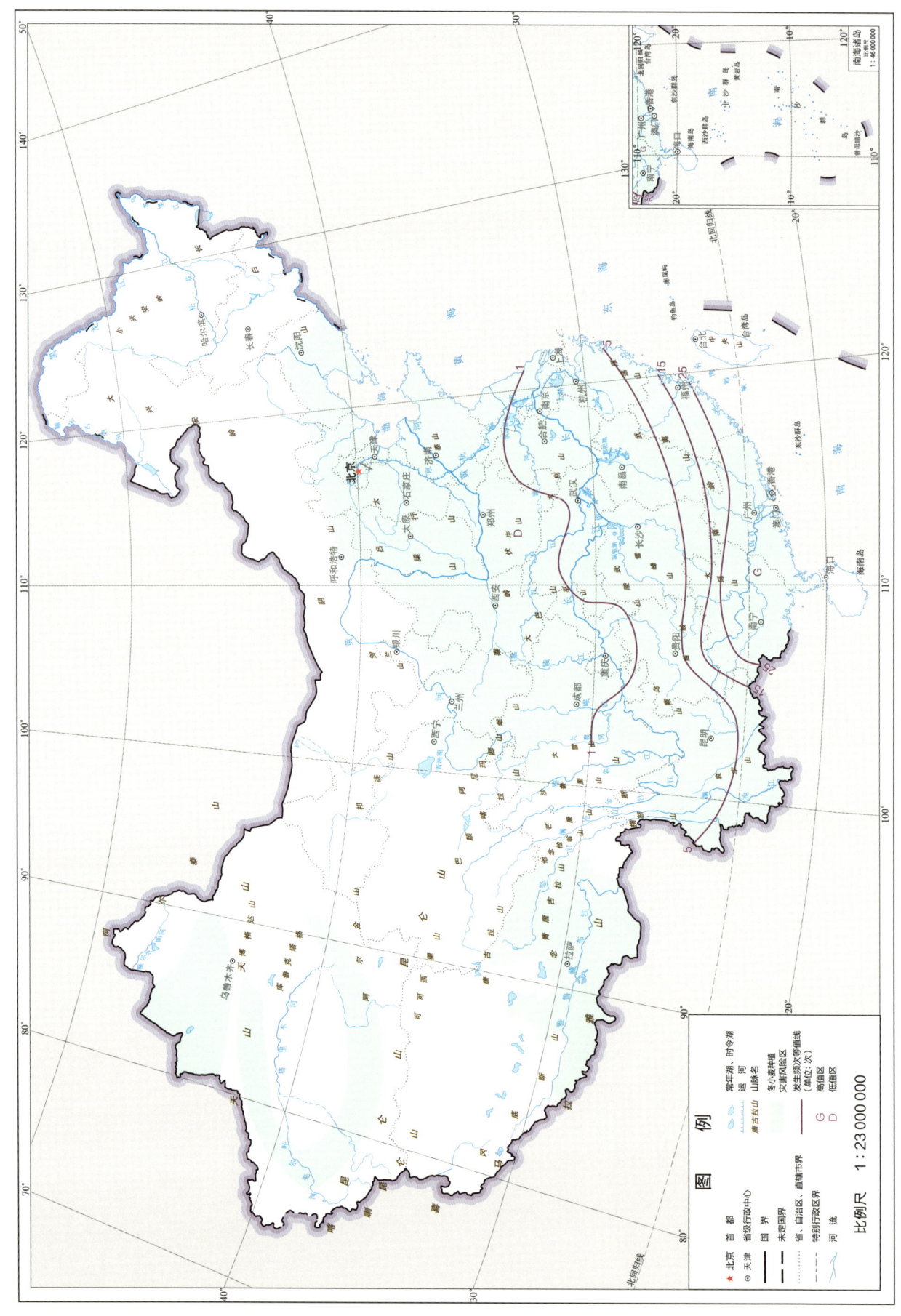

# 冬小麦越冬期高温发生频率

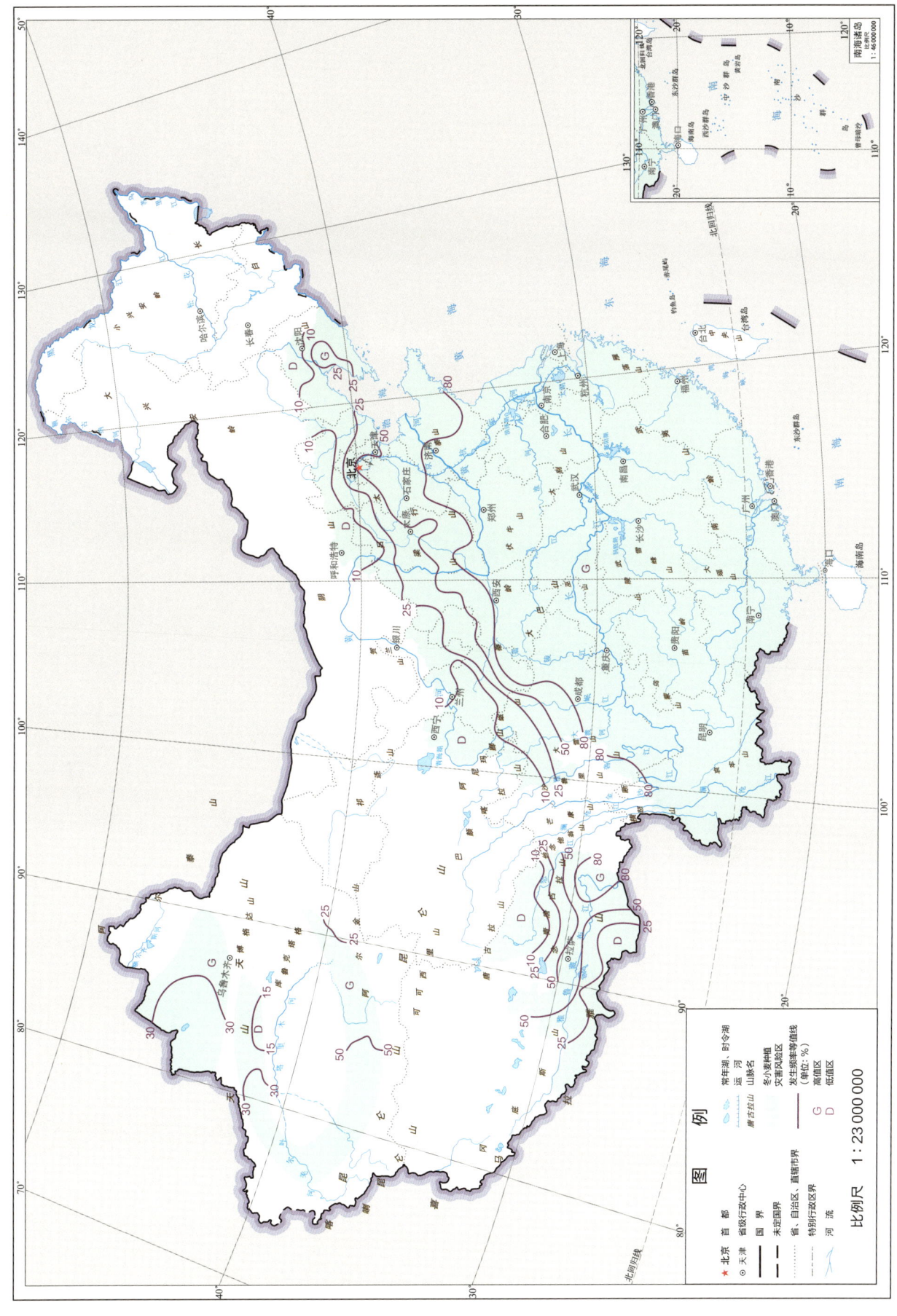

冬小麦越冬期高温发生频次

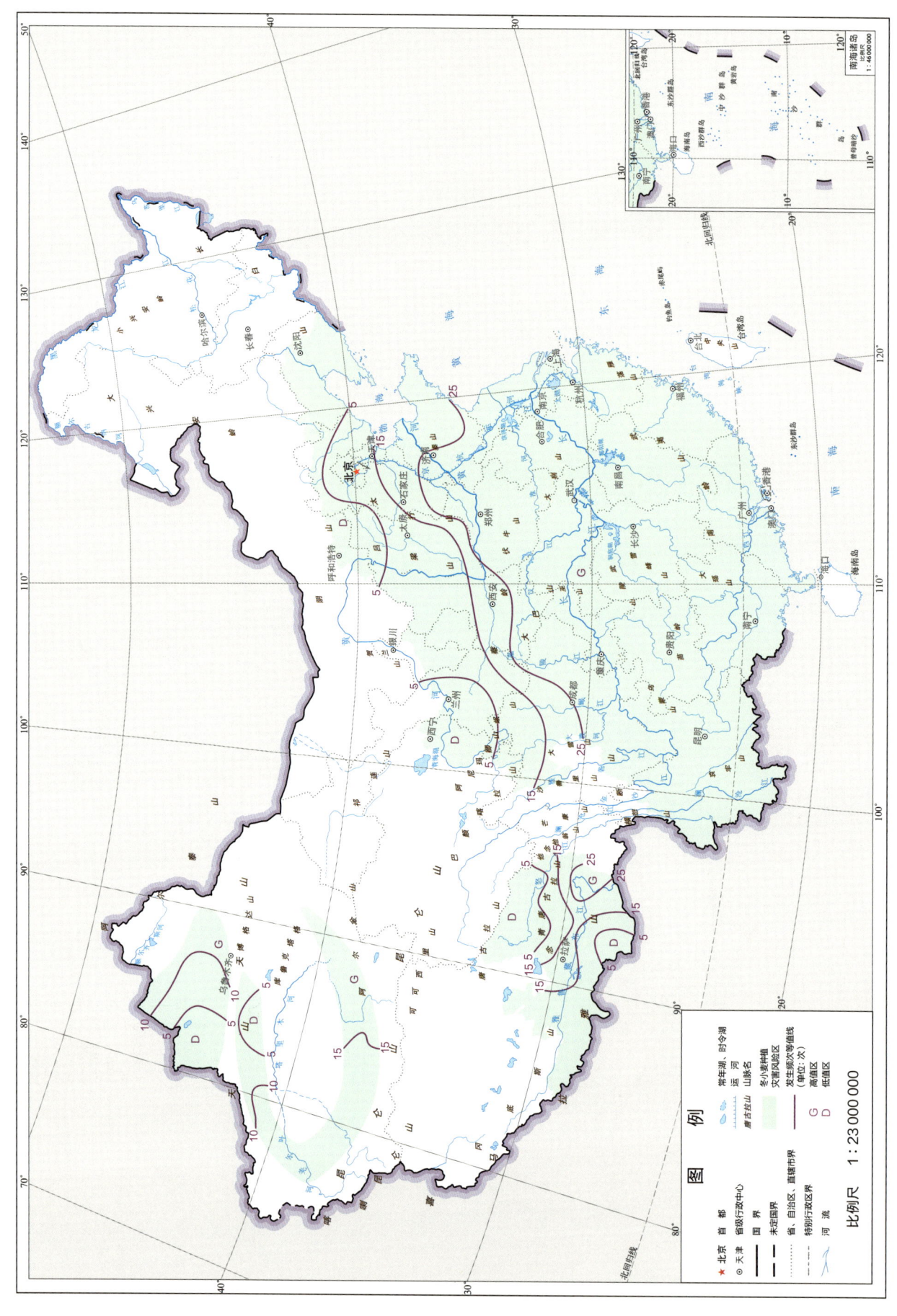

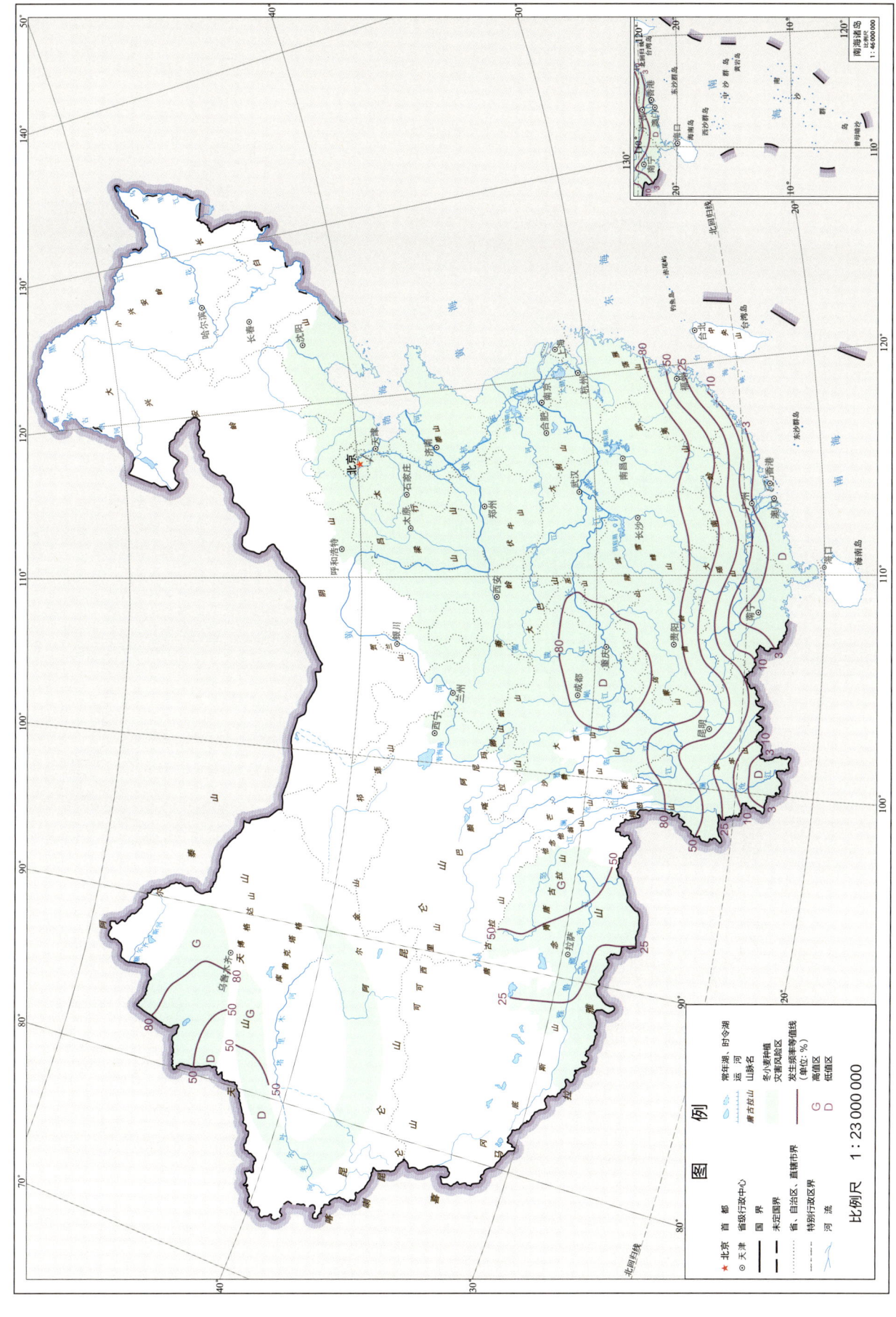

冬小麦越冬期冻害发生频率

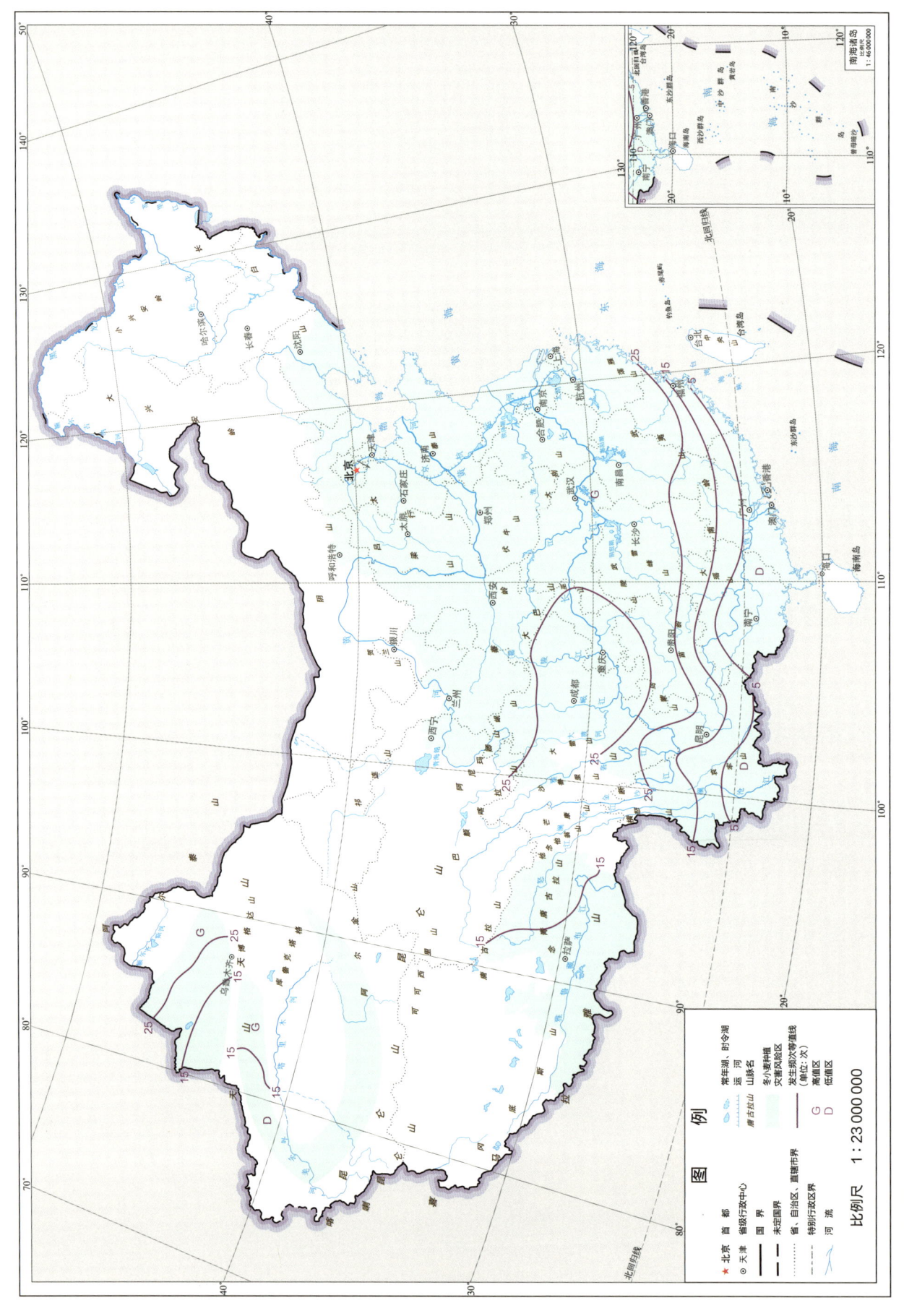

冬小麦越冬期冻害发生频次

## 2.3 冬小麦返青期—拔节期日数、光、温、水和灾害相关数据说明

20世纪80年代，冬小麦拔节期各地区差异较大。21世纪10年代，冬小麦拔节期由南向北逐渐延迟。受气候条件、冬小麦品种和作物茬口等综合因素的影响，冬小麦生育期不仅具有明显的地带性，表现出随纬度变化而变化的特点，而且在长时间尺度上，同一地点冬小麦生育期也有差异。与20世纪80年代相比，在辽宁丹东、营口以及山东东部地区，冬小麦返青期提前5～7 d。在秦岭—淮河以北、新疆和西藏东南部地区，冬小麦拔节期变化不明显，而在秦岭—淮河以南地区，除了云南南部地区冬小麦拔节期提前10 d左右以外，其他地区普遍推迟7～10 d。冬小麦越冬期—返青期日数为45～130 d，一般是北方地区较长，南方地区较短；返青期—拔节期日数为20～50 d，最长日数在青藏高原，达50 d左右。

冬小麦返青期—拔节期光照资源空间分布特点与播种期—越冬期基本一致，在新疆冬小麦区由南向北、由西向东呈现逐渐递减的变化趋势，而在内地冬小麦区由南向北呈现逐渐递增的变化趋势。新疆冬小麦区返青期—拔节期太阳总辐射量在塔里木河以南 $>600 \text{ MJ/m}^2$，北纬45°以北则 $<450 \text{ MJ/m}^2$；内地冬小麦区返青期—拔节期太阳总辐射量在秦岭—淮河以北 $>300 \text{ MJ/m}^2$，其中太行山脉以东为300～450 $\text{MJ/m}^2$，以西为450～600 $\text{MJ/m}^2$，吕梁山以西 $>600 \text{ MJ/m}^2$。新疆冬小麦区返青期—拔节期光合有效辐射量以塔里木河为界，南部为240～300 $\text{MJ/m}^2$，北部 $<240 \text{ MJ/m}^2$，其中北纬45°以北则 $<180 \text{ MJ/m}^2$；内地冬小麦区返青期—拔节期光合有效辐射量在秦岭—淮河以北 $>120 \text{ MJ/m}^2$，太行山脉以东为180～240 $\text{MJ/m}^2$，以西则 $>240 \text{ MJ/m}^2$，吕梁山以西 $>300 \text{ MJ/m}^2$。从日照时数和日照百分率来看，新疆冬小麦区返青期—拔节期日照时数

大部分地区为200～250 h，无明显地带性规律，而日照百分率呈东西向分布，乌鲁木齐—大西山—阿卡托山一线以西＜65％，以东＞65％；内地冬小麦区返青期—拔节期日照时数和日照百分率皆随纬度增加而增加，陕西北部日照时数达250 h，日照百分率＞55％，而淮河流域日照时数则为100～150 h，日照百分率＜50％。

冬小麦返青期—拔节期热量资源空间分布与播种期—越冬期具有较大差异，总体表现为新疆冬小麦区由西南向东北逐渐减少，而内地冬小麦区由东南向西北逐渐增加的空间格局。新疆冬小麦区返青期—拔节期≥0℃积温在塔里木河以南地区＞300℃·d，其中和田地区＞360℃·d；而乌鲁木齐以北地区＜240℃·d，其中额尔齐斯河以北地区＜120℃·d；内地冬小麦区返青期—拔节期≥0℃积温在淮河流域为120～180℃·d，而太行山脉以西的山西、陕西等地区＞360℃·d。返青期—拔节期平均气温、极端最高气温和极端最低气温分布格局与≥0℃积温一致，山西和陕西大部分地区平均气温、极端最高气温和极端最低气温分别为10℃、16.5℃和3.2℃左右，高于淮河流域的6.0℃、10.5℃和1.6℃。

冬小麦返青期—拔节期光合生产潜力在新疆冬小麦区表现为南部大于北部，塔里木河以南地区的光合生产潜力为6.0 kg/hm²左右，而伊宁—乌鲁木齐一线以北地区＜4.5 kg/hm²；内地冬小麦区光合生产潜力表现为南部低于北部的特点，黄河流域和淮河流域之间的地区的光合生产潜力为3.0 kg/hm²左右，而陕西北部地区为6.0 kg/hm²左右。

冬小麦返青期—拔节期降水量在江浙一带最高，＞100 mm，而秦岭—淮河以北和云贵地区＜30 mm。返青期—拔节期冬小麦需水量为40～70 mm，西南地区＞70 mm；新疆冬小麦区返青期—拔节期需水量随纬度增加而减少，北纬40°以南地区为60 mm左右，而北纬45°以北地区＜40 mm。受降水量和需水量的共同影响，冬小麦返青期—拔节期降水盈亏量分布较为复杂，长江流域以南地区以及淮河流域降水表现为盈余，其中江西北部、安徽南部和浙江大部分地区降水盈余最高，为75 mm左右，而云南大部分地区降水呈亏缺状态，云南北部地区亏缺量＞75 mm，黄河以北地区降水亏缺量＞25 mm，其中山西大部和陕西北部亏缺量在50 mm左右。

我国冬小麦拔节期干旱时有发生，干旱发生频率和频次的时空分布总体上北方高于南方，但不同等级干旱频率具有一定差异。划分依据：3月10日—4月10日降水距平≤30％为轻旱、30％～65％为中旱、≥65％为重旱，轻旱发生风险北方略低于南方，而中旱和重旱发生频率北方高于南方。冬小麦拔节期轻旱发生频率在秦岭—淮河以北大部分地区为10%～15%，平均发生次数＜4次，秦岭—淮河以南大部分地区轻旱发生频率为15%～25%，平均发生次数为6～8次，西南地区轻旱发生频率亦比较低，大部分地区为15%。冬小麦拔节期中旱发生频率在秦岭—淮河以北大部分地区＞15%，平均发生6次左右中旱事件，秦岭—淮河以南大部分地区中旱发生频率为10%～15%。拔节期重旱发生频率区域差异较大，秦岭—淮河以北地区和西南地区＞10%，平均发生4次重度干旱事件，而长江流域以南大部分地区在3%左右，平均发生1～2次重度干旱事件。

由于我国气温分布呈明显的南高北低的态势，冬小麦高温灾害发生的频率和频次亦表现为纬向分布，高温灾害发生频率随纬度增加而逐渐减少。以12月1日—12月31日日平均气温≥17℃为指标，冬小麦分蘖期高温灾害主要发生在长江流域以南地区，灾害发生频率＞3%，其中广东和广西地区＞80%。在浙江南部、江西南部、湖南南部和贵州南部地区，冬小麦分蘖期平均发生5次高温灾害，广东和广西地区高温灾害次数＞25次。

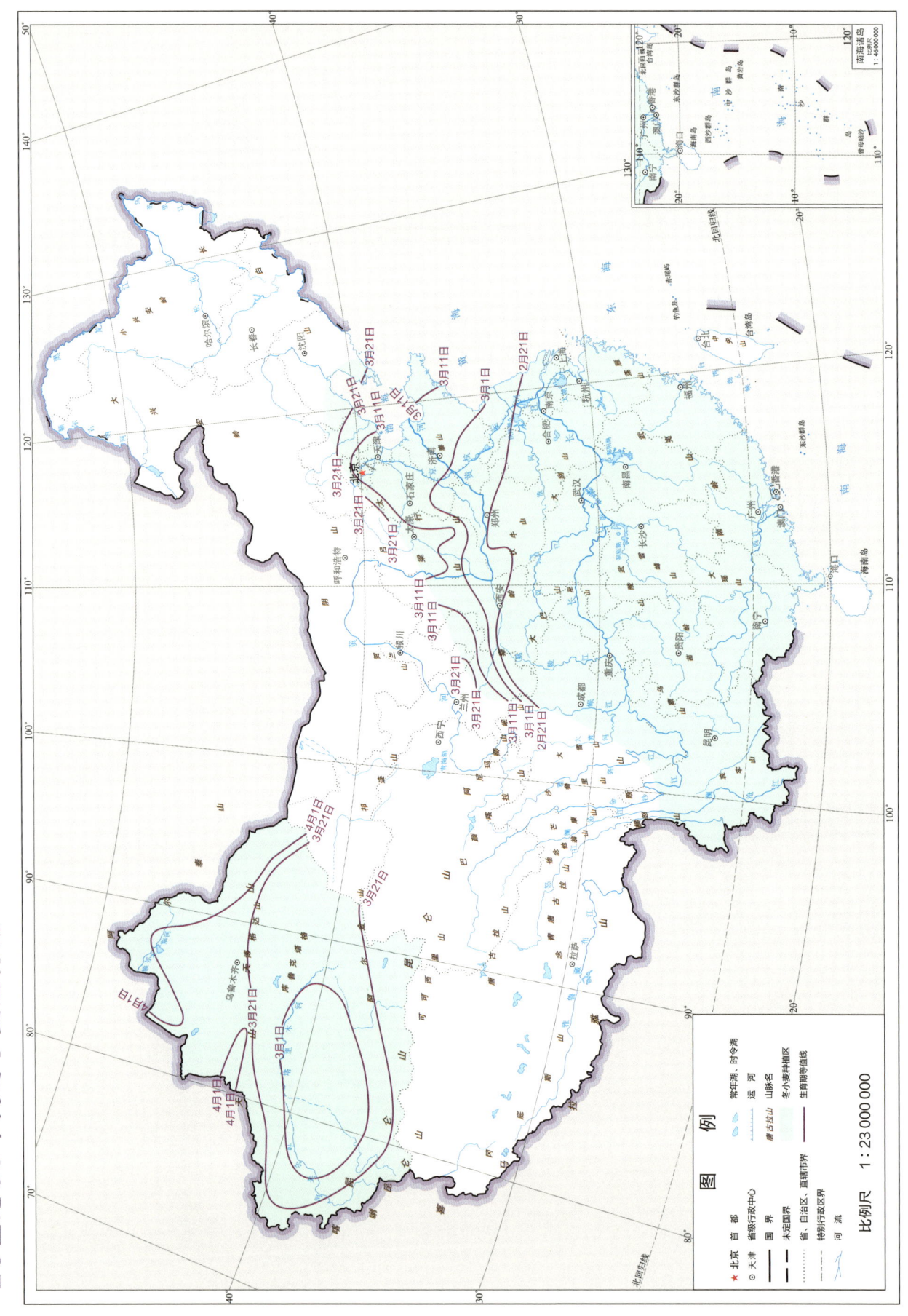

20世纪80年代冬小麦返青期

# 21世纪10年代冬小麦返青期

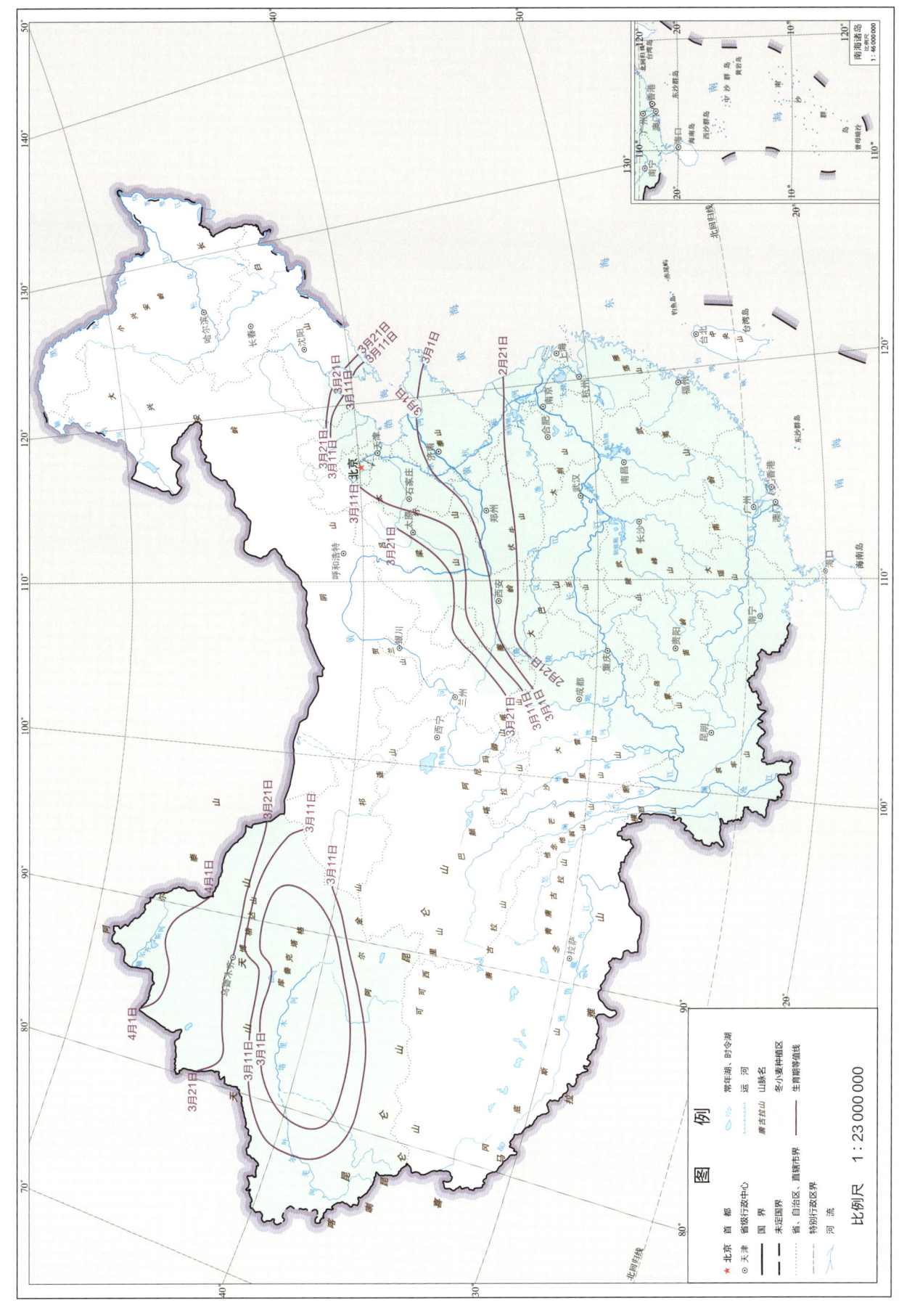

2 冬小麦

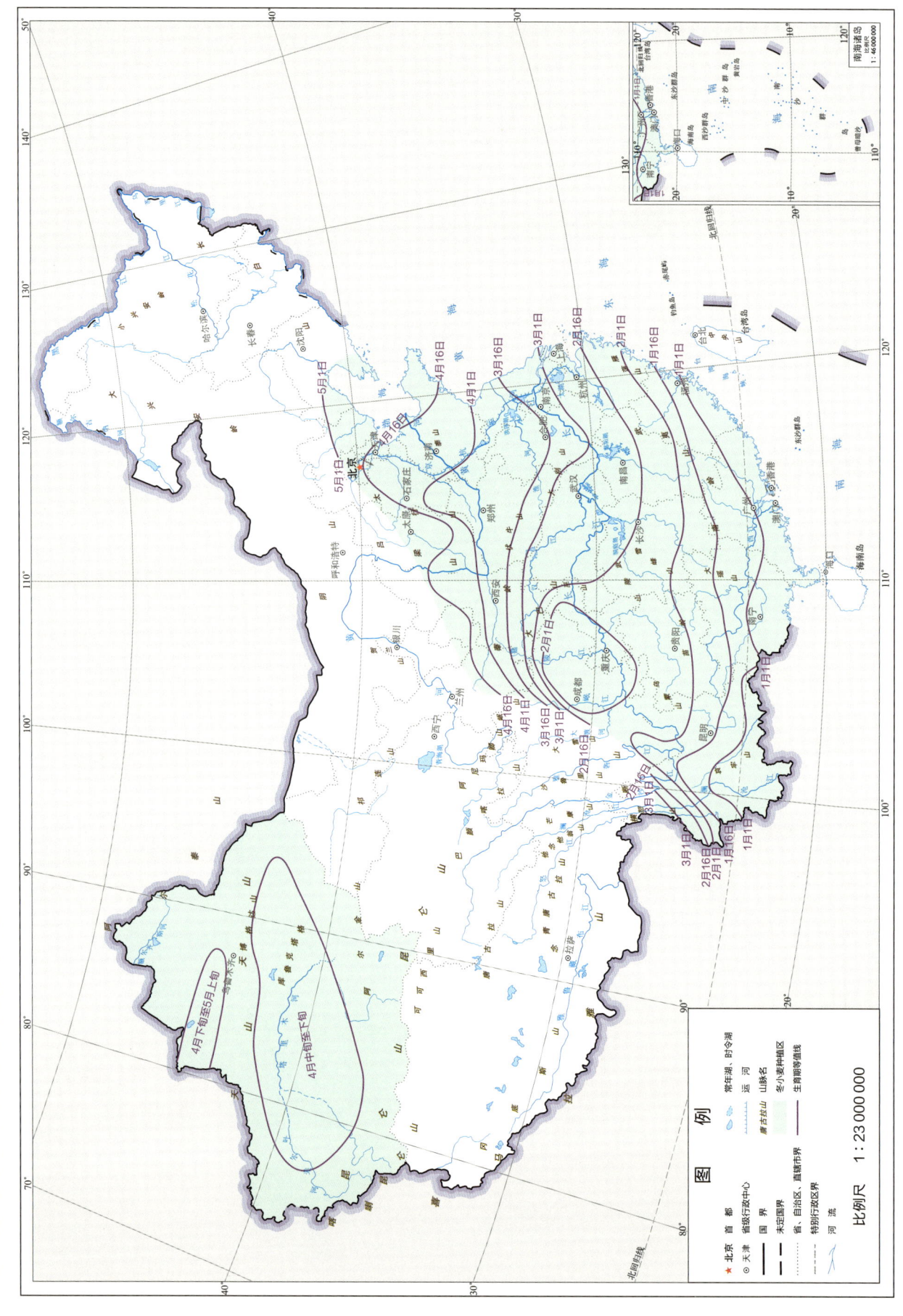

# 21世纪10年代冬小麦拔节期

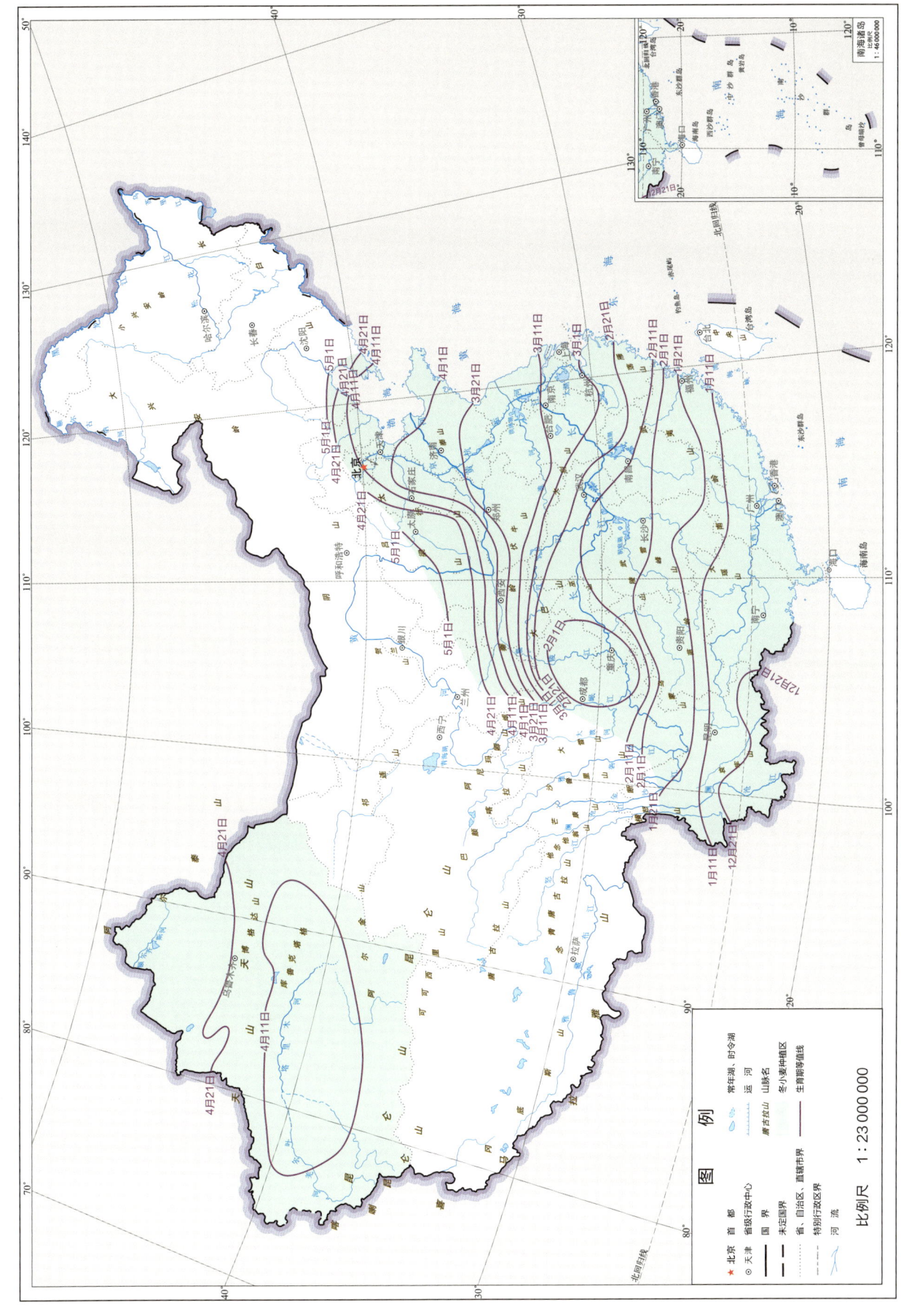

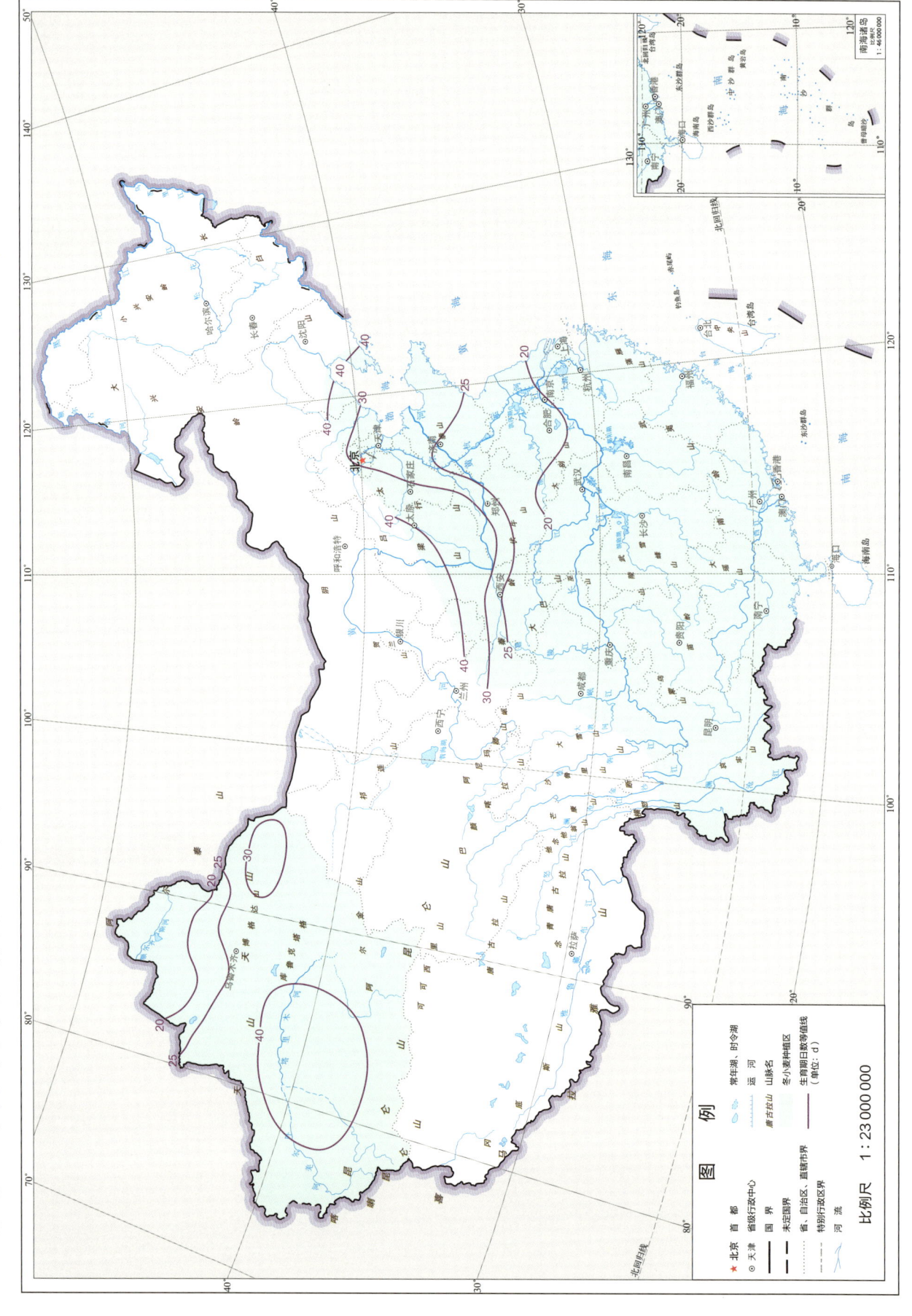

# 21世纪10年代冬小麦播种期—拔节期日数（南方）

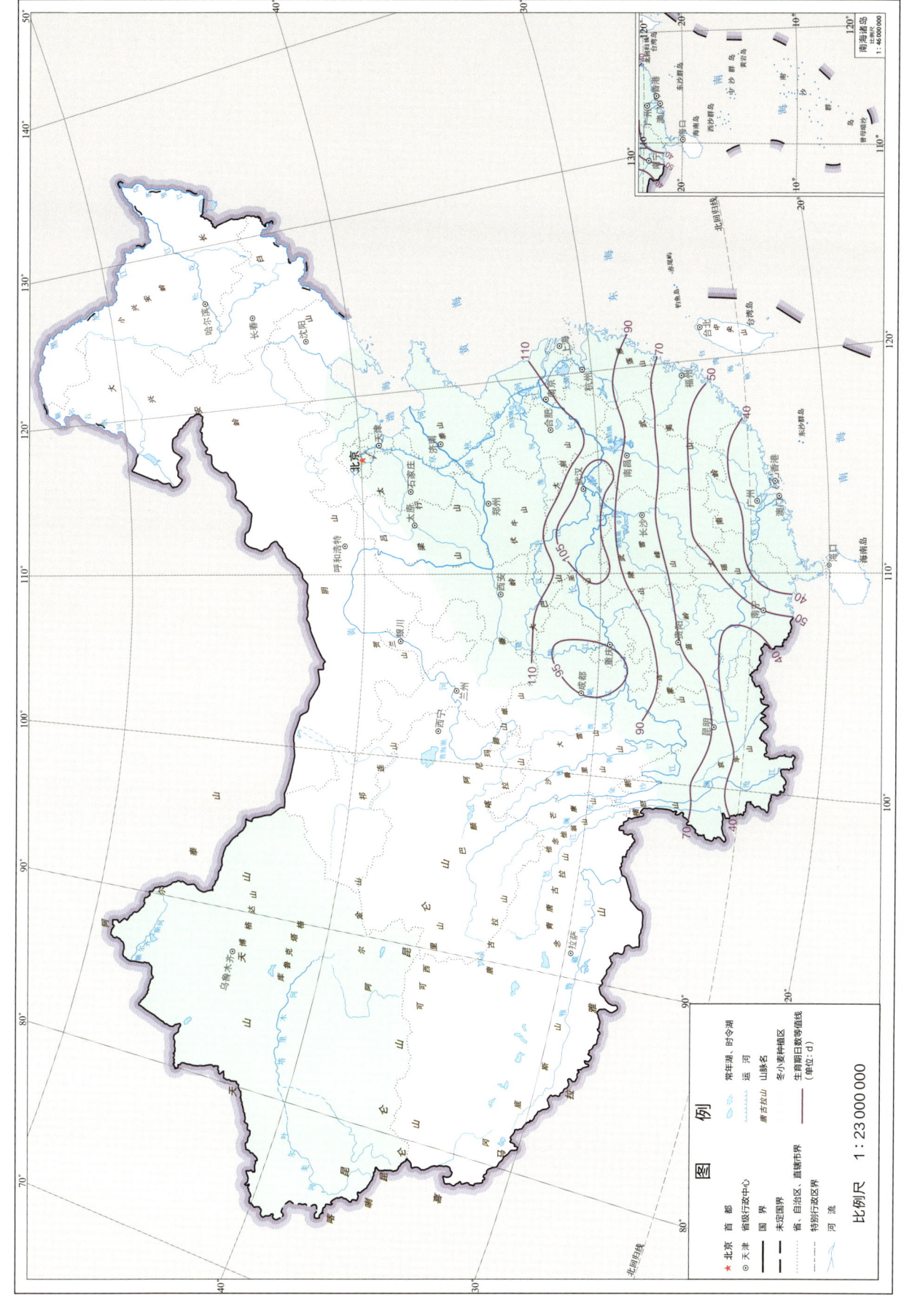

2 冬小麦

# 冬小麦返青期—拔节期太阳总辐射量

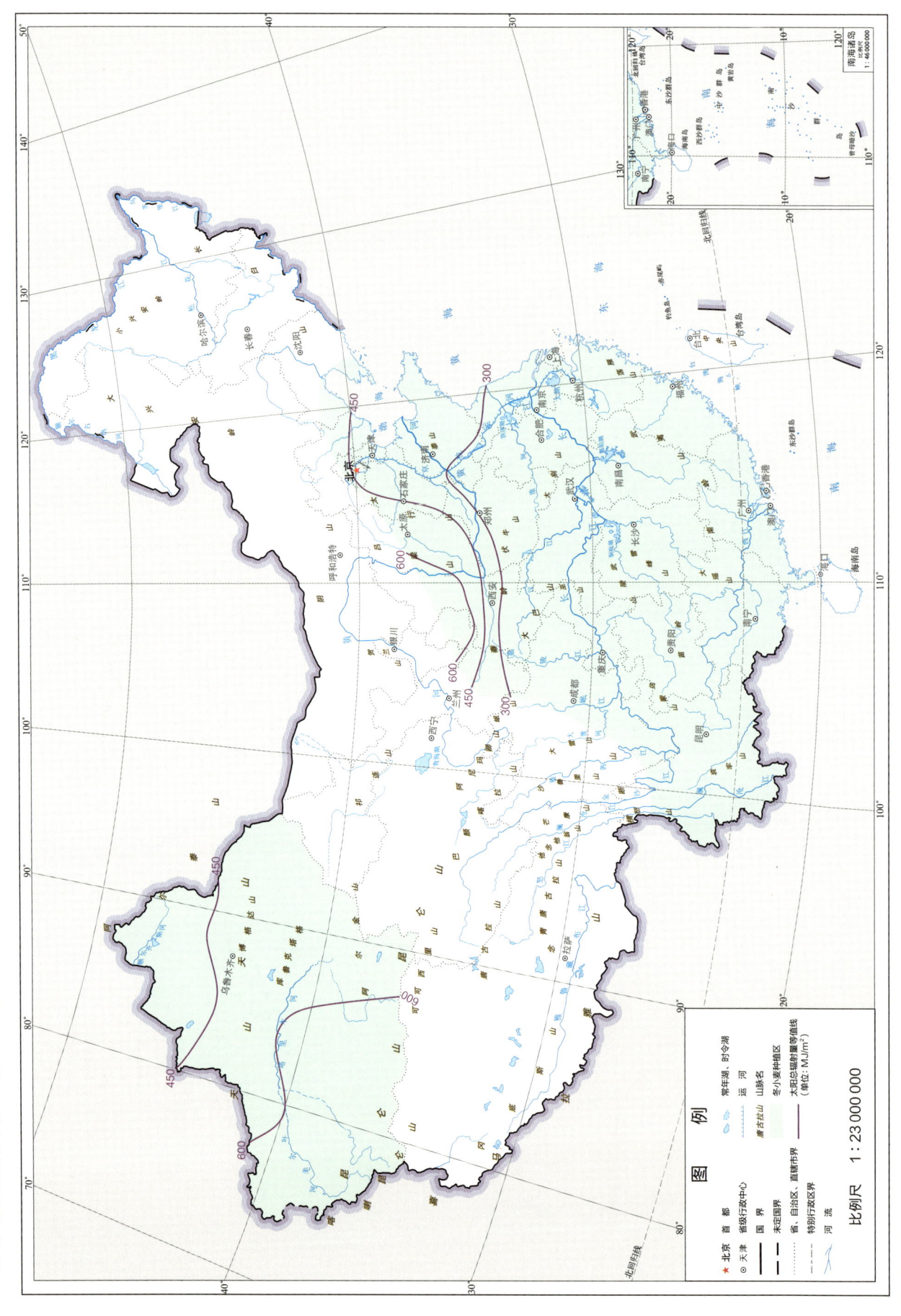

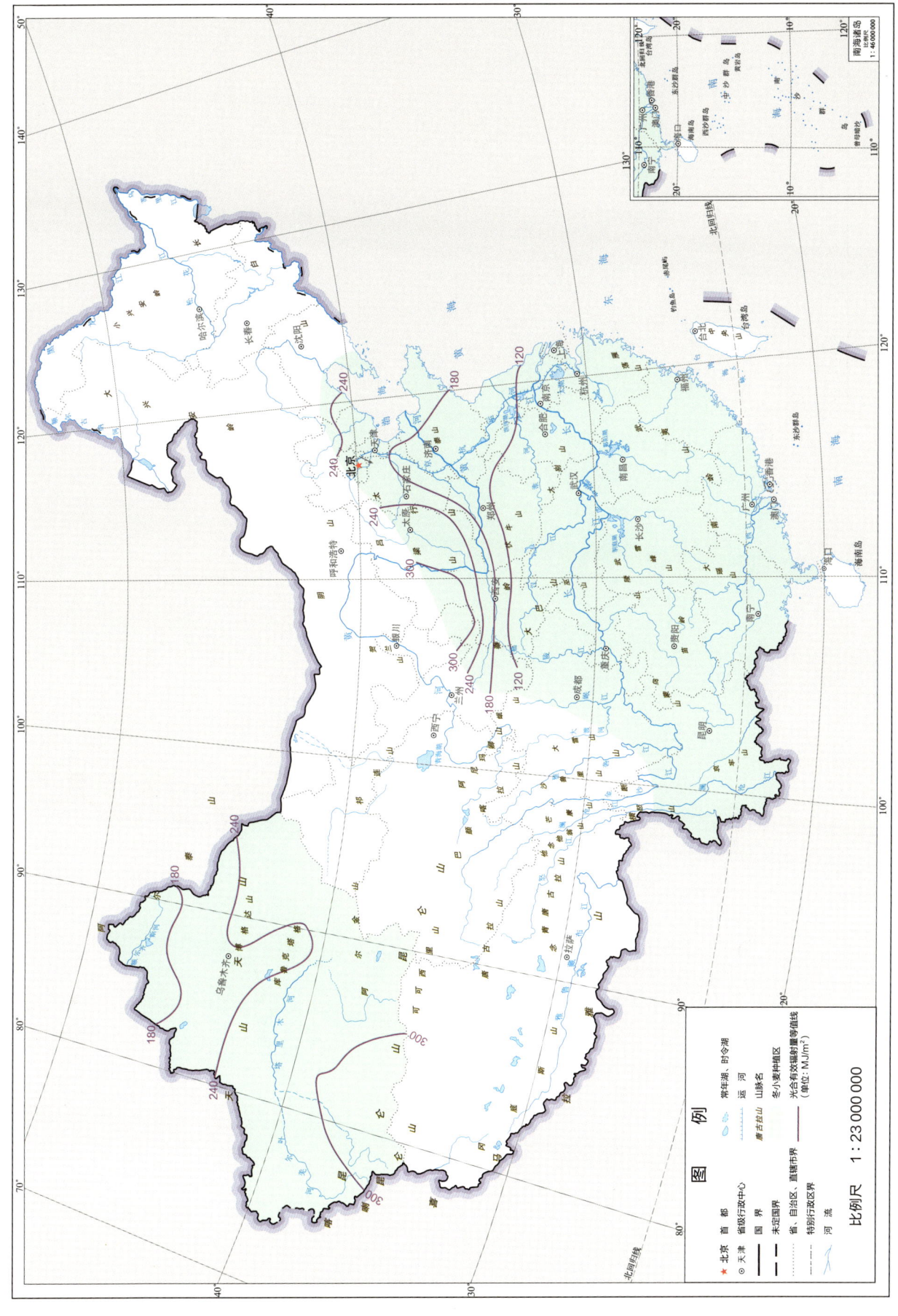
冬小麦返青期—拔节期光合有效辐射量

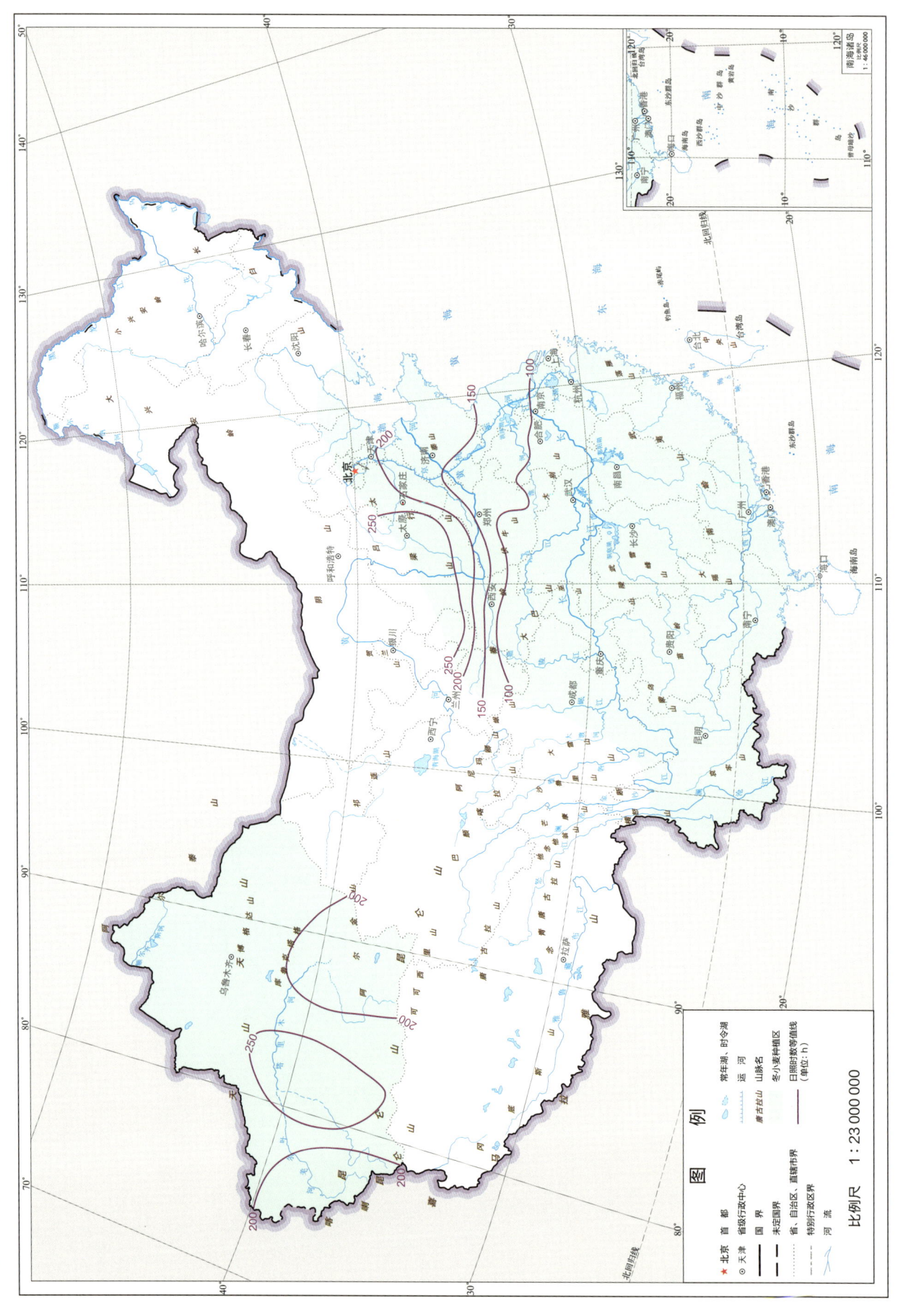

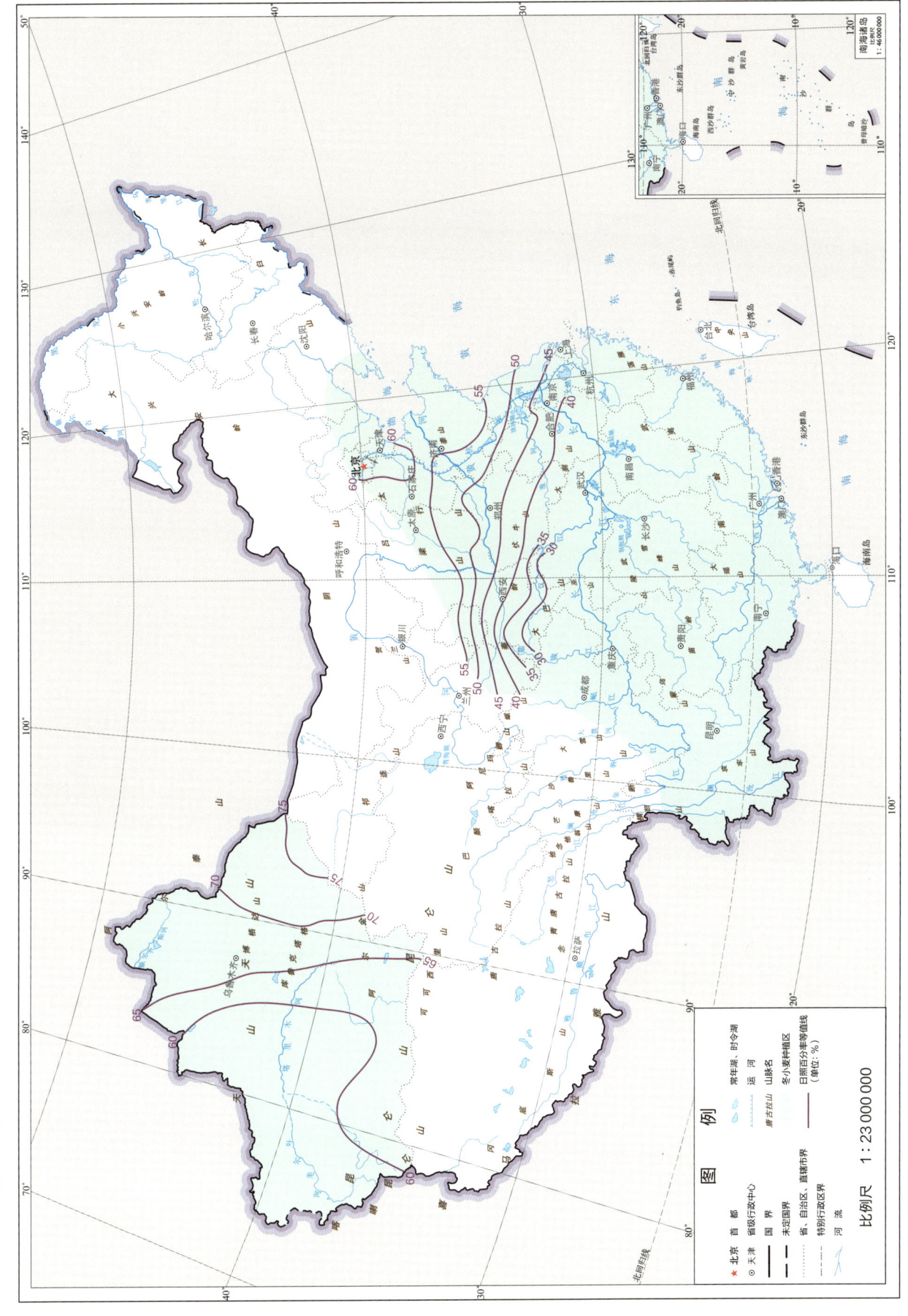

冬小麦返青期—拔节期日照百分率

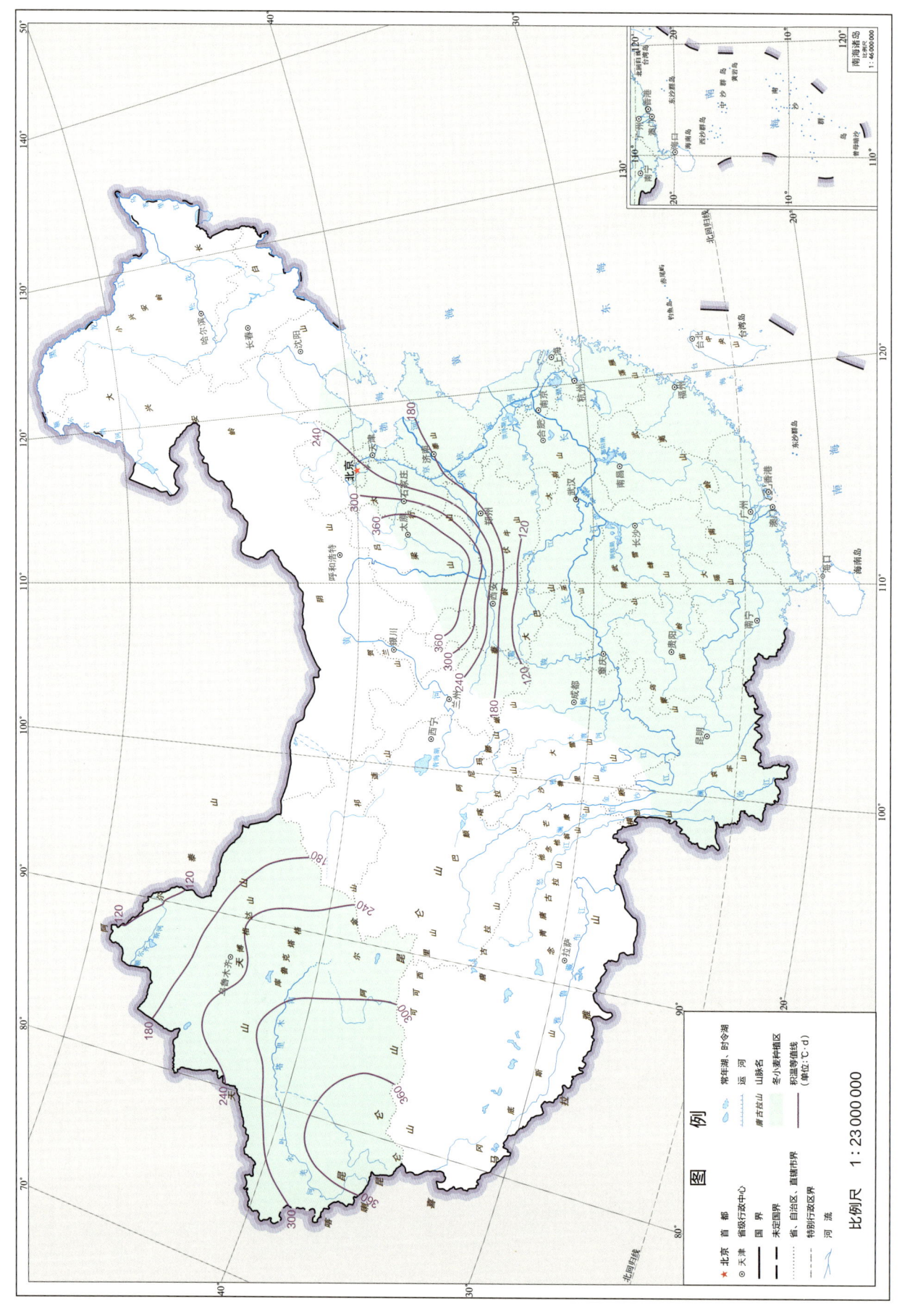

冬小麦返青期—拔节期≥0℃积温

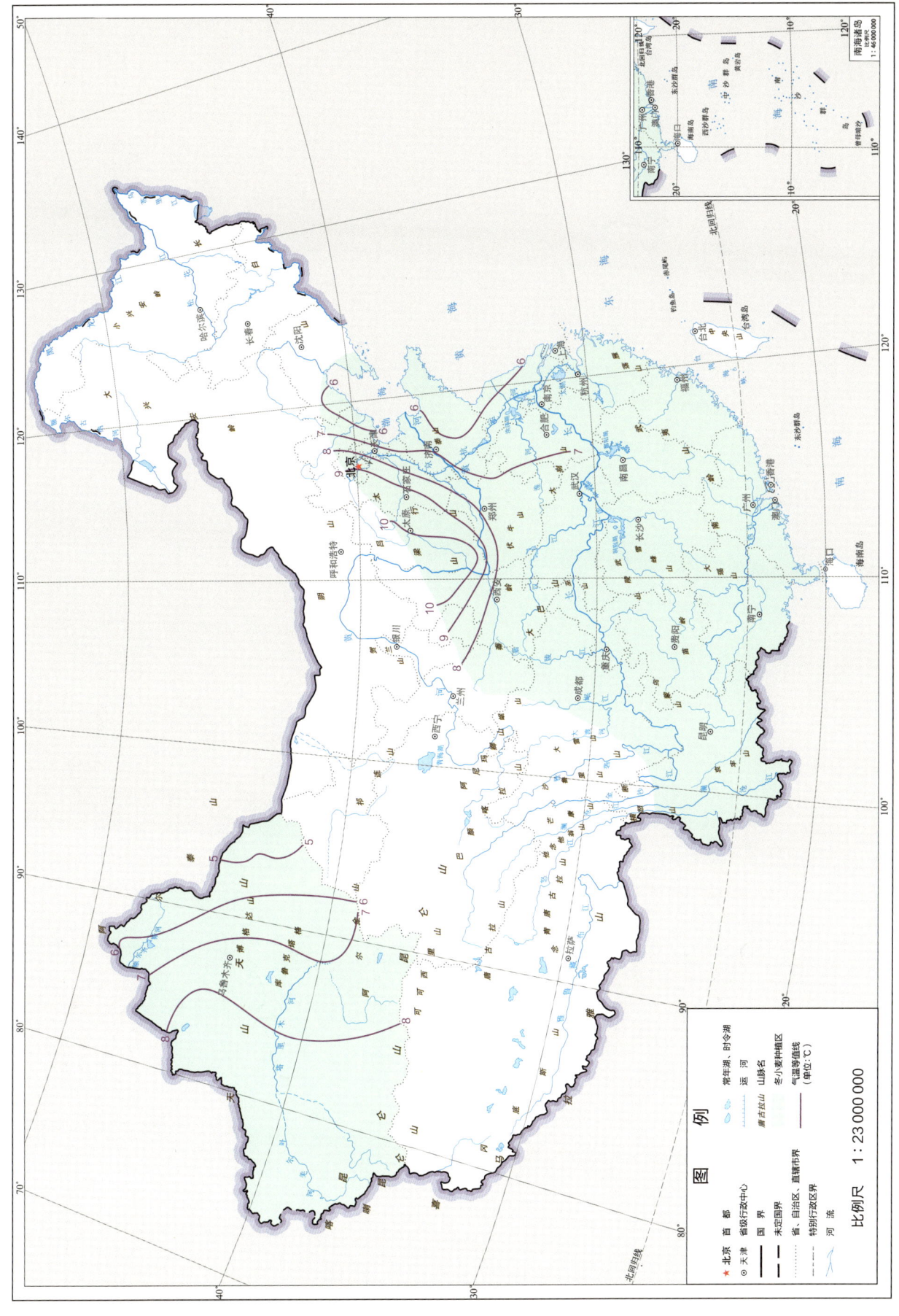

冬小麦返青期—拔节期平均气温

# 冬小麦返青期—拔节期极端最低气温

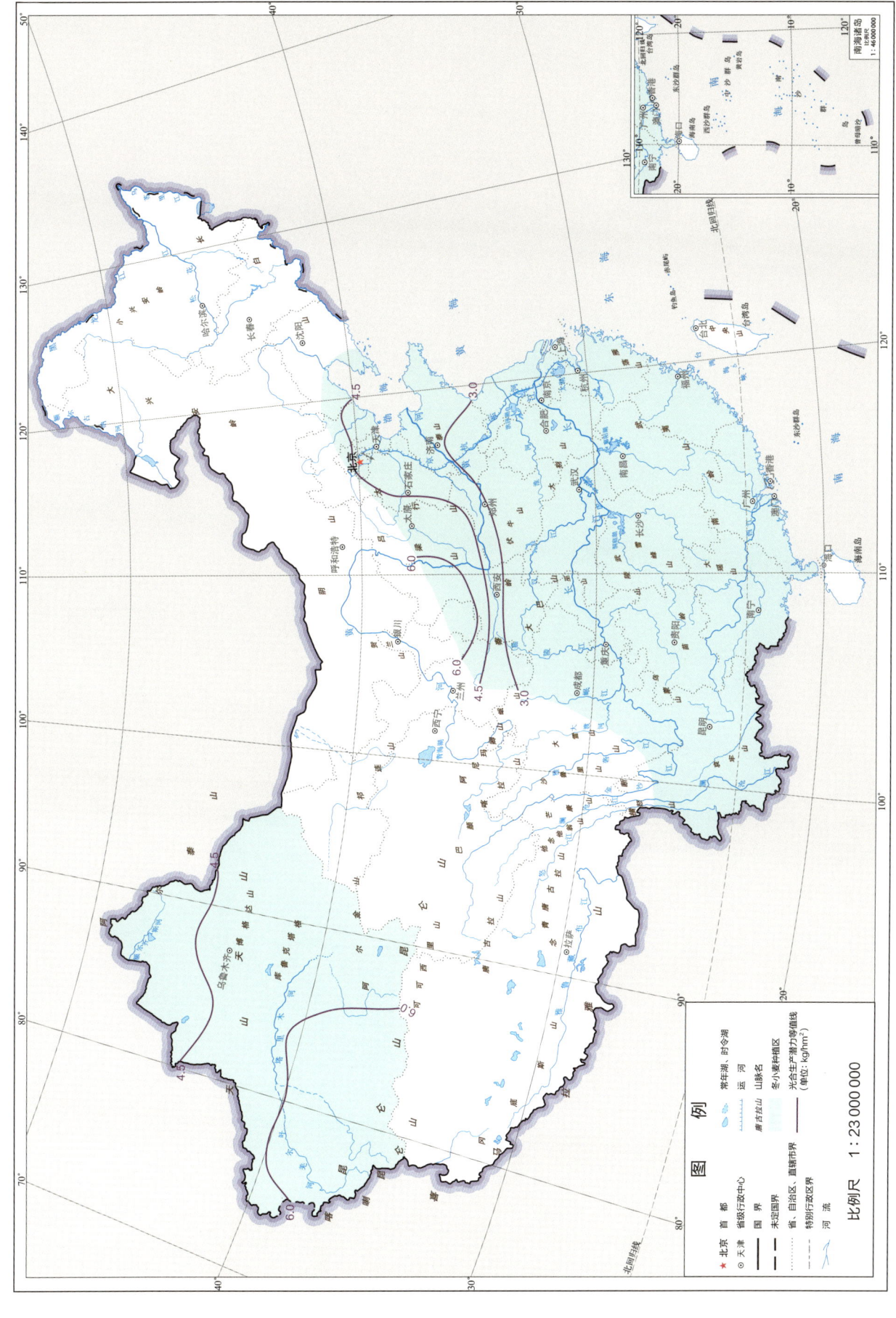

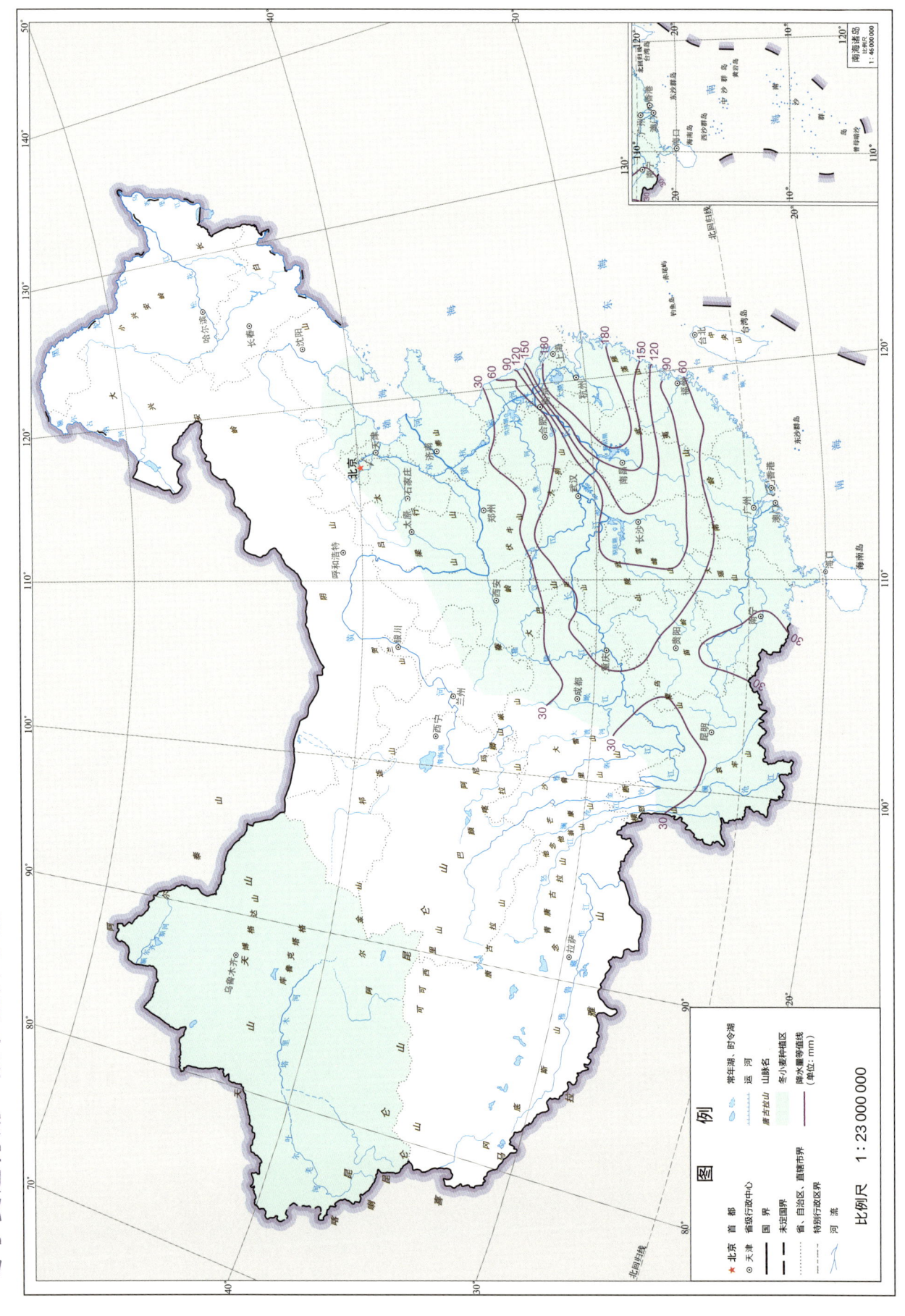

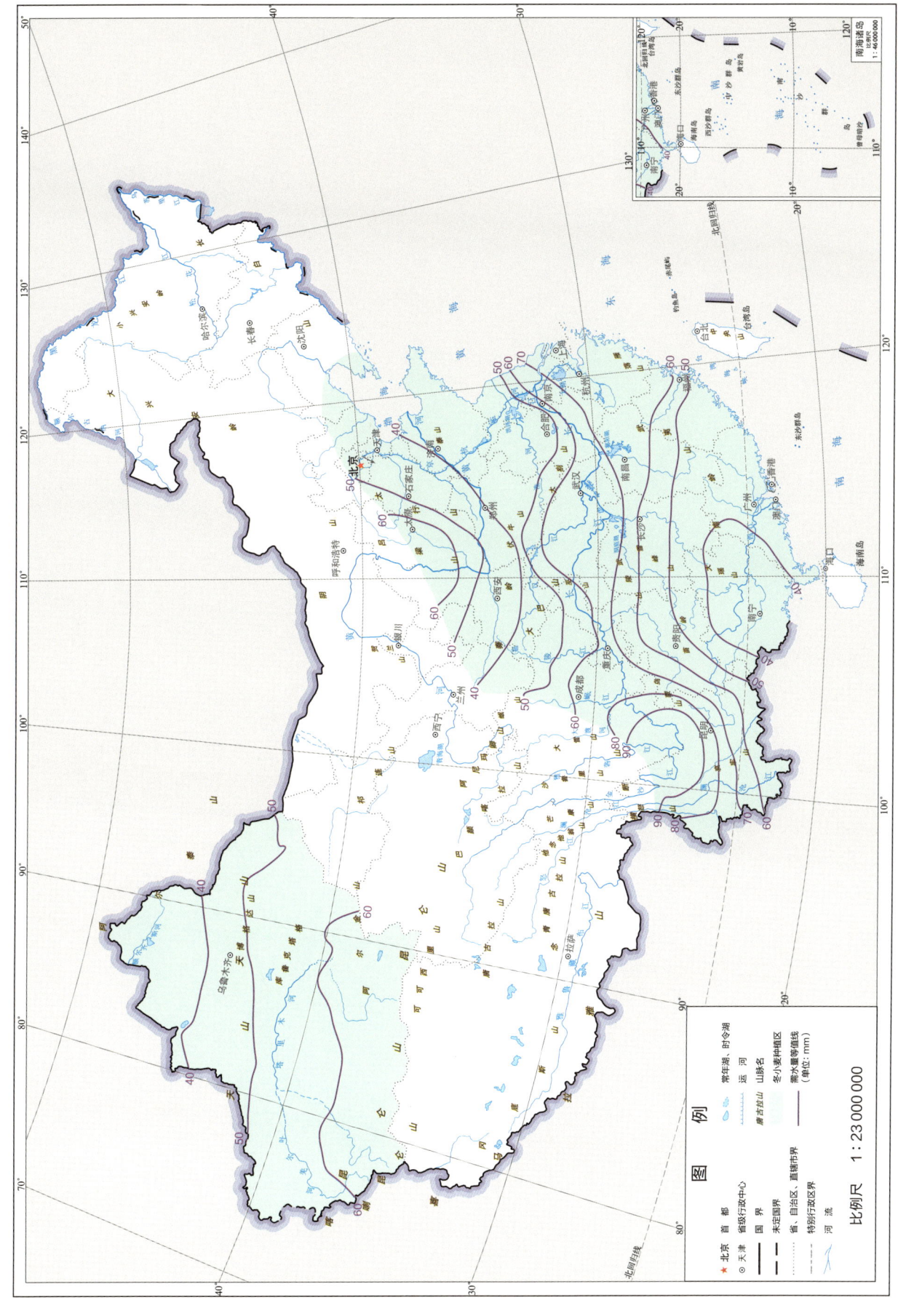
冬小麦返青期—拔节期需水量

冬小麦返青期—拔节期降水盈亏量

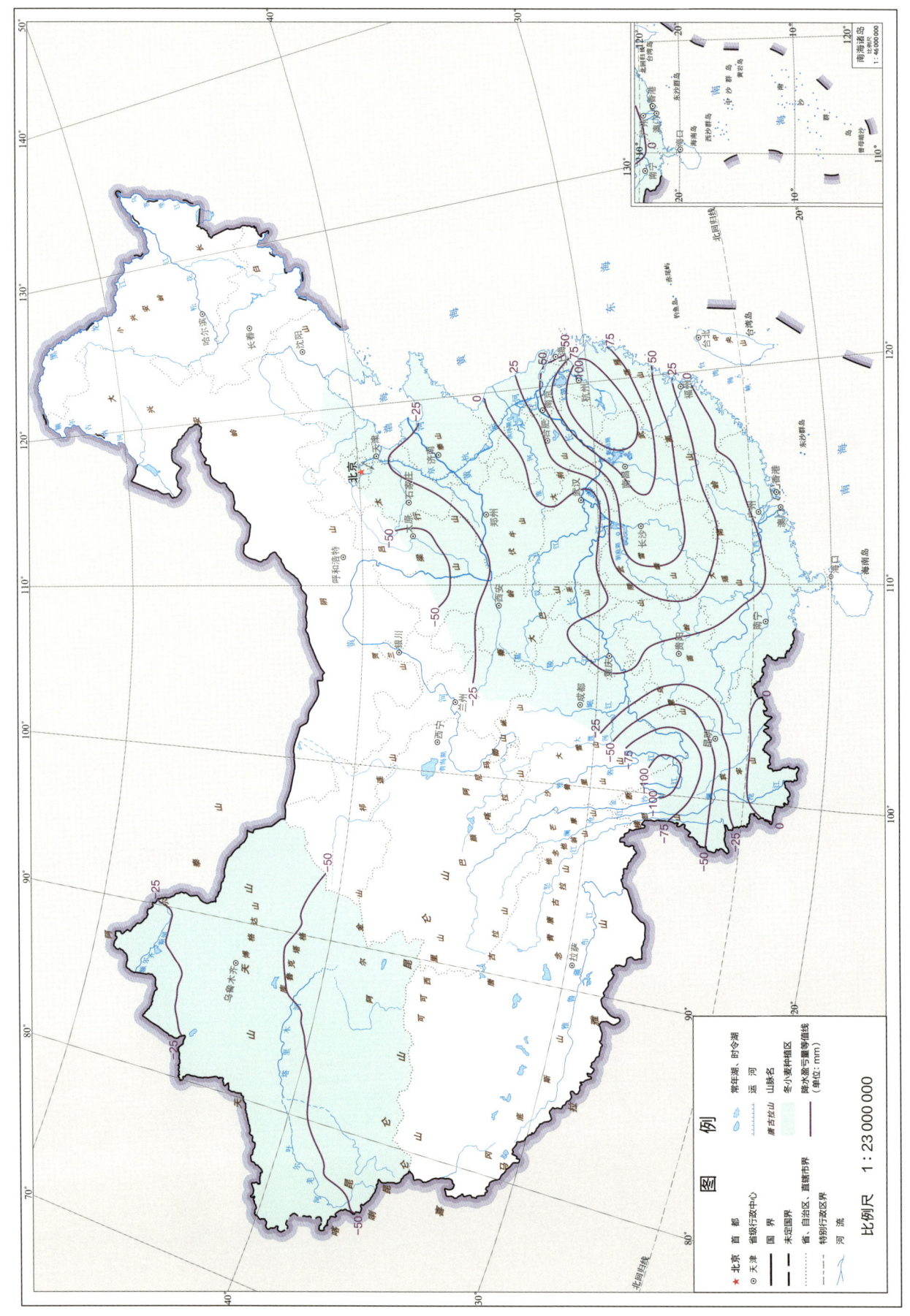

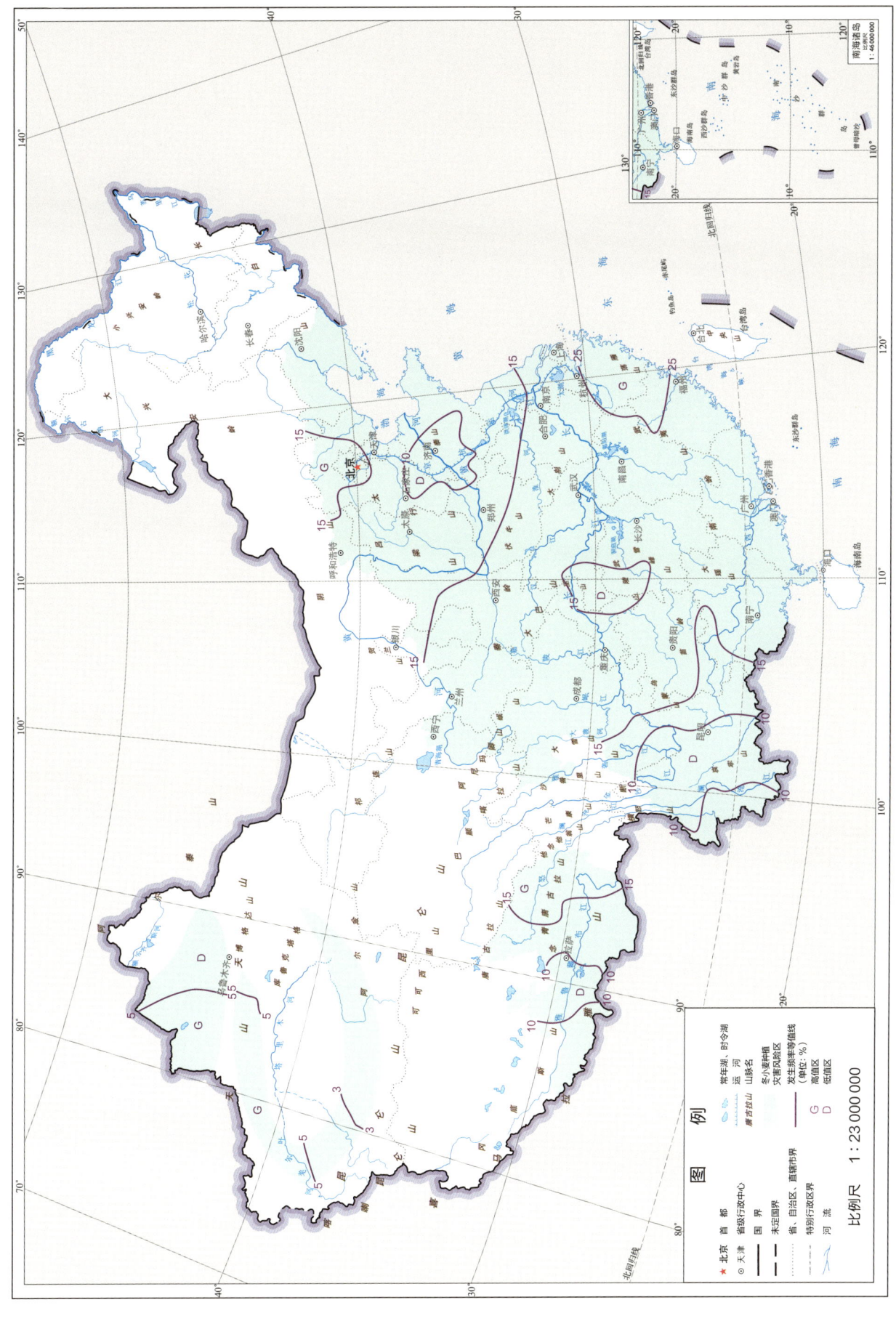

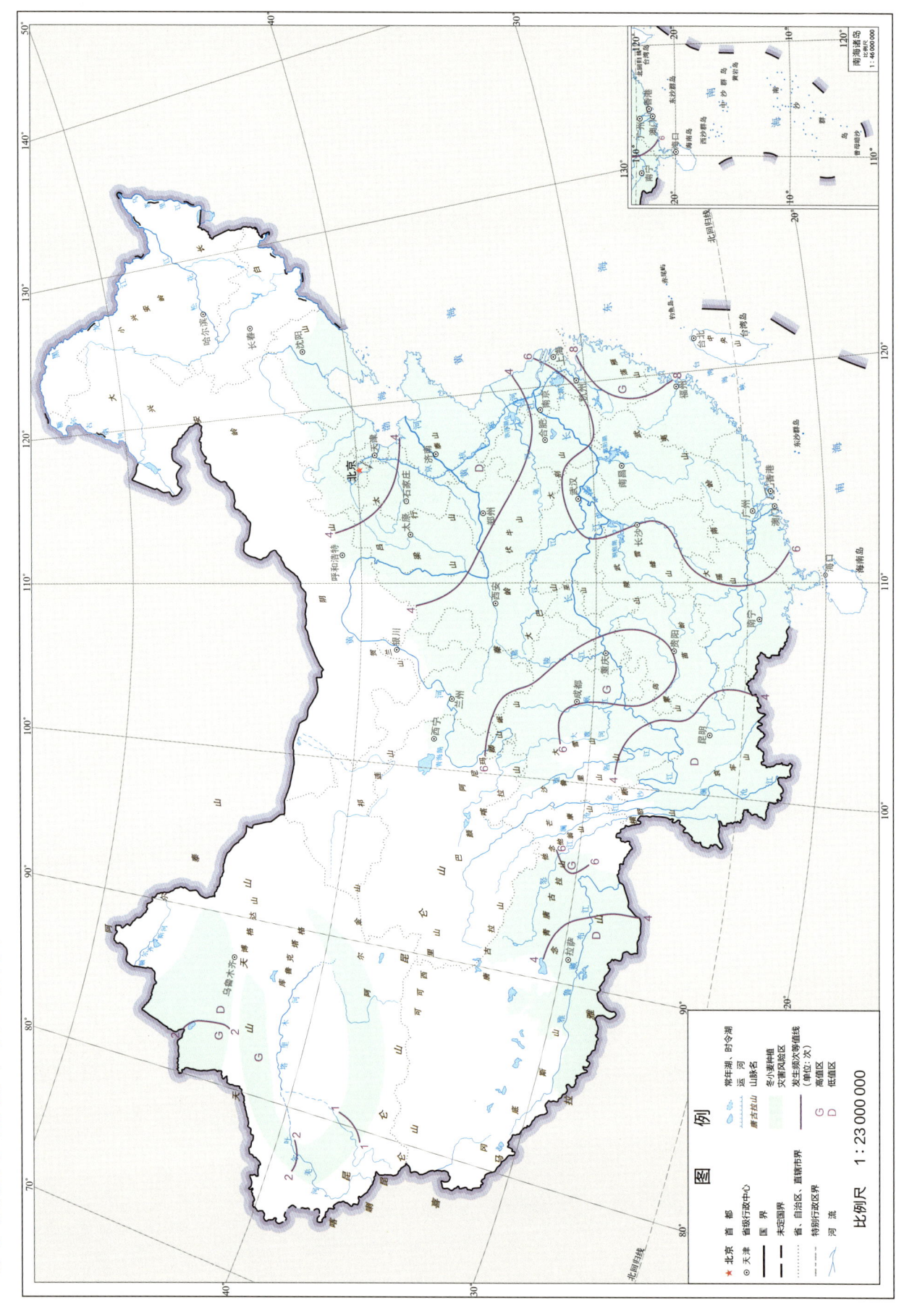

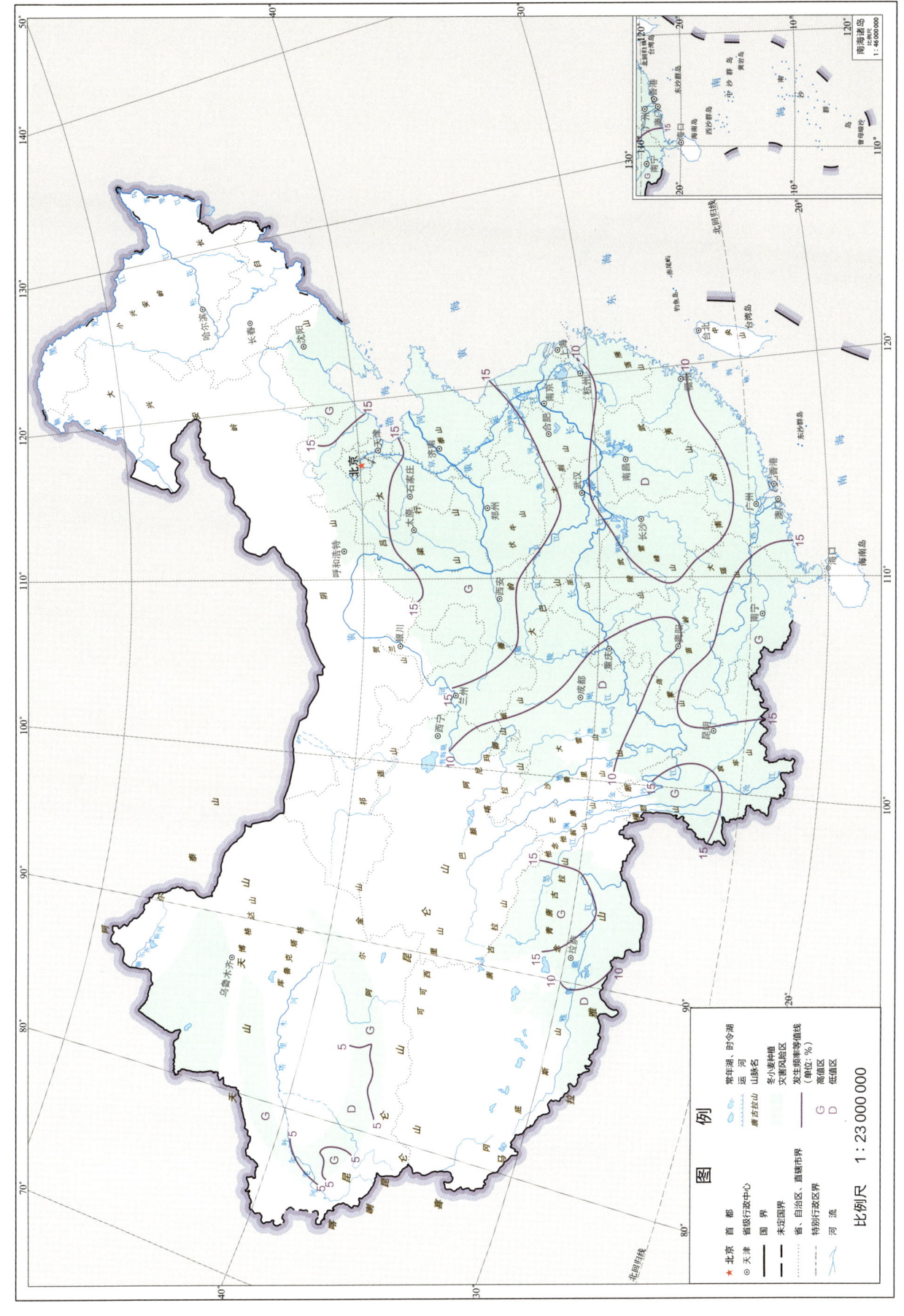

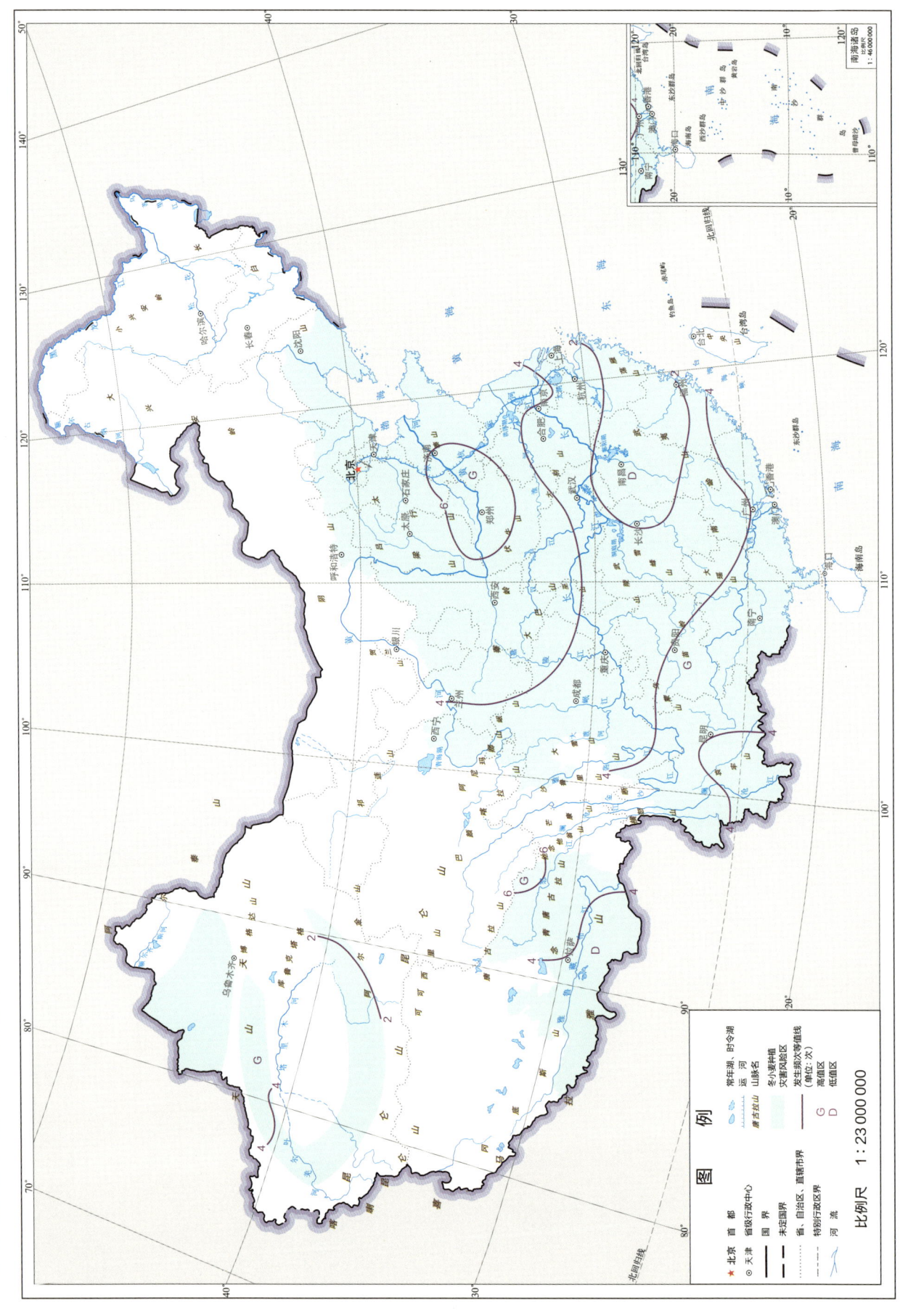

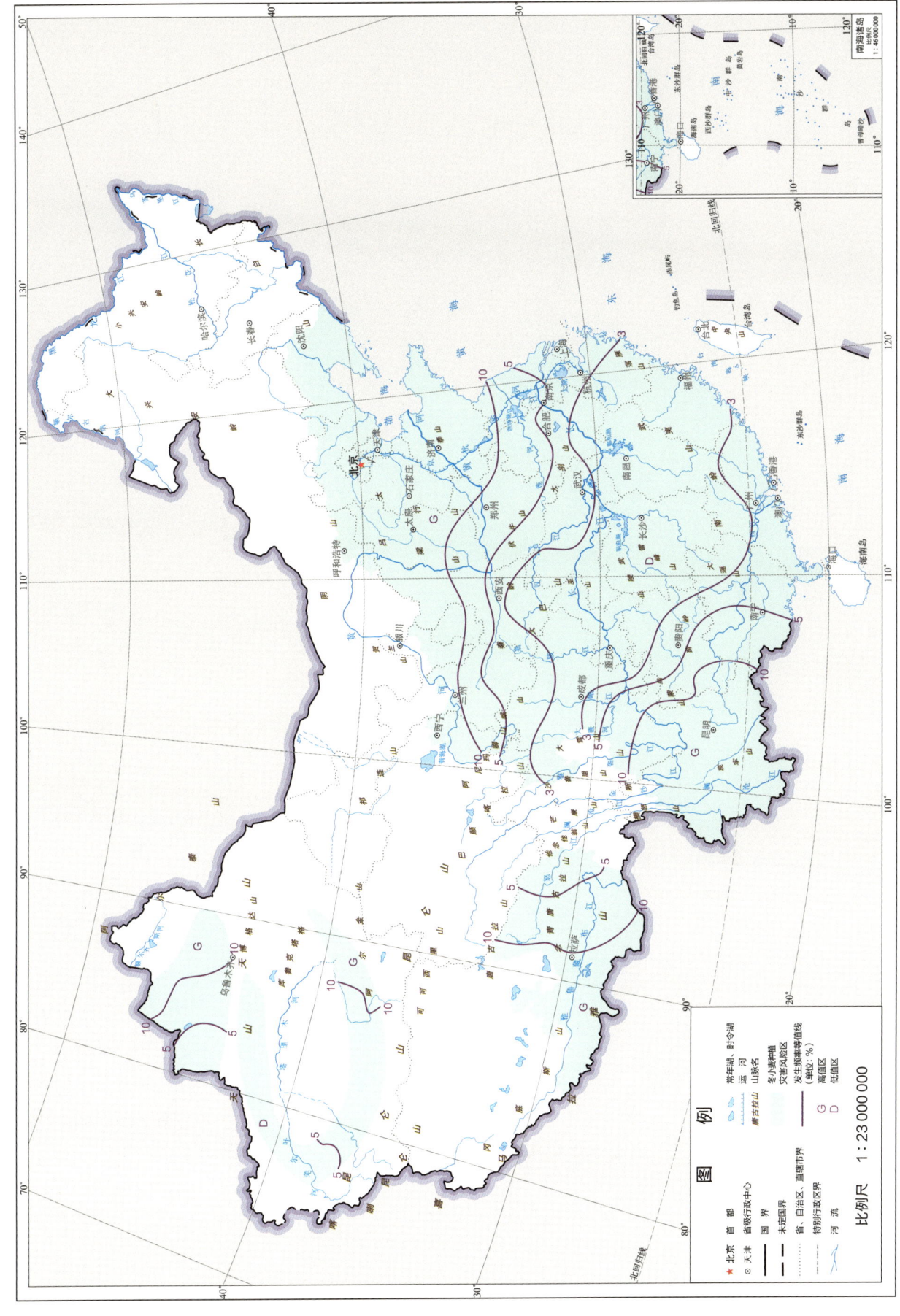

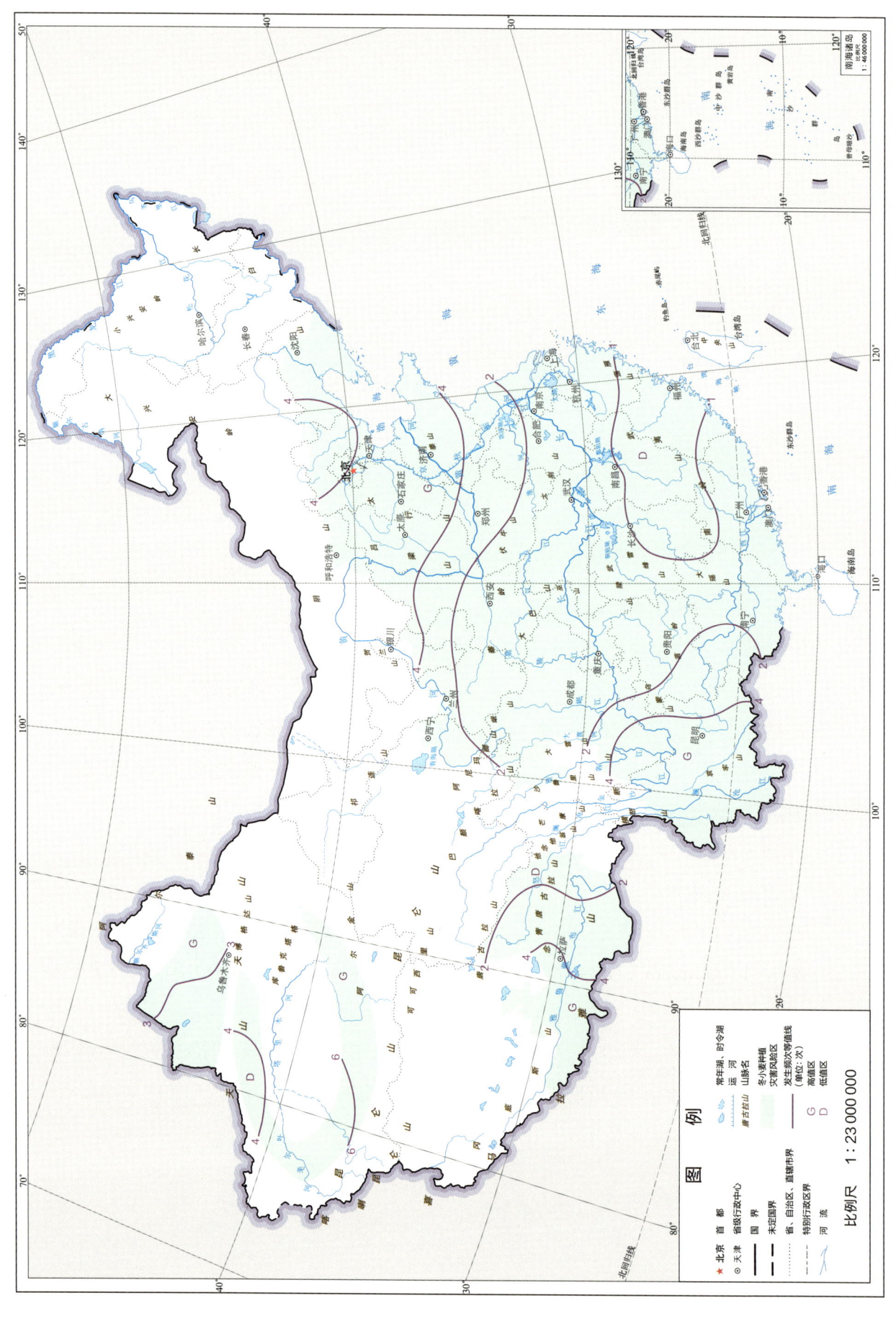

## 2.4 冬小麦拔节期—开花期日数、光、温、水和灾害相关数据说明

20世纪80年代，冬小麦拔节期和开花期各地区间差异较大。21世纪10年代，冬小麦拔节期、开花期由南向北逐渐延迟。与20世纪80年代相比，在辽宁丹东、营口以及山东东部地区，冬小麦拔节期变化不明显；而在秦岭—淮河以南地区，除了云南南部地区冬小麦拔节期提前10 d左右以外，其他地区普遍推迟7～10 d。在山东东部地区，冬小麦开花期提前7 d左右；而在秦岭—淮河以南地区，冬小麦开花期变化比较复杂，四川峨眉山地区推迟10 d左右，福建、广东、广西和云南则推迟10～30 d，其中云南南部地区尤为明显。冬小麦拔节期—开花期日数一般为40～60 d，北方地区较短，而南方地区较长，其中云南南部可达100 d。

冬小麦拔节期—开花期光照资源总体上呈现长江中下游地区为低值区，向北方和西南地区递增的空间分布格局。西南地区冬小麦拔节期—开花期的太阳总辐射量为600～1400 MJ/$m^2$，光合有效辐射量为300～600 MJ/$m^2$；华北平原大部分地区太阳总辐射量为600 MJ/$m^2$左右，光合有效辐射量为300 MJ/$m^2$左右，而长江中下游地区光合有效辐射量最低，为200 MJ/$m^2$左右。冬小麦拔节期—开花期日照时数在重庆南部和贵州北部地区最低，为100 h左右，云南大部地区为400～500 h，秦岭—淮河以北地区为200～300 h；新疆冬小麦区拔节期—开花期日照时数南部低于北部地区，博格达山以北>400 h。从冬小麦拔节期—开花期日照百分率来看，长江中下游地区以及广东、福建、浙江等地区最低，为20%～30%，西南地区为30%～70%，华北平原为30%～60%，新疆地区为60%～70%。

冬小麦拔节期—开花期不同热量指标的空间分布格局不同。冬小麦拔节期—开花期极端最高气温和极端最低气温的空间分布与平均气温基本一致，在湖北南部—湖南北部—贵州东北部地区最低，分别向秦岭—淮河以北和广东南部—广西南部—云南南部地区增加。

冬小麦拔节期—开花期光合生产潜力在新疆冬小麦区较高，为8~10 kg/hm$^2$，华北平原光合生产潜力为6 kg/hm$^2$左右，云南大部分地区＞6 kg/hm$^2$，其中云南南部地区＞10 kg/hm$^2$；其他区域冬小麦拔节期—开花期光合生产潜力为4~6 kg/hm$^2$。

冬小麦拔节期—开花期水资源具有明显的南北差异，南方降水量较北方丰沛。长江流域以南大部分地区降水量＞100 mm，但云南北部地区＜40 mm，降水量高值中心在江西中北部地区，＞240 mm；秦岭—淮河以北地区，包括华北平原以及山西、陕西等地区，降水量＜40 mm。冬小麦拔节期—开花期需水量空间分布特点与降水量相反，长江中下游地区需水量较低，为80~100 mm，而秦岭—淮河以北以及西南地区需水量较高，＞100 mm，其中云南南部地区需水量达180 mm；新疆冬小麦区需水量为160~180 mm。由于长江中下游地区降水量较多，需水量较少，该地区处于降水盈余状态，江西中北部地区盈余量＞150 mm，而秦岭—淮河以北以及西南地区呈水分亏缺状态，部分地区亏缺量＞100 mm。

# 21世纪10年代冬小麦开花期

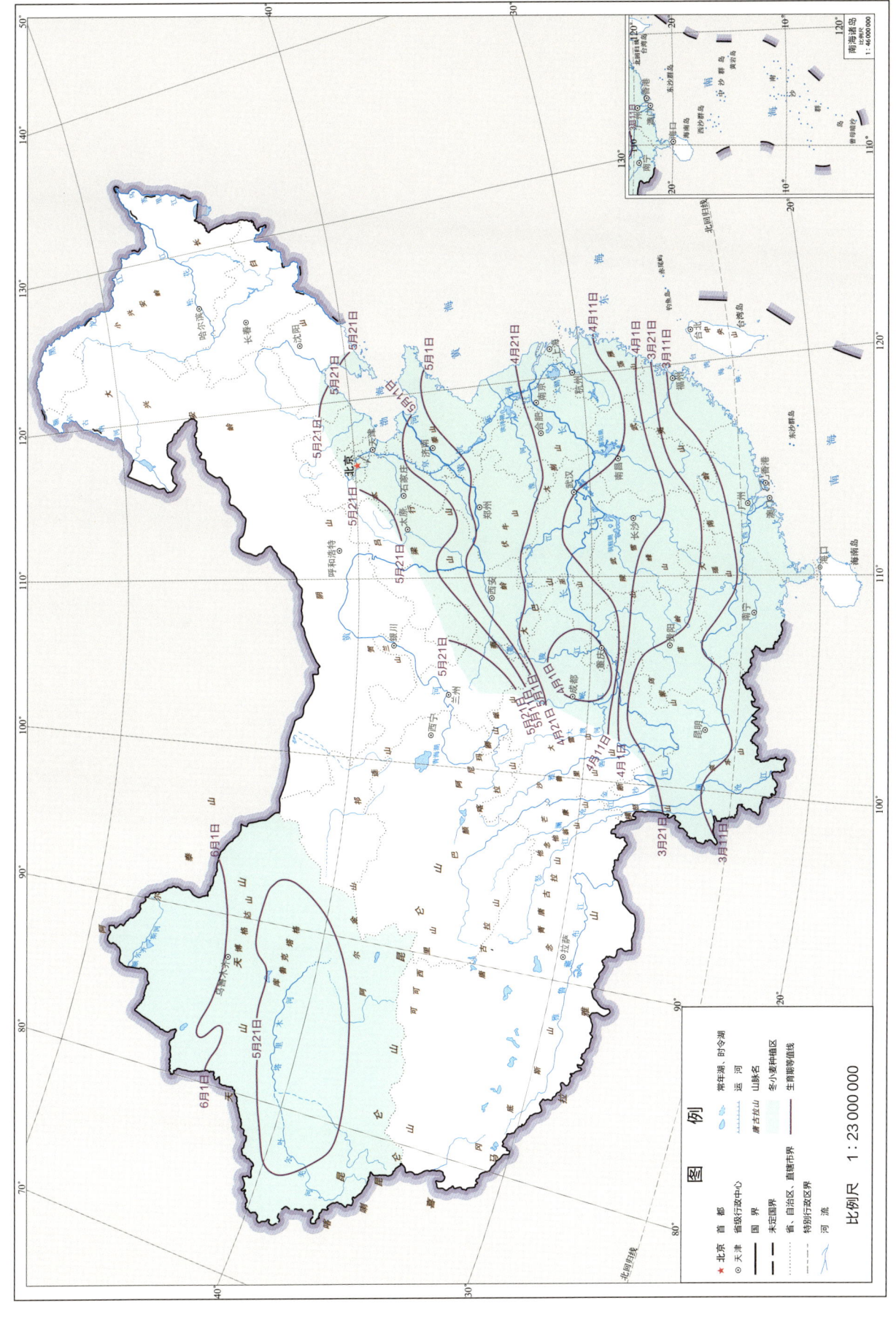

2 冬小麦

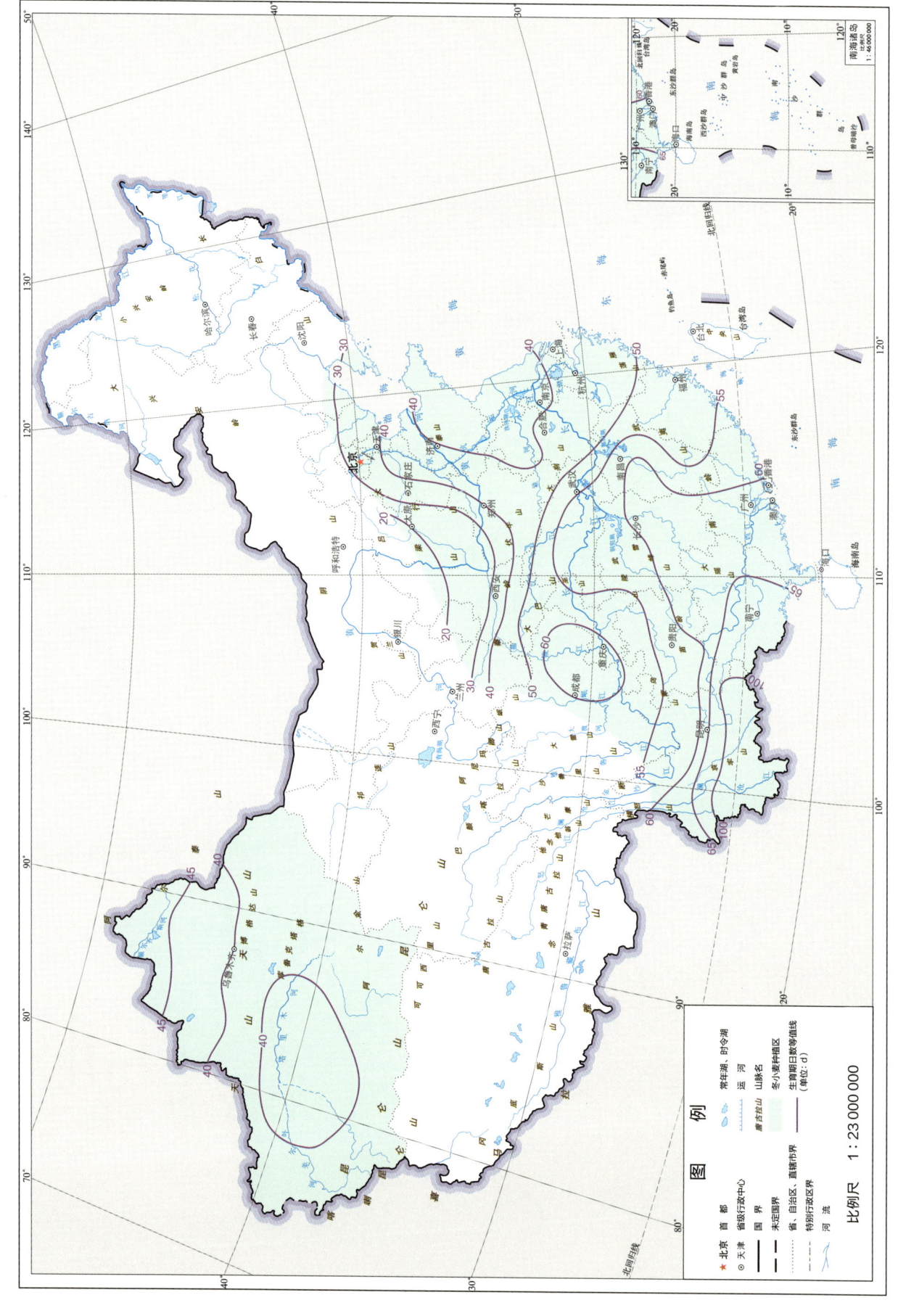

21世纪10年代冬小麦拔节期—开花期日数

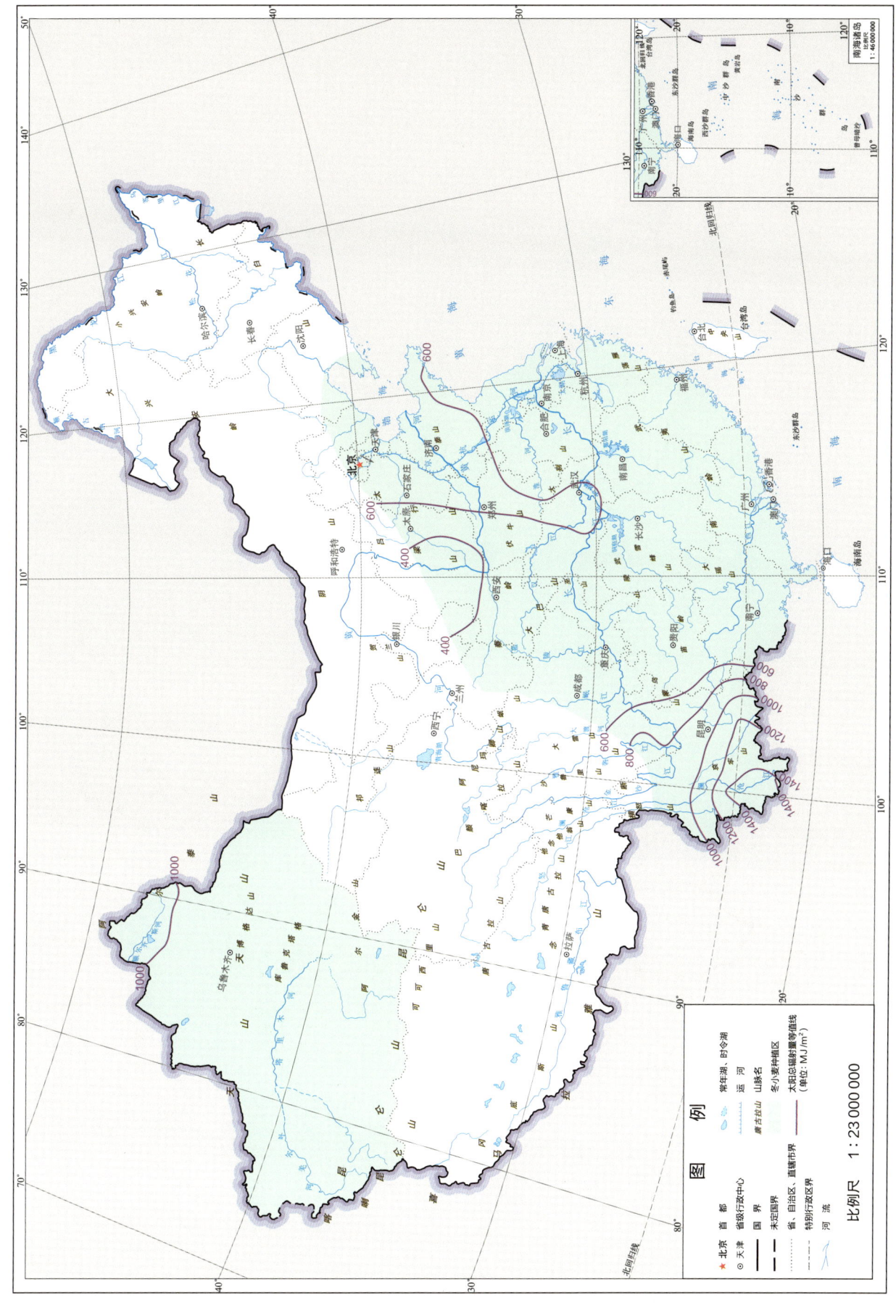
冬小麦拔节期—开花期太阳总辐射量

冬小麦拔节期—开花期光合有效辐射量

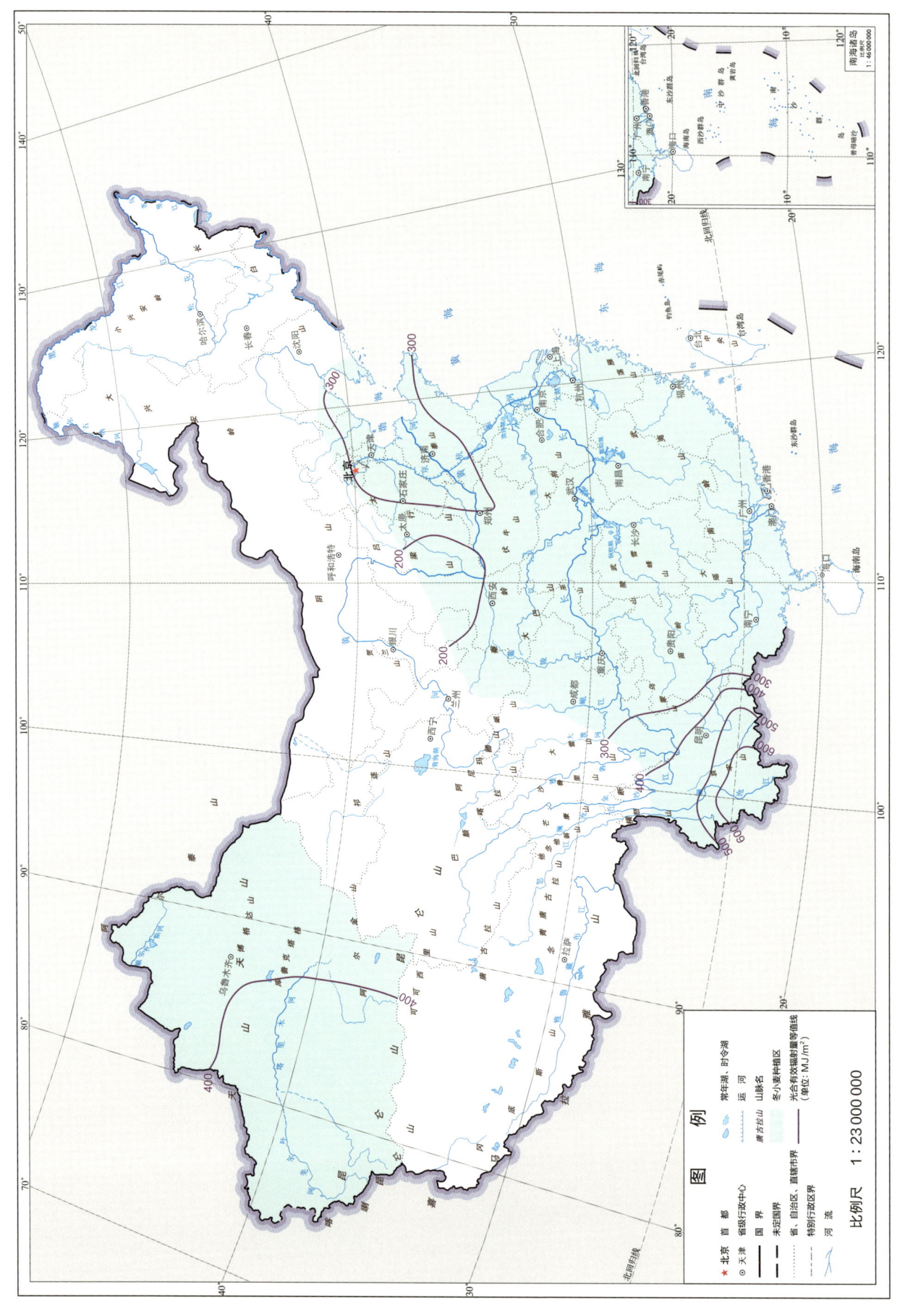

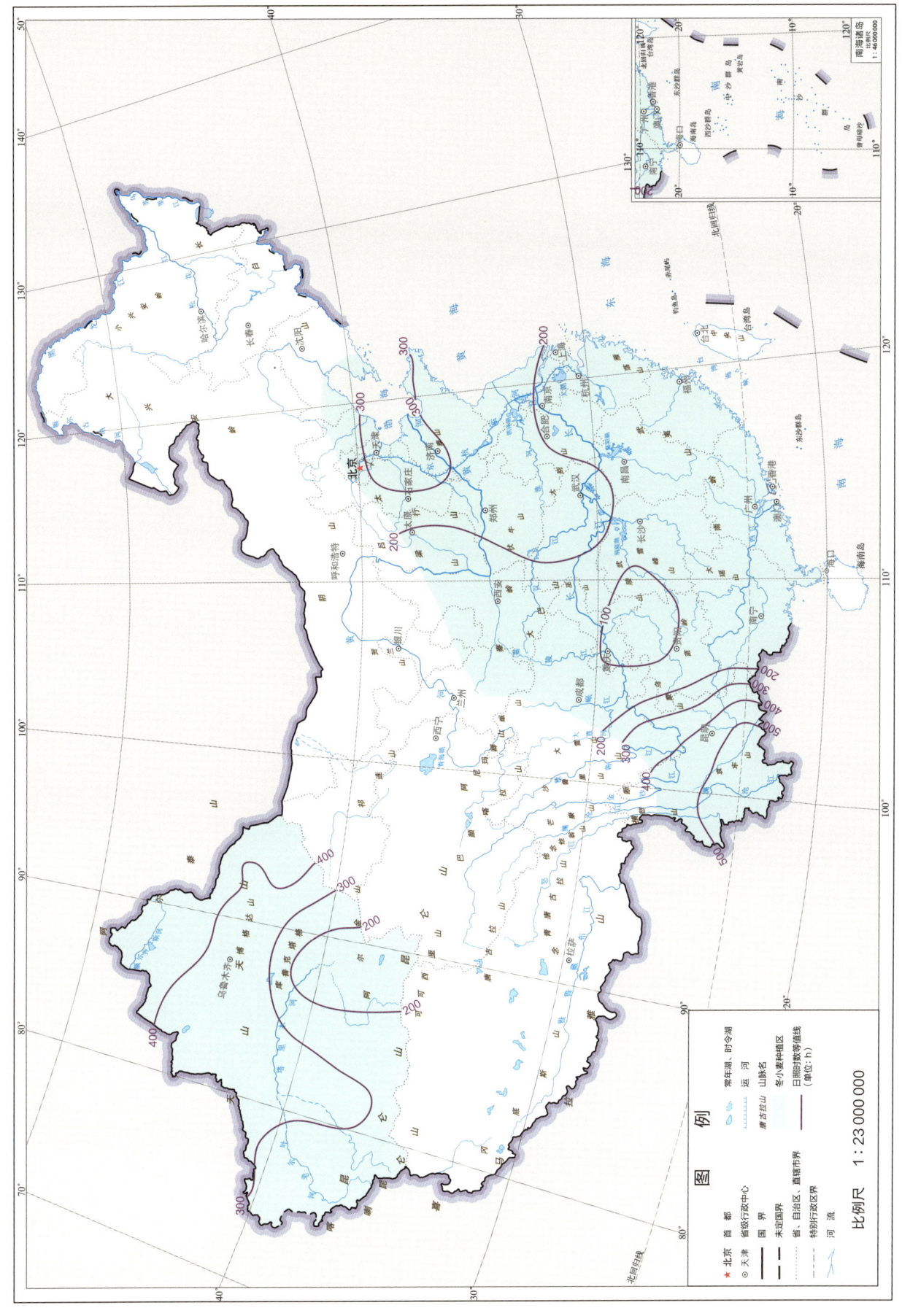

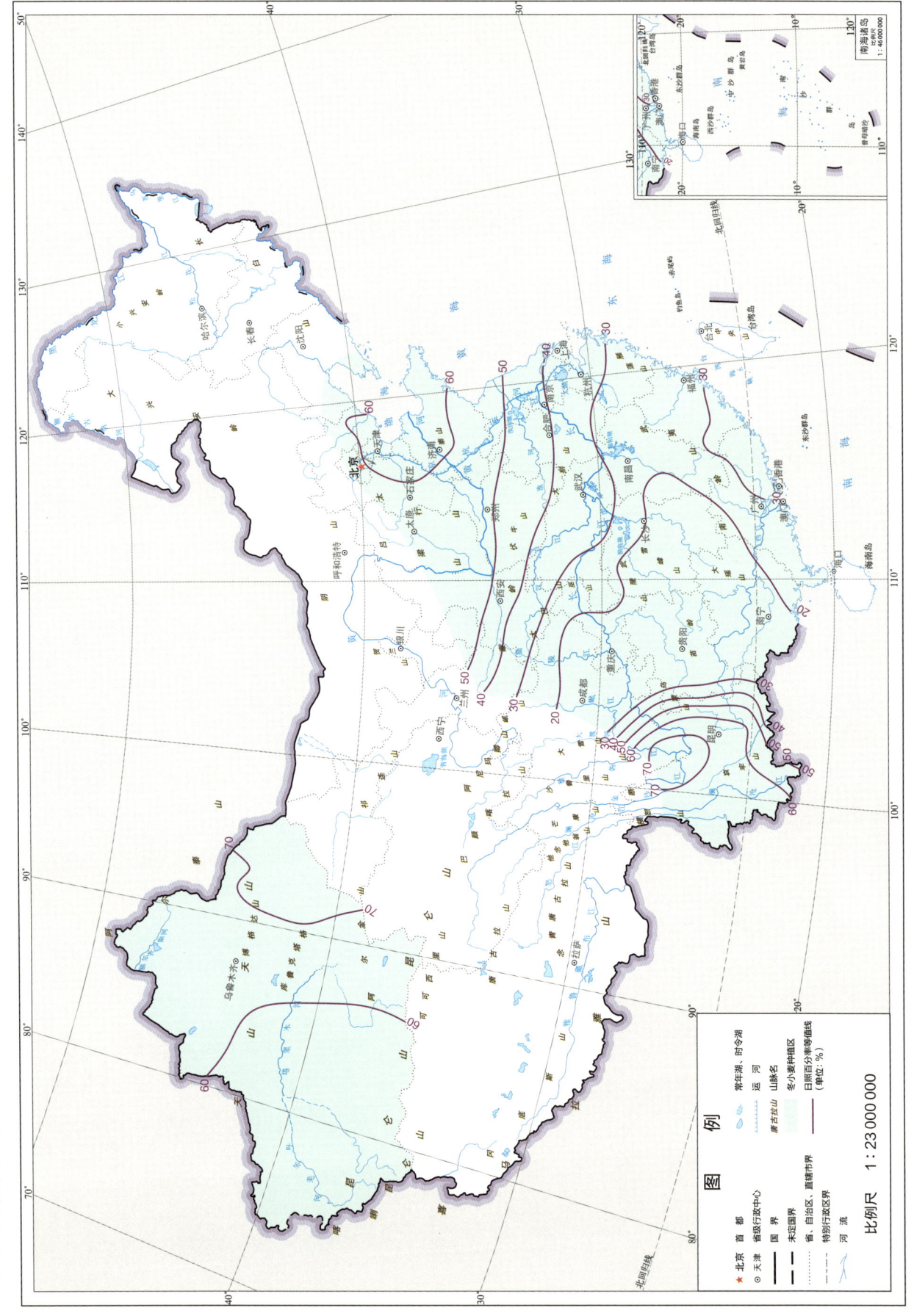

冬小麦拔节期—开花期日照百分率

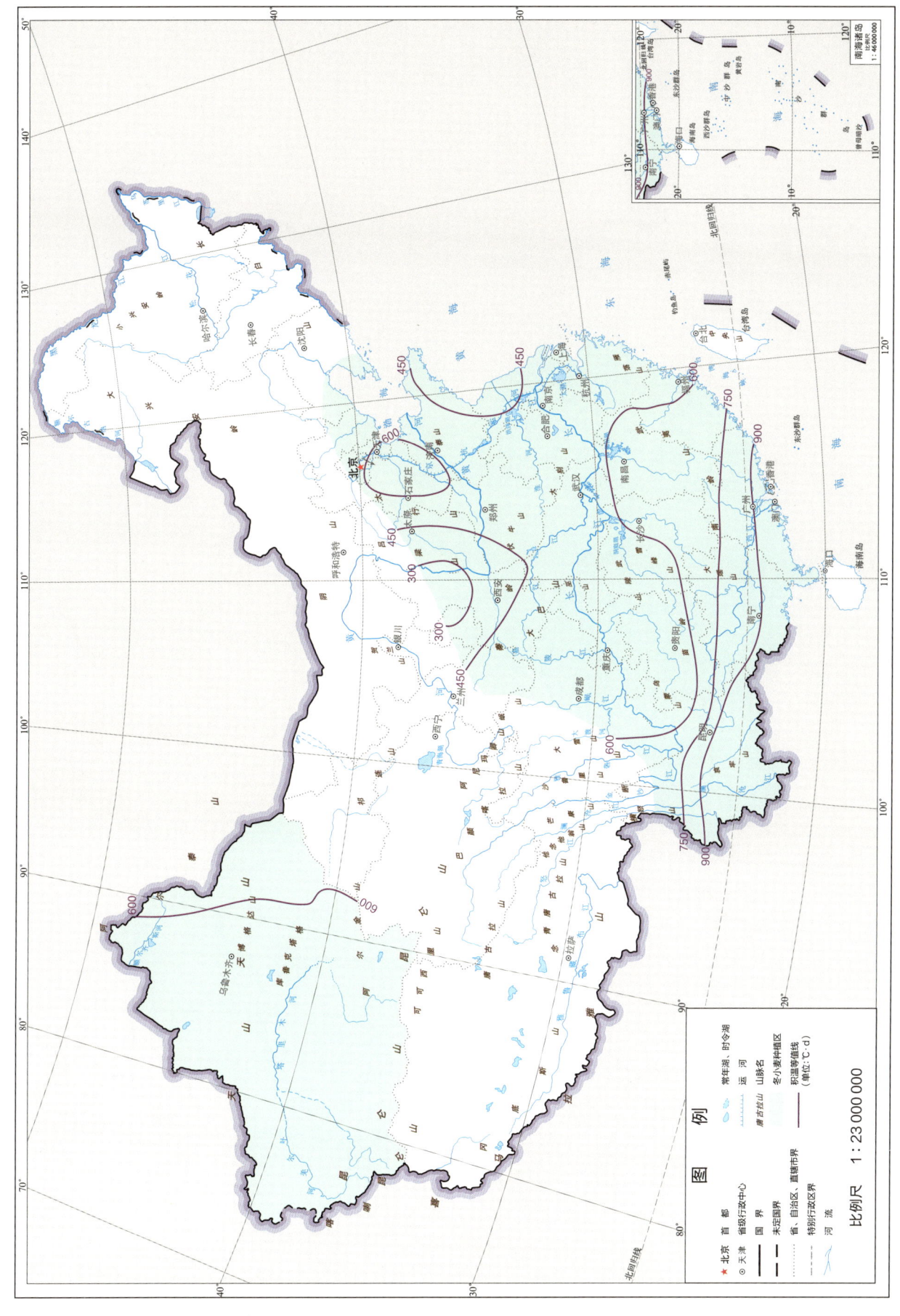

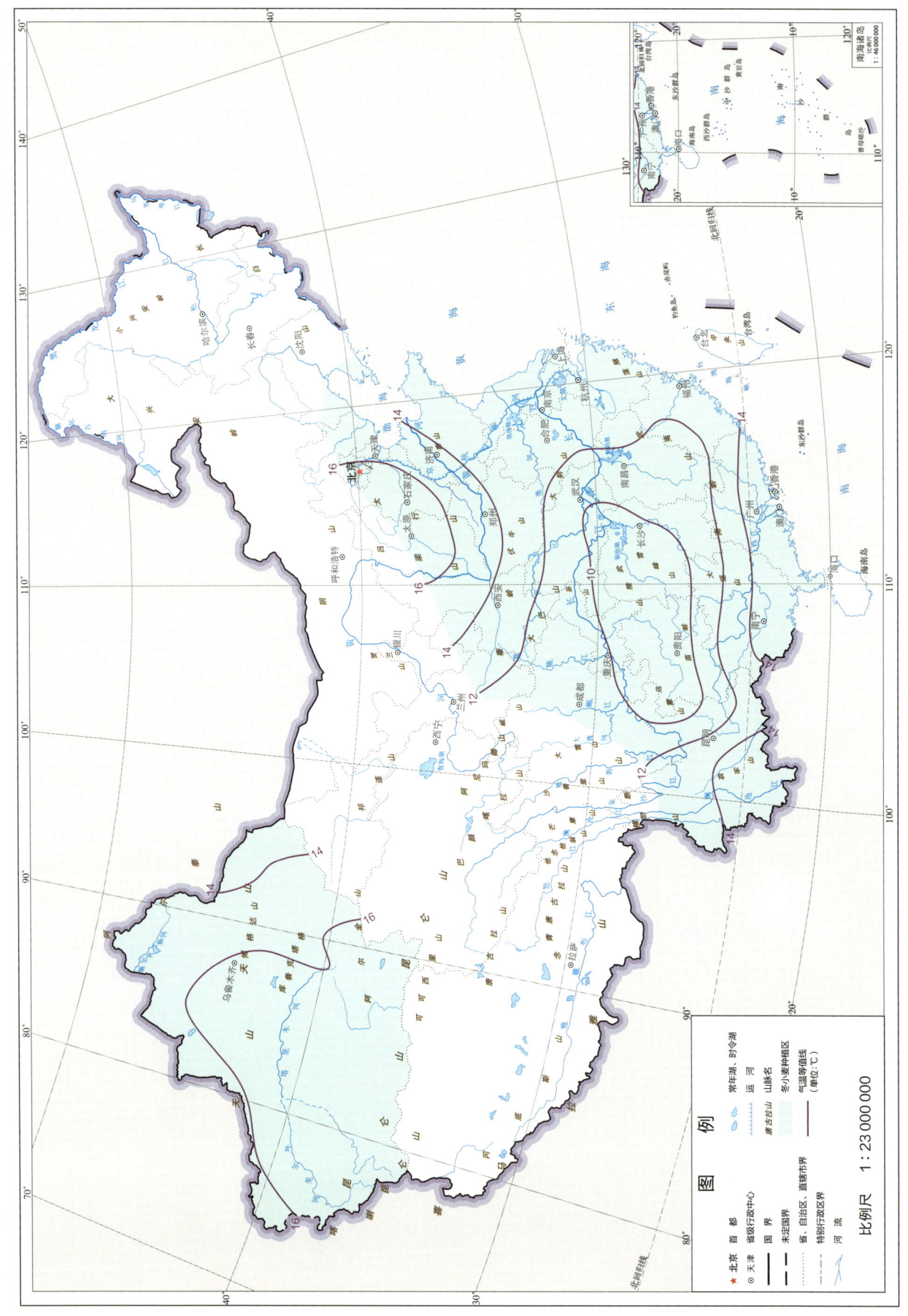

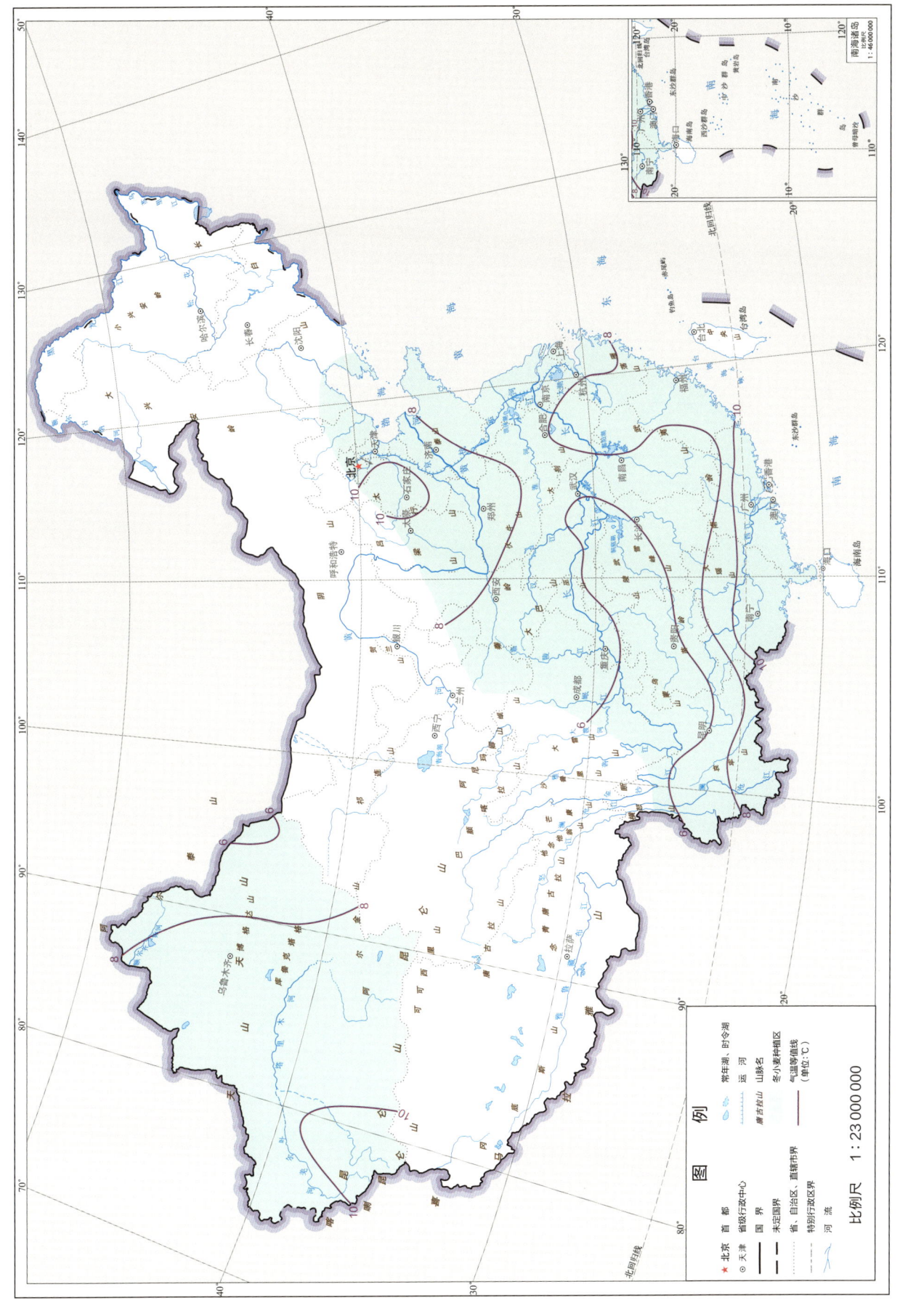
冬小麦拔节期—开花期极端最低气温

冬小麦拔节期—开花期光合生产潜力

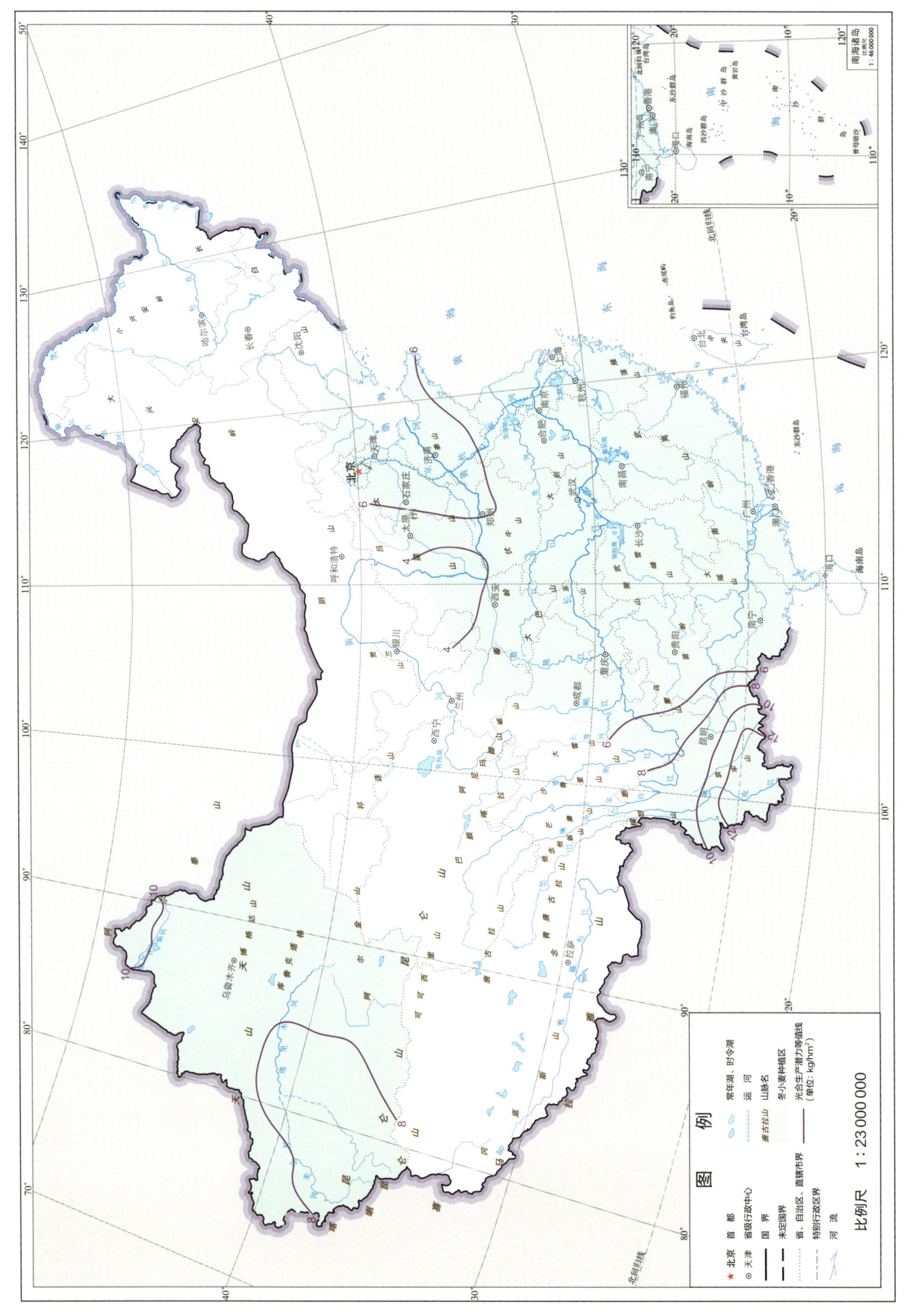

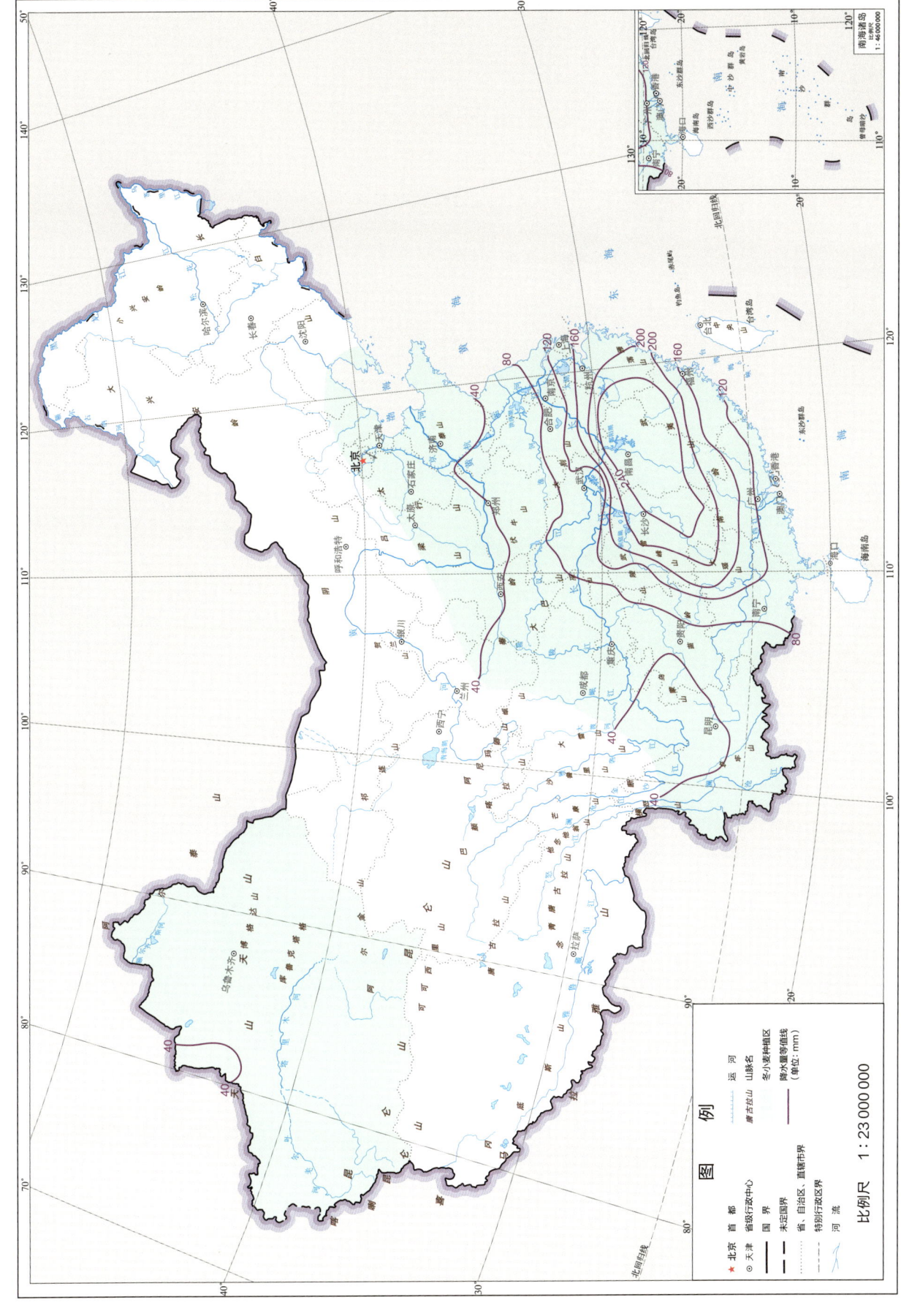
冬小麦拔节期—开花期降水量

## 冬小麦拔节期—开花期需水量

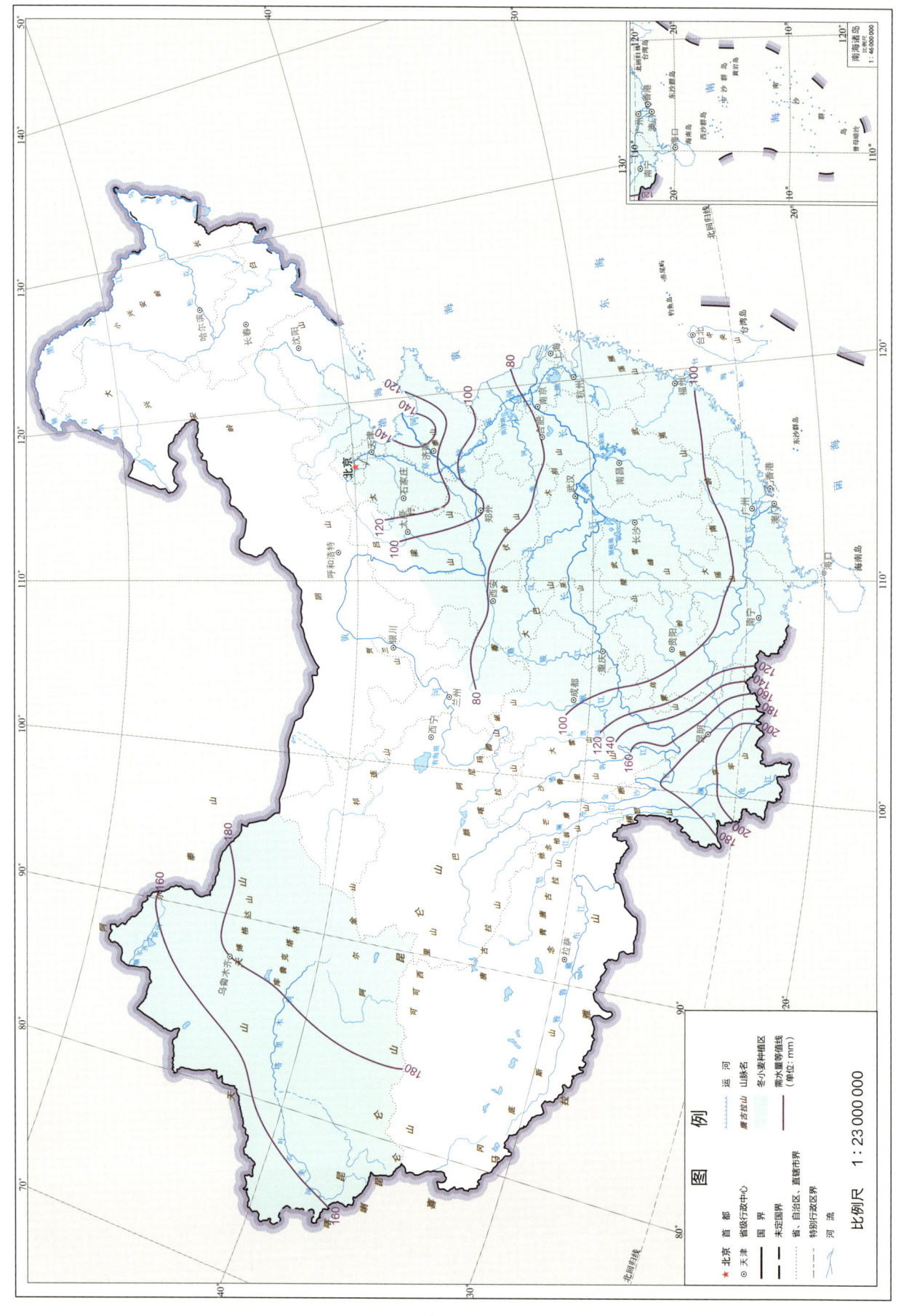

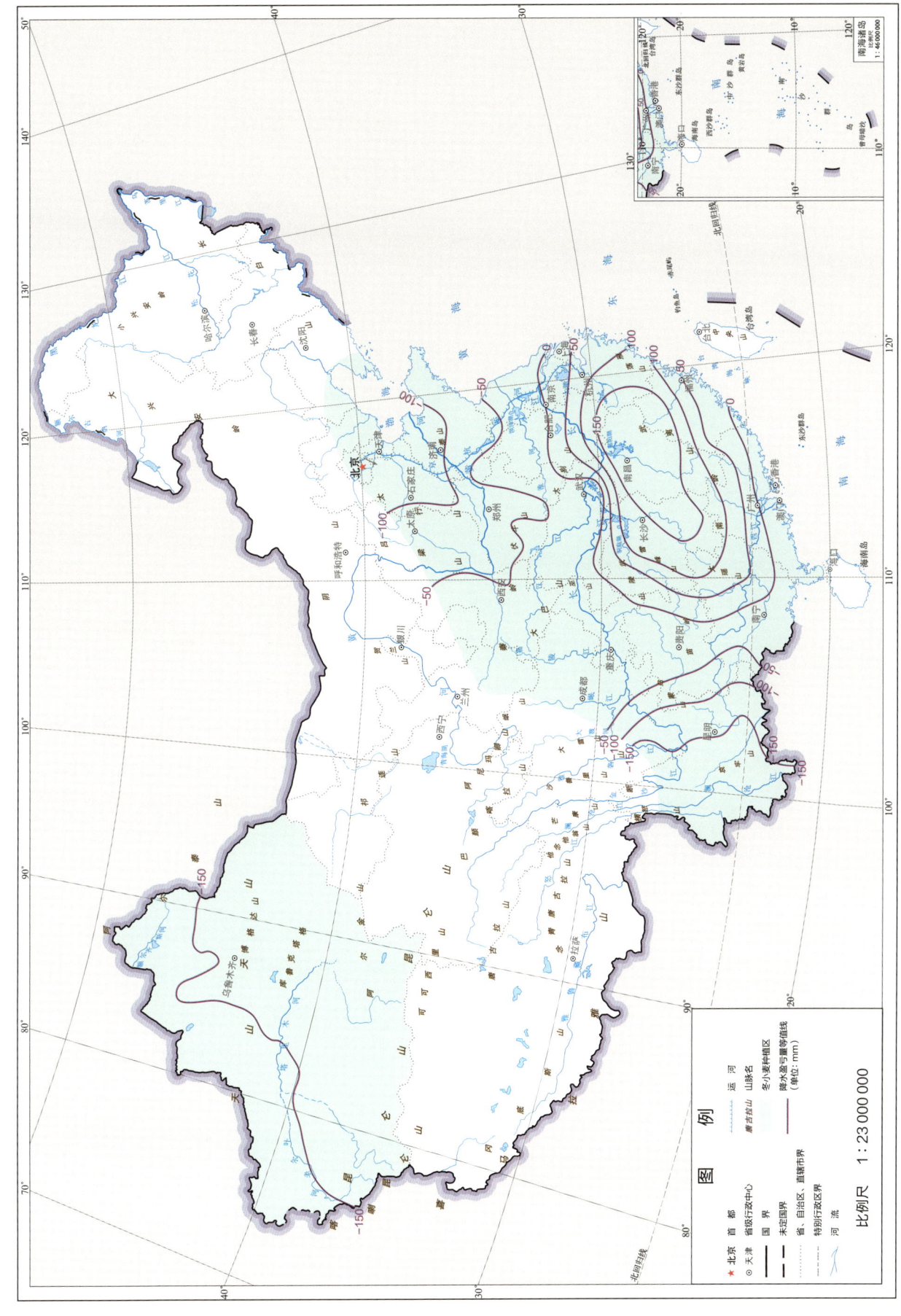

# 2.5 冬小麦开花期—成熟期日数、光、温、水和灾害相关数据说明

20世纪80年代，冬小麦成熟期各地区差异较大，南方地区冬小麦成熟期比北方地区早2~4个月。21世纪10年代，冬小麦开花期和成熟期由南向北逐渐延迟，北方地区冬小麦成熟期要比南方地区晚2~3个月。与20世纪80年代相比，在山东东部地区，冬小麦开花期提前7 d左右；而在秦岭—淮河以南地区，冬小麦开花期变化比较复杂，四川峨眉山地区推迟10 d左右，福建、广东、广西和云南则推迟10~30 d，其中云南南部地区尤为明显；华南地区冬小麦成熟期推迟20 d左右，其他地区变化幅度不大。冬小麦开花期—成熟期日数一般为30~50 d，但青藏高原冬小麦开花期—成熟期较长，>60 d。

冬小麦开花期—成熟期光照资源呈西北、西南高，其他区域随纬度增加而递增的空间分布特点。太阳总辐射量在长江流域以北地区>600 MJ/m$^2$，长江流域以南地区<600 MJ/m$^2$，陕西和云南两省是太阳总辐射量高值区域，>800 MJ/m$^2$；新疆冬小麦区开花期—成熟期太阳总辐射量在天山以北地区为800 MJ/m$^2$左右，以南地区在600 MJ/m$^2$左右。冬小麦开花期—成熟期光合有效辐射量在长江流域以南地区<250 MJ/m$^2$，而长江流域以北地区>300 MJ/m$^2$，陕西北部和云南大部地区>400 MJ/m$^2$；新疆冬小麦区光合有效辐射量在天山以南地区<300 MJ/m$^2$，天山以北地区>300 MJ/m$^2$。冬小麦开花期—成熟期日照时数>240 h，日照百分率>30%，均以西南地区的数据较高，其他区域随纬度增加而增加，华北平原日照时数>240 h，日照百分率>50%。新疆冬小麦区日照时数随纬度增加而增加，天山以南大部分地区在200 h左右，而天山以北地区为300~400 h，日照百分率差异不大，为60%~70%。

冬小麦开花期—成熟期≥0℃积温呈脊状分布，由湘赣粤交界向其他区域逐渐减少。≥0℃积温在湘赣粤交界地区以及广西西北部为900℃·d左右，华北平原和沿海省份以及四川盆地＜780℃·d；新疆冬小麦区≥0℃积温大部分在600℃·d左右，差异不大。冬小麦开花期—成熟期平均气温空间分布较复杂，贵州六盘水以及四川宜宾一带平均气温最低，在16.5℃左右，向东逐渐增加，华北平原在21.0℃左右，华南地区在19.5℃左右。极端最高气温由南向北逐渐增加，秦岭—淮河以北地区＞26℃，长江流域以南大部分地区为22~24℃；极端最低气温在西南地区最低，云南大部以及四川南部地区均＜12℃，而东部大部分地区＞15℃。

冬小麦开花期—成熟期光合生产潜力北方地区高于南方地区，西南地区高于东南地区。华北平原光合生产潜力在6.0 kg/hm²左右，陕西大部分地区＞7.5 kg/hm²，陕西延安达9.0 kg/hm²左右；长江流域以南大部分地区＜6.0 kg/hm²，广东和广西地区＜4.5 kg/hm²，而云南大部分地区光合生产潜力水平与陕西相当，部分地区甚至＞9.0 kg/hm²。

冬小麦开花期—成熟期降水量由长江中下游以南地区分别向西南和华北逐渐减少，鄱阳湖流域在300 mm左右，而华北平原以及西南地区则＜100 mm，其中河北南部和云南大部均＜50 mm。冬小麦需水量空间分布特点与降水量相反，北方地区和西南地区需水量较高，其中陕西北部和云南大部分地区需水量＞160 mm；而长江中下游地区和南方地区需水量偏低，为110~120 mm；新疆冬小麦区需水量由西南向东北逐渐增加，塔里木河以南地区需水量在140 mm左右，而天山以北地区＞170 mm。由于冬小麦开花期—成熟期长江中下游地区以及南方地区降水量丰沛而需水量较少，该区域降水呈现出盈余状态，而华北地区和西南地区则存在100 mm左右的水分亏缺；新疆冬小麦区降水量亏缺空间差异不大，在150 mm左右。

以5月1日—5月20日日平均气温≥24℃为指标，冬小麦灌浆结实期高温灾害南方发生的频率高于北方，长江流域以南大部分地区发生频率＞80%，平均发生高温灾害事件次数＞25次，而秦岭—淮河以北大部分地区和西南地区＜50%，发生次数为15~25次。

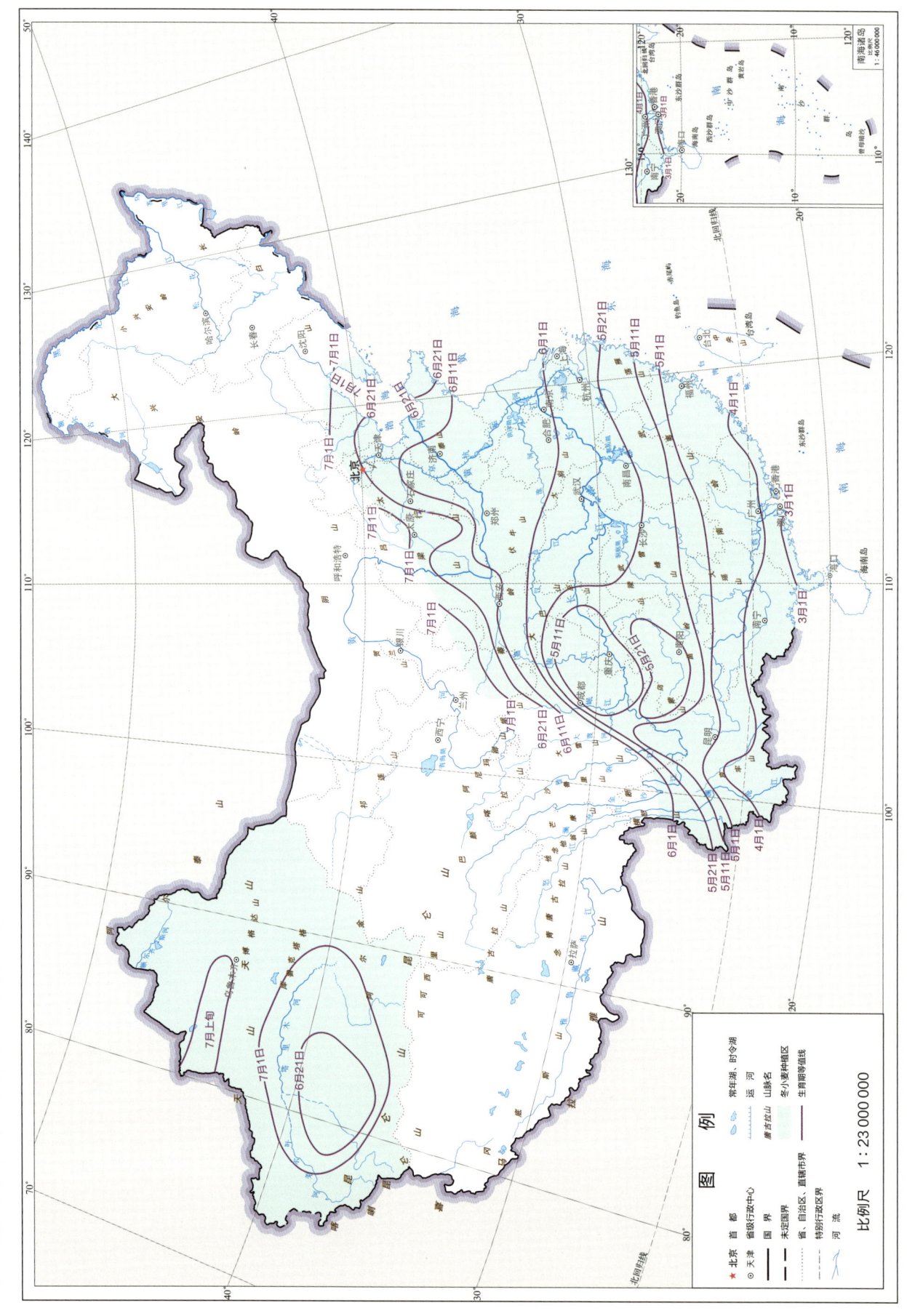

# 21世纪10年代冬小麦成熟期

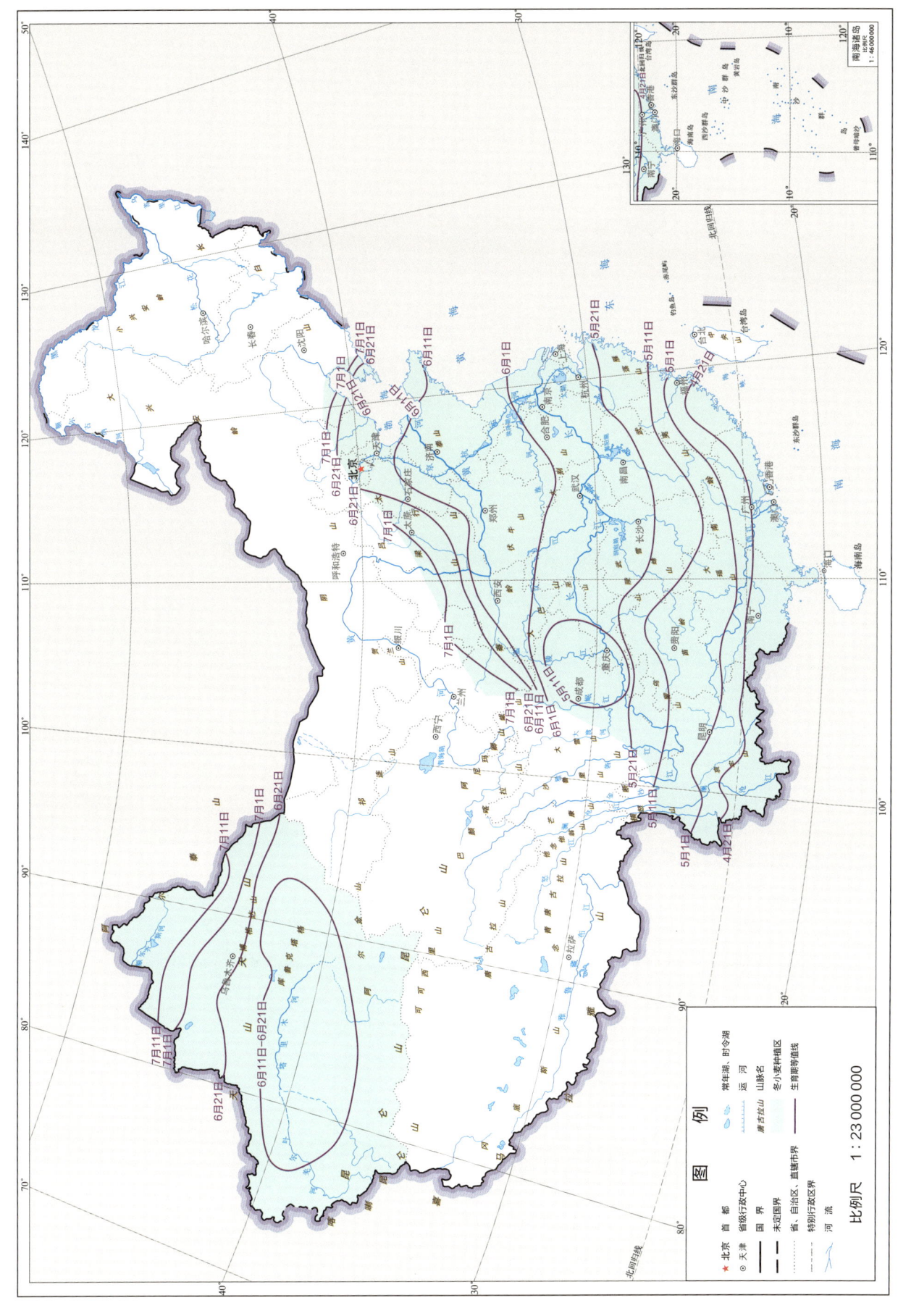

2 冬小麦

# 21世纪10年代冬小麦开花期—成熟期日数

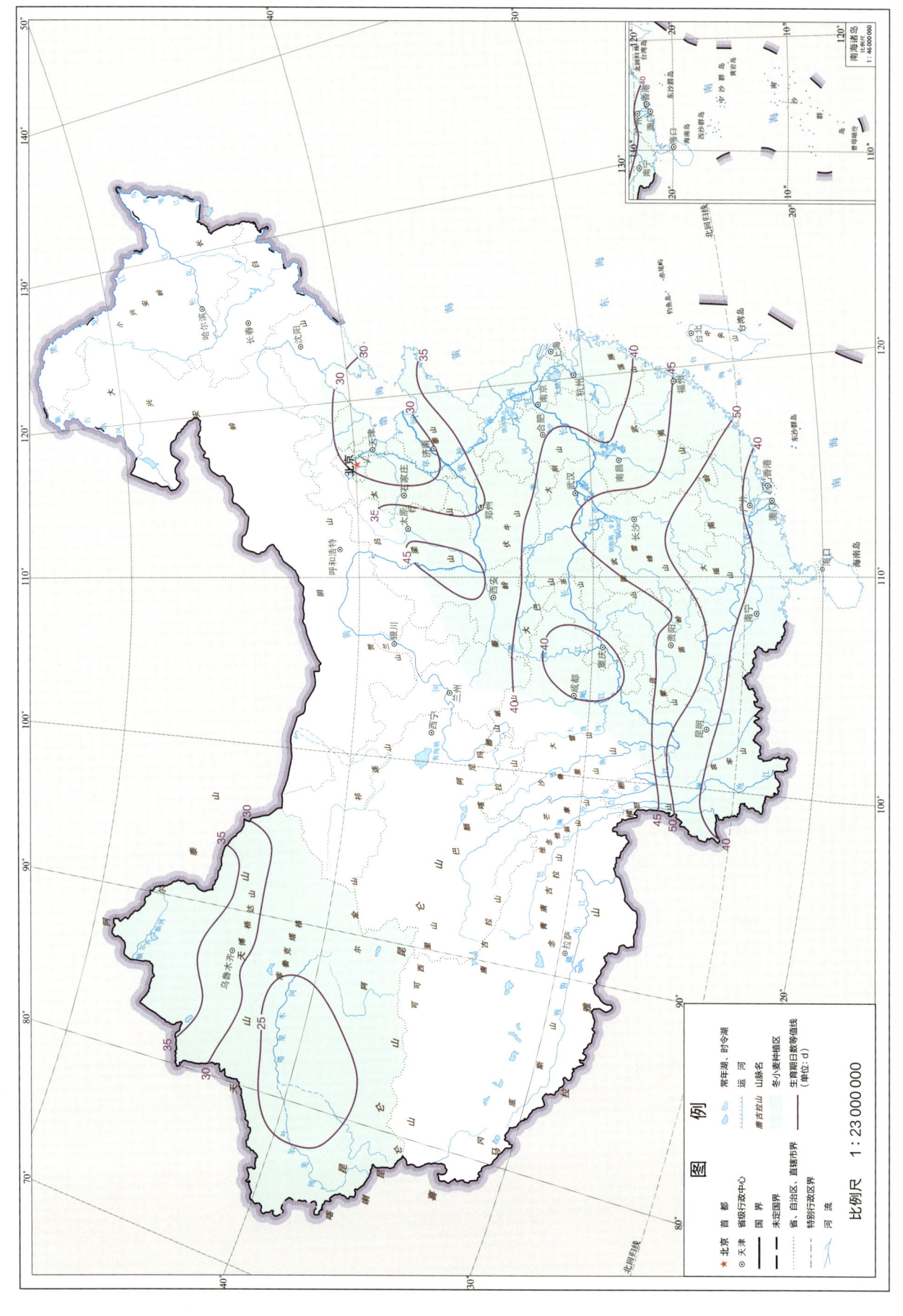

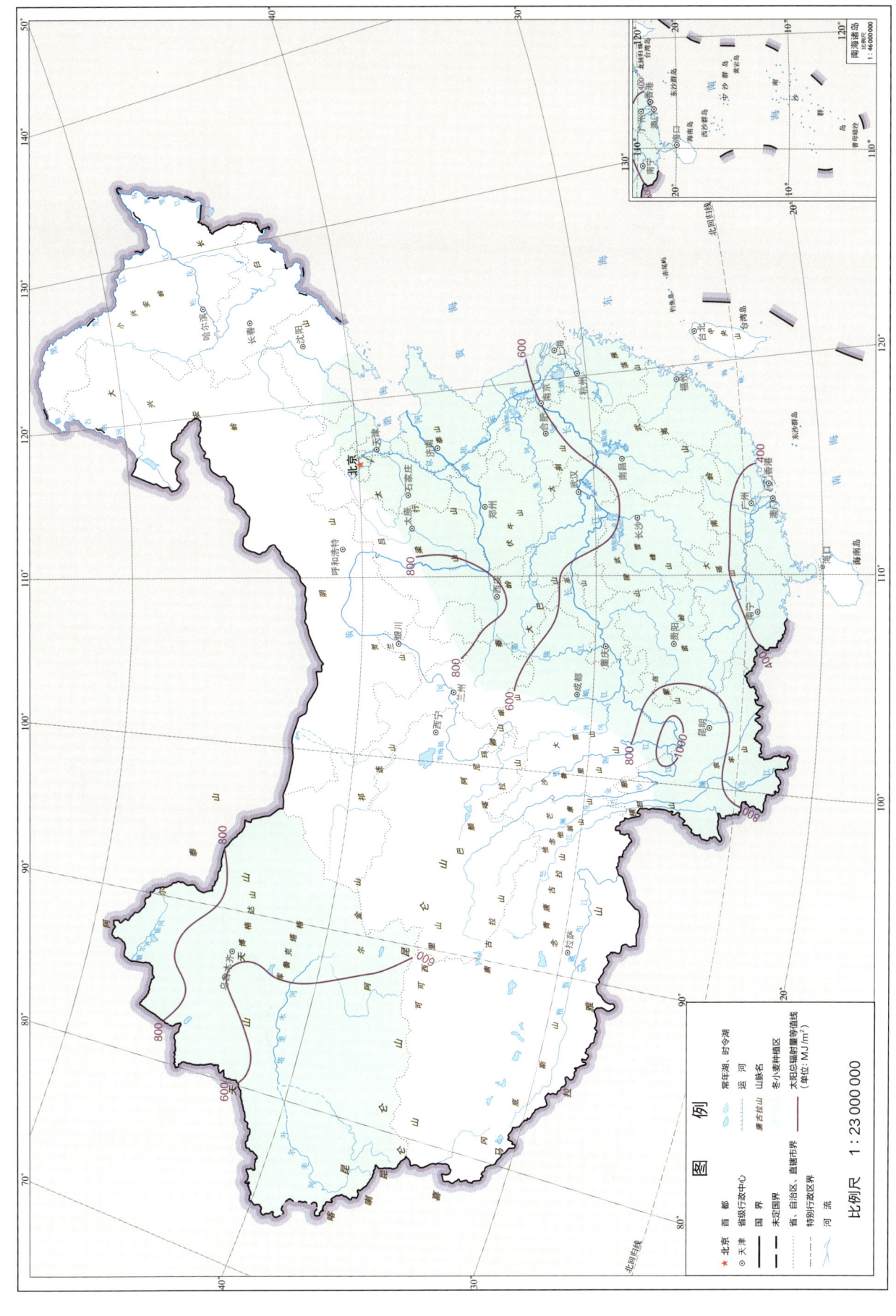

冬小麦开花期—成熟期太阳总辐射量

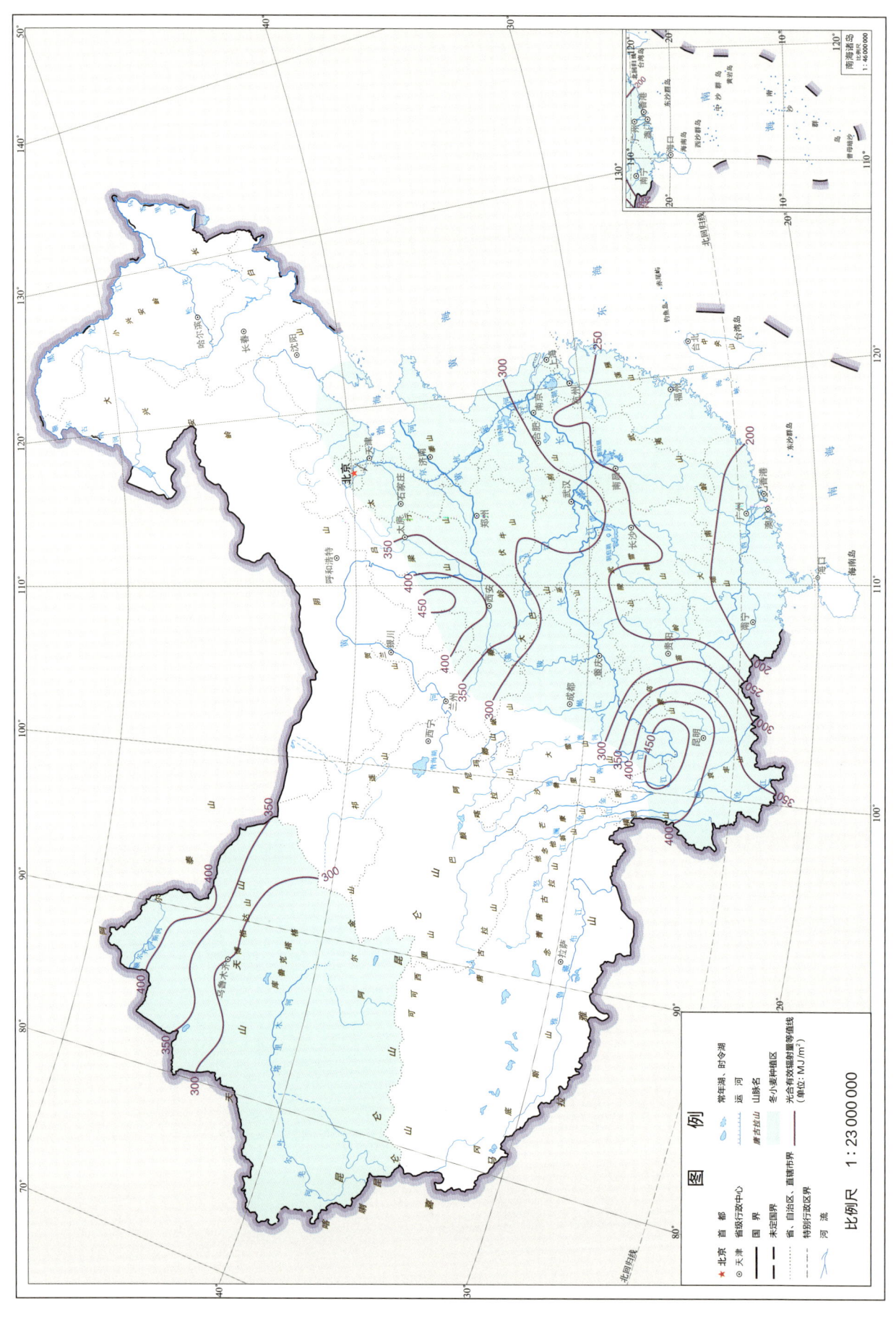

冬小麦开花期—成熟期光合有效辐射量

冬小麦开花期—成熟期日照时数

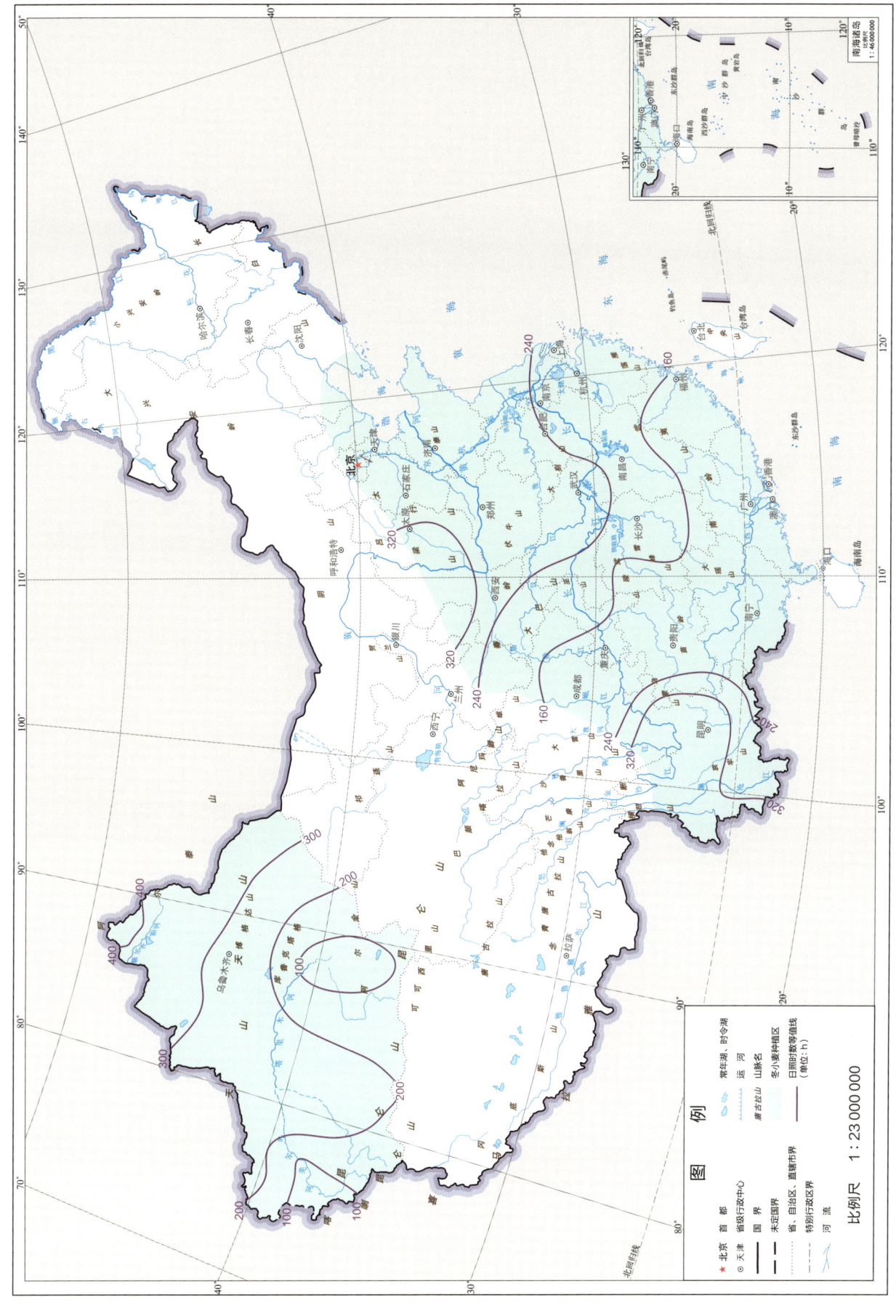

2 冬小麦

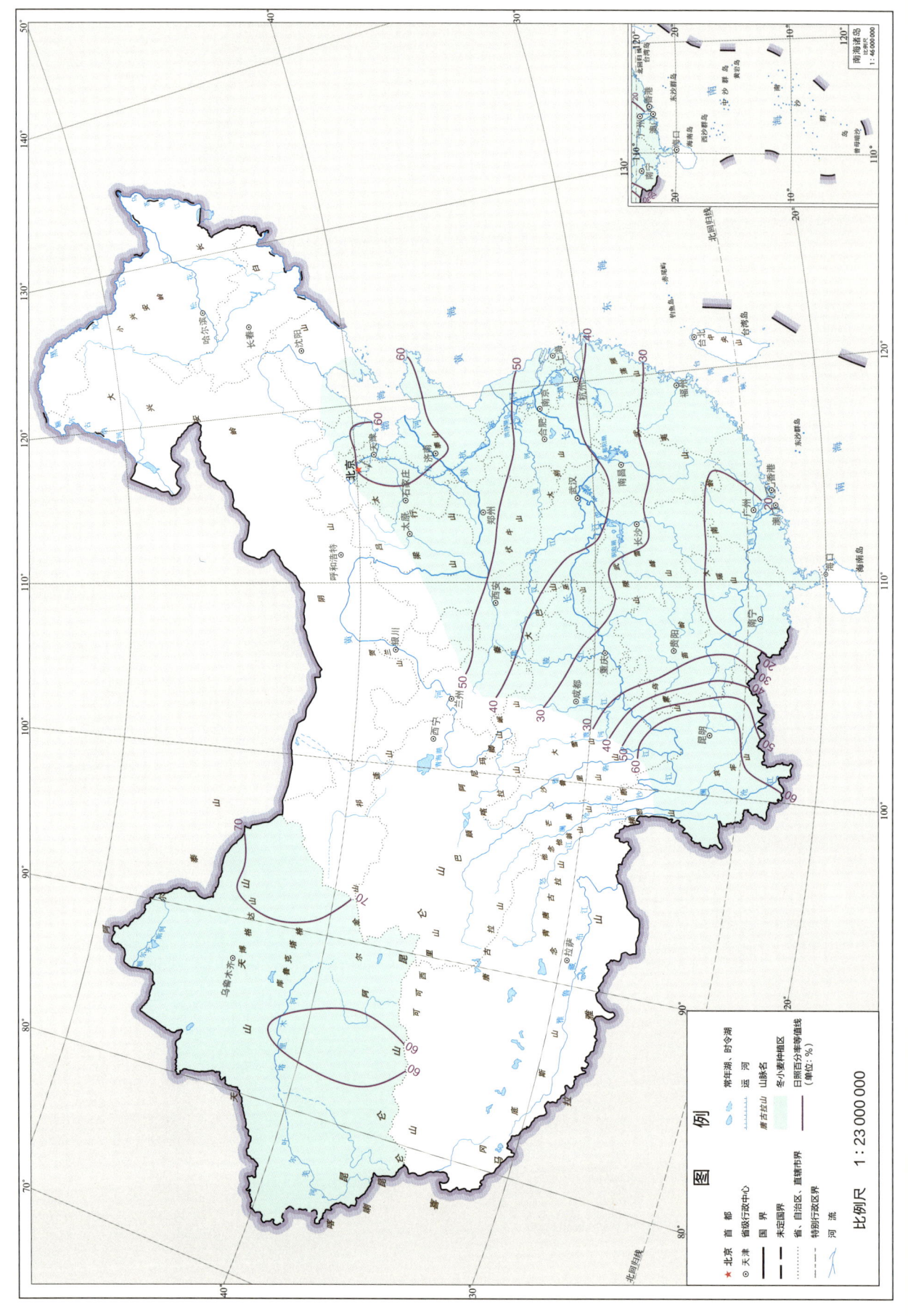

冬小麦开花期—成熟期日照百分率

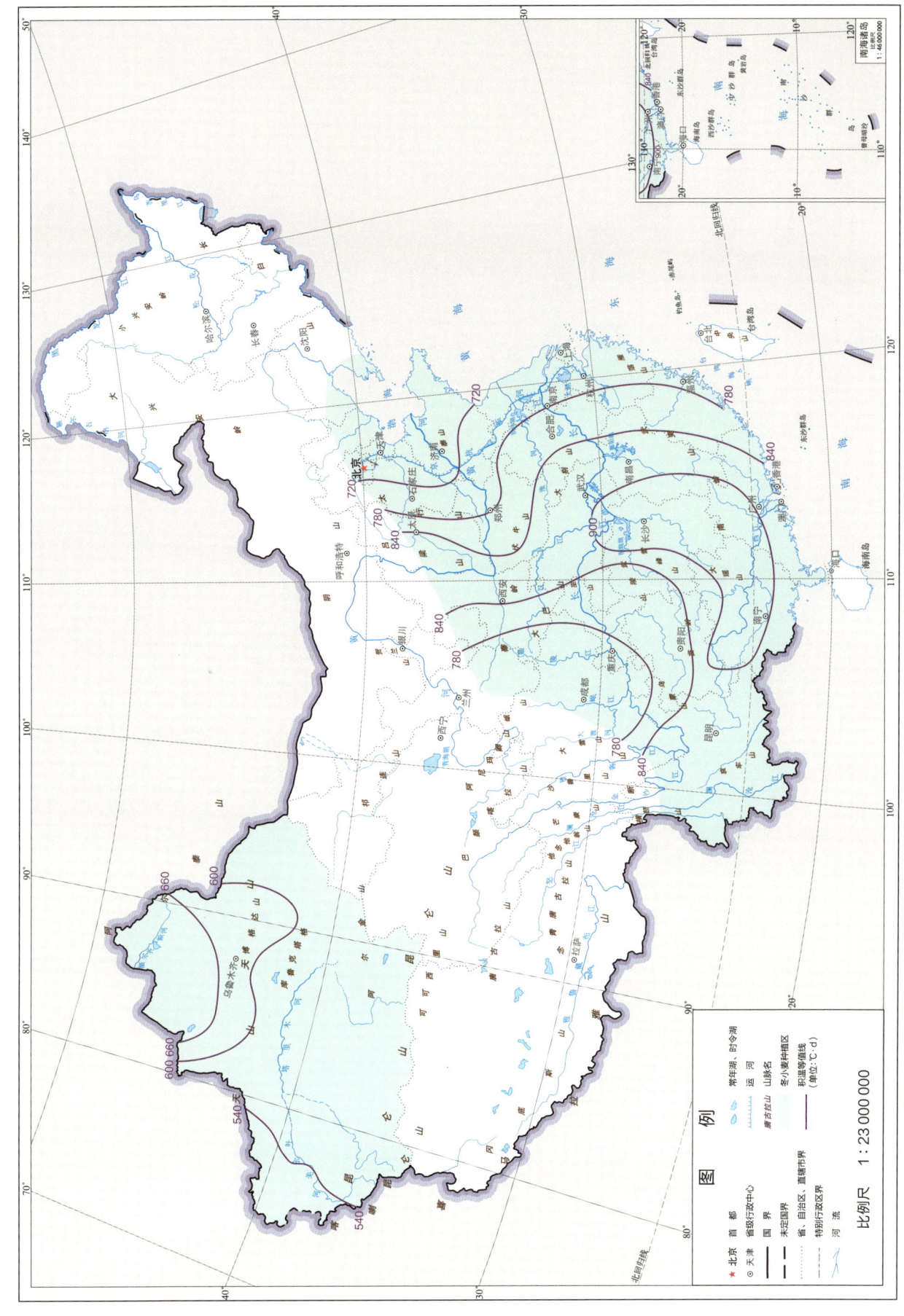

# 冬小麦开花期—成熟期平均气温

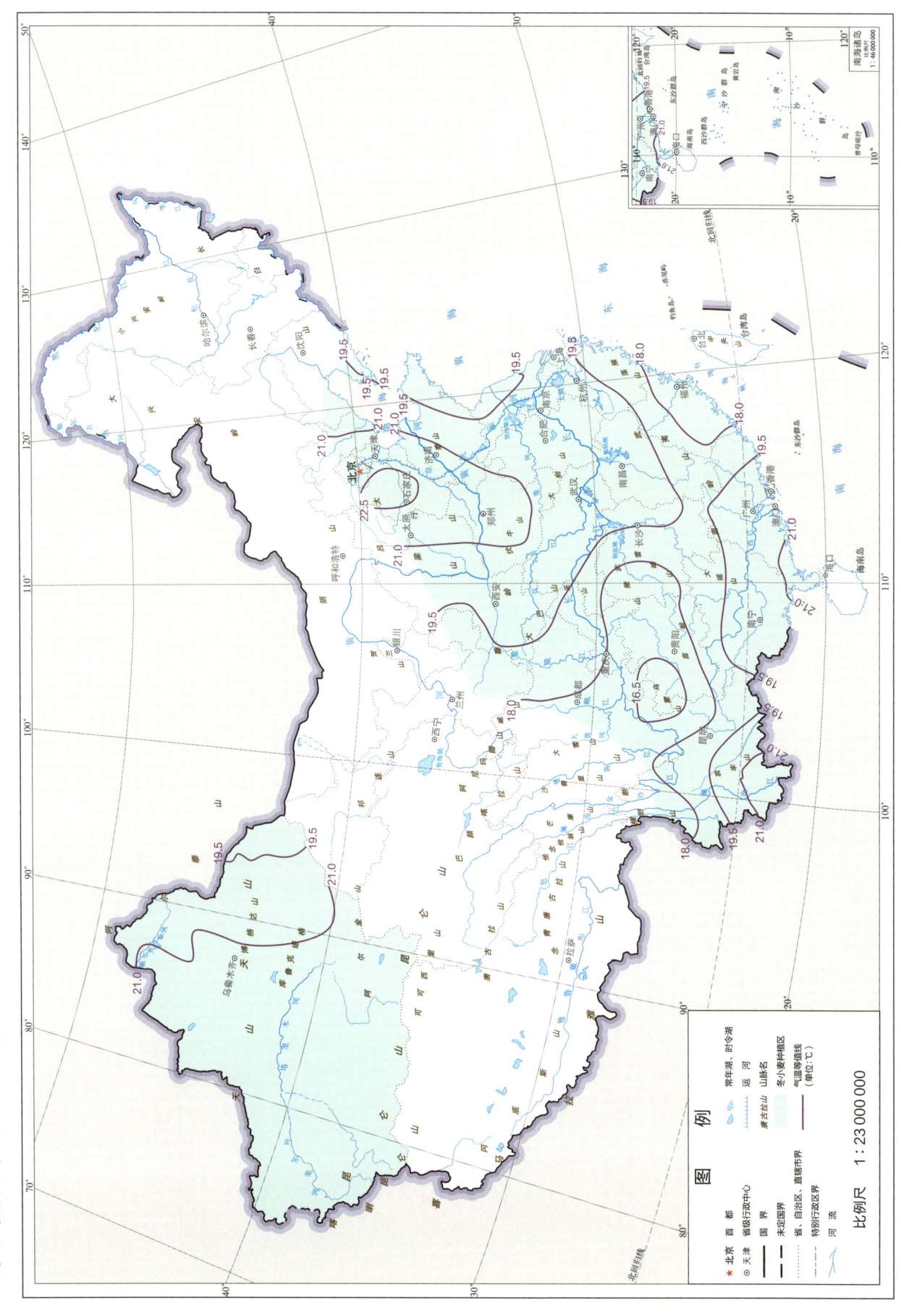

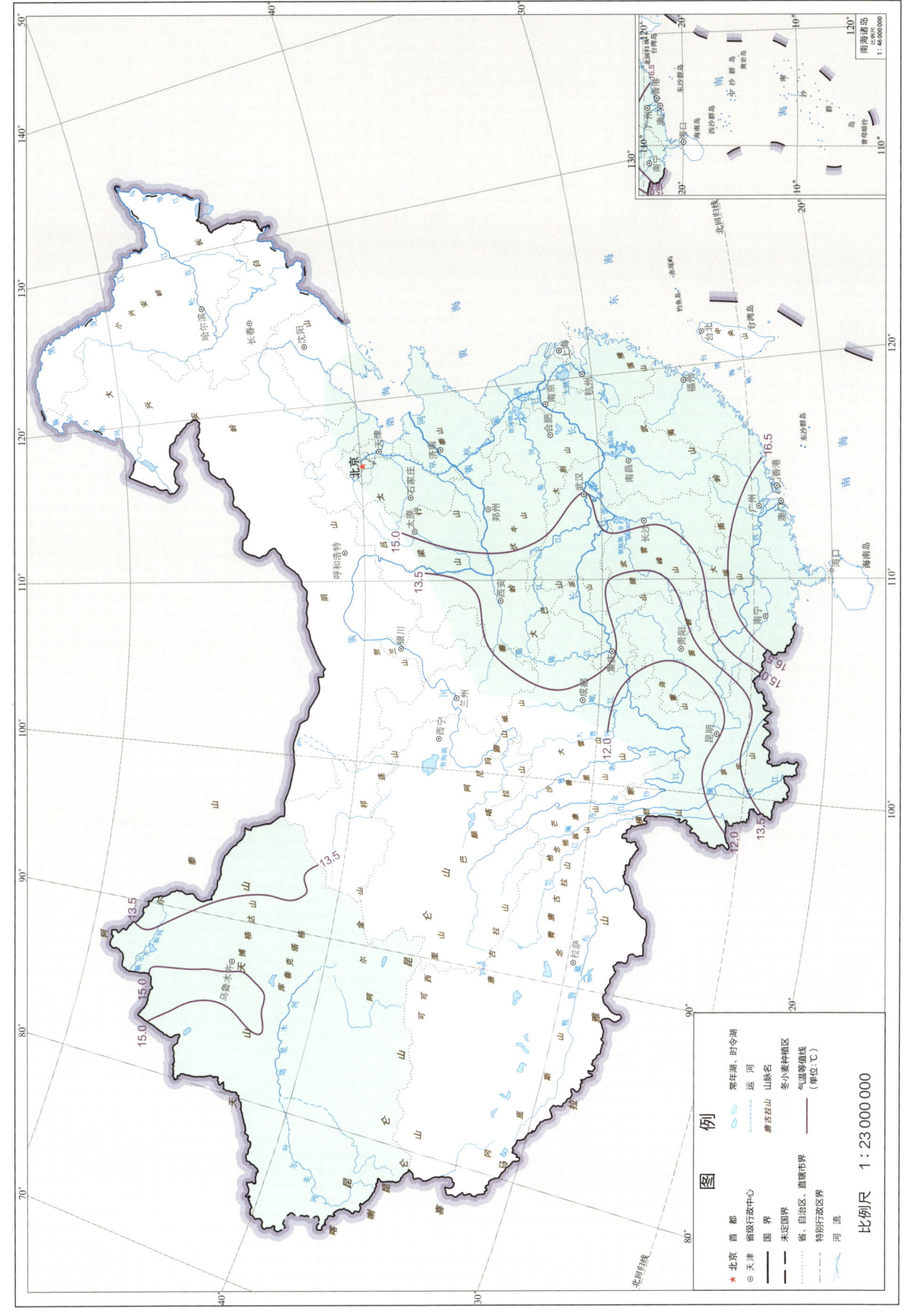

冬小麦开花期—成熟期极端最高气温

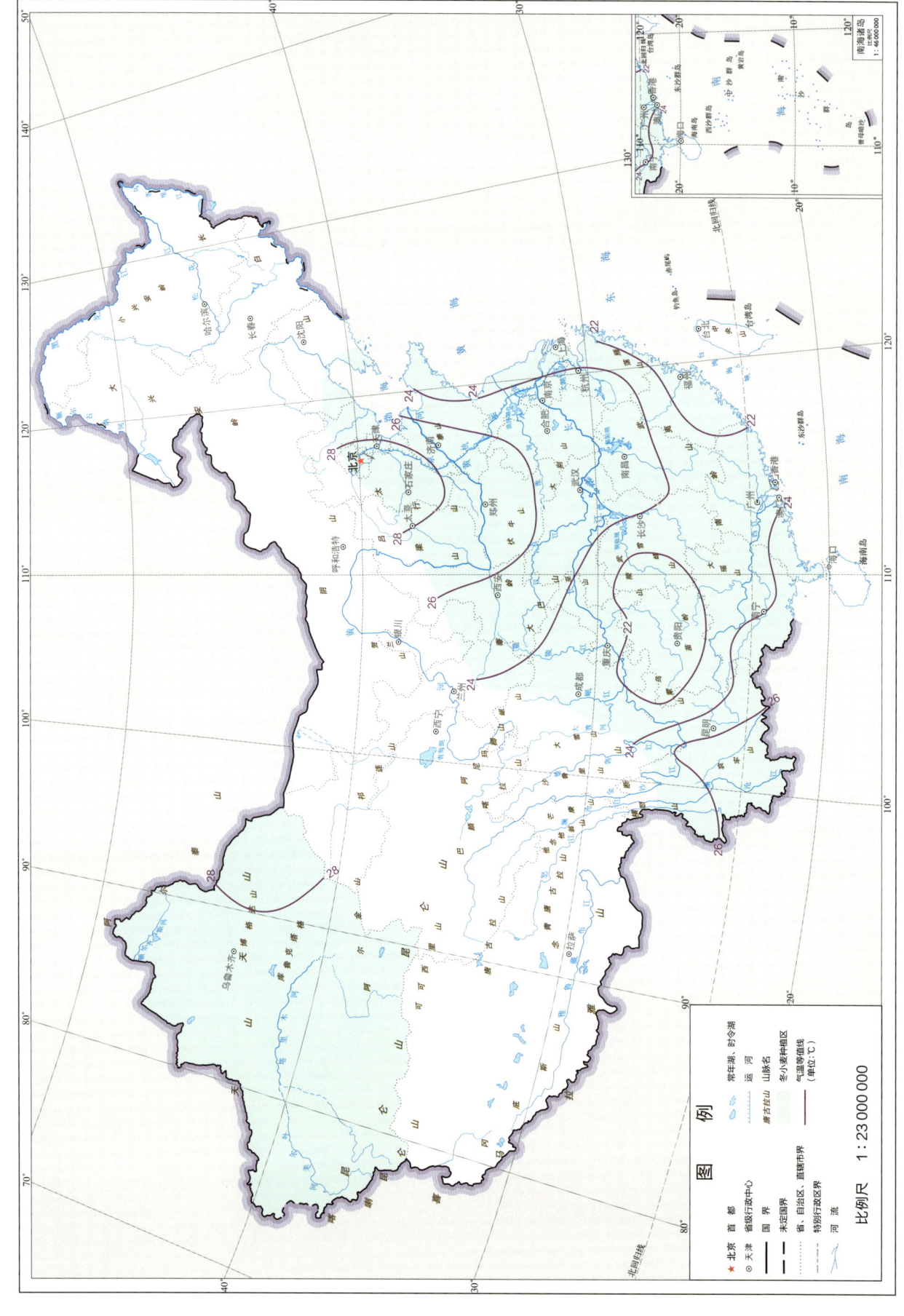

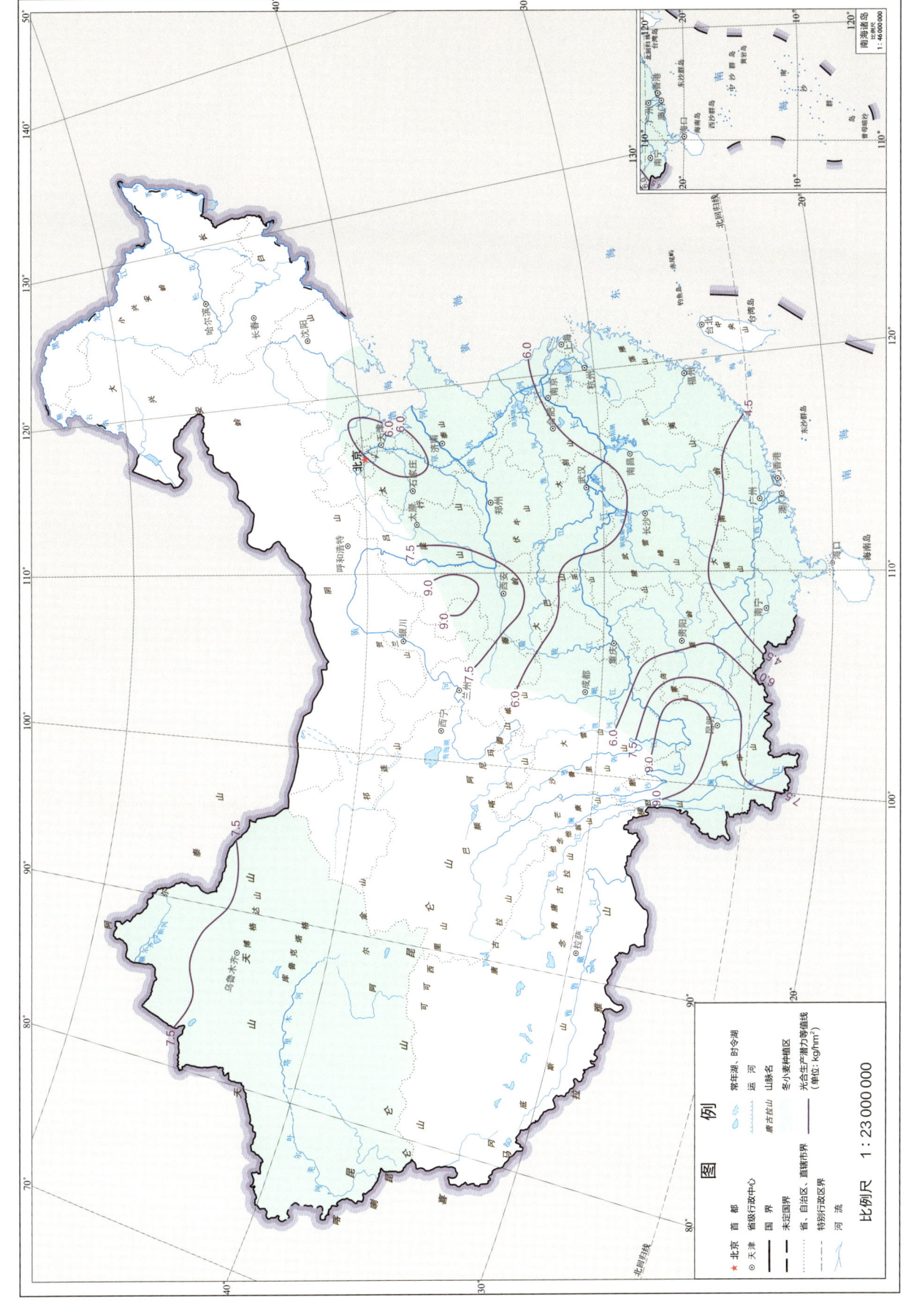

冬小麦开花期—成熟期光合生产潜力

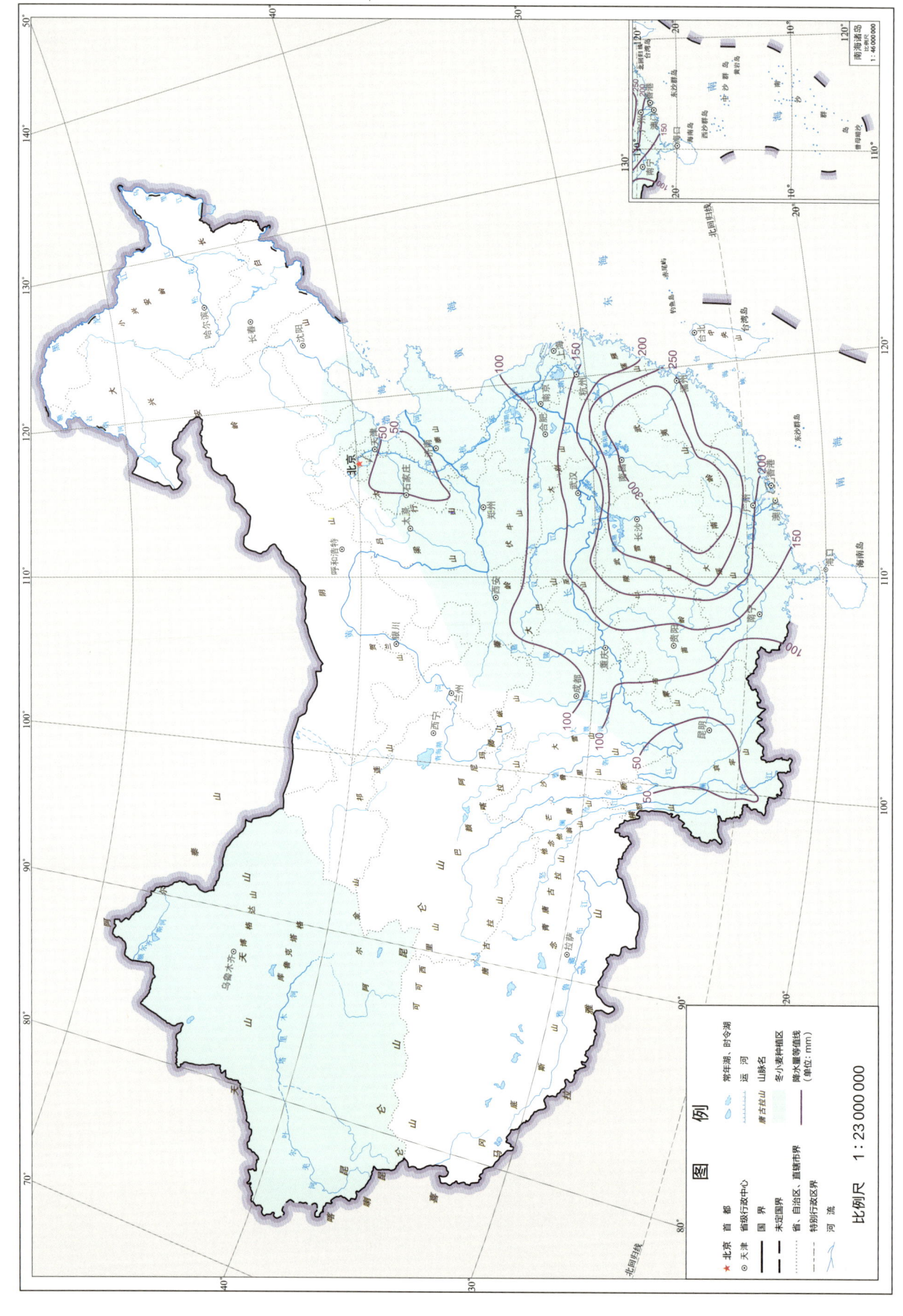
冬小麦开花期—成熟期降水量

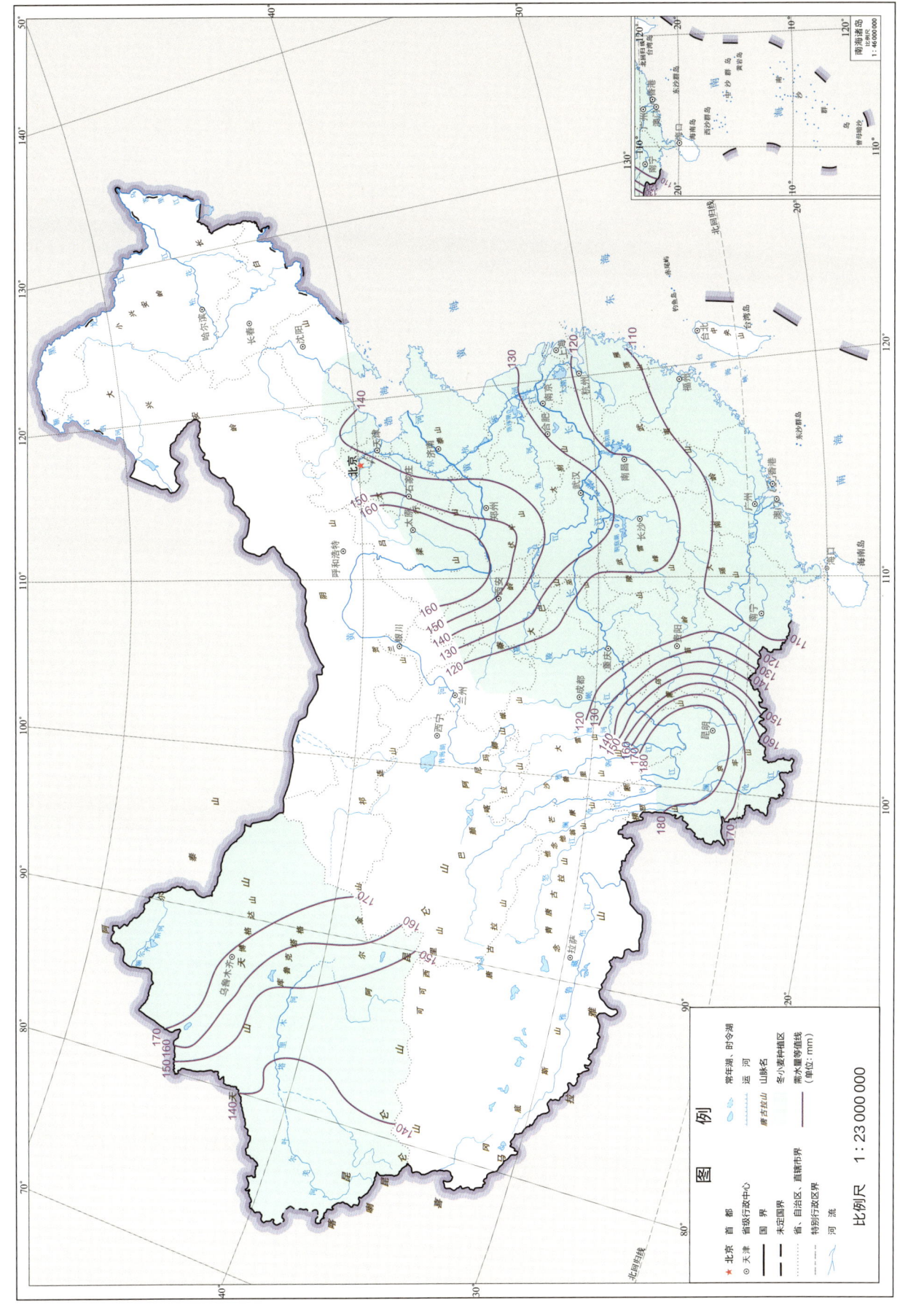
冬小麦开花期—成熟期需水量

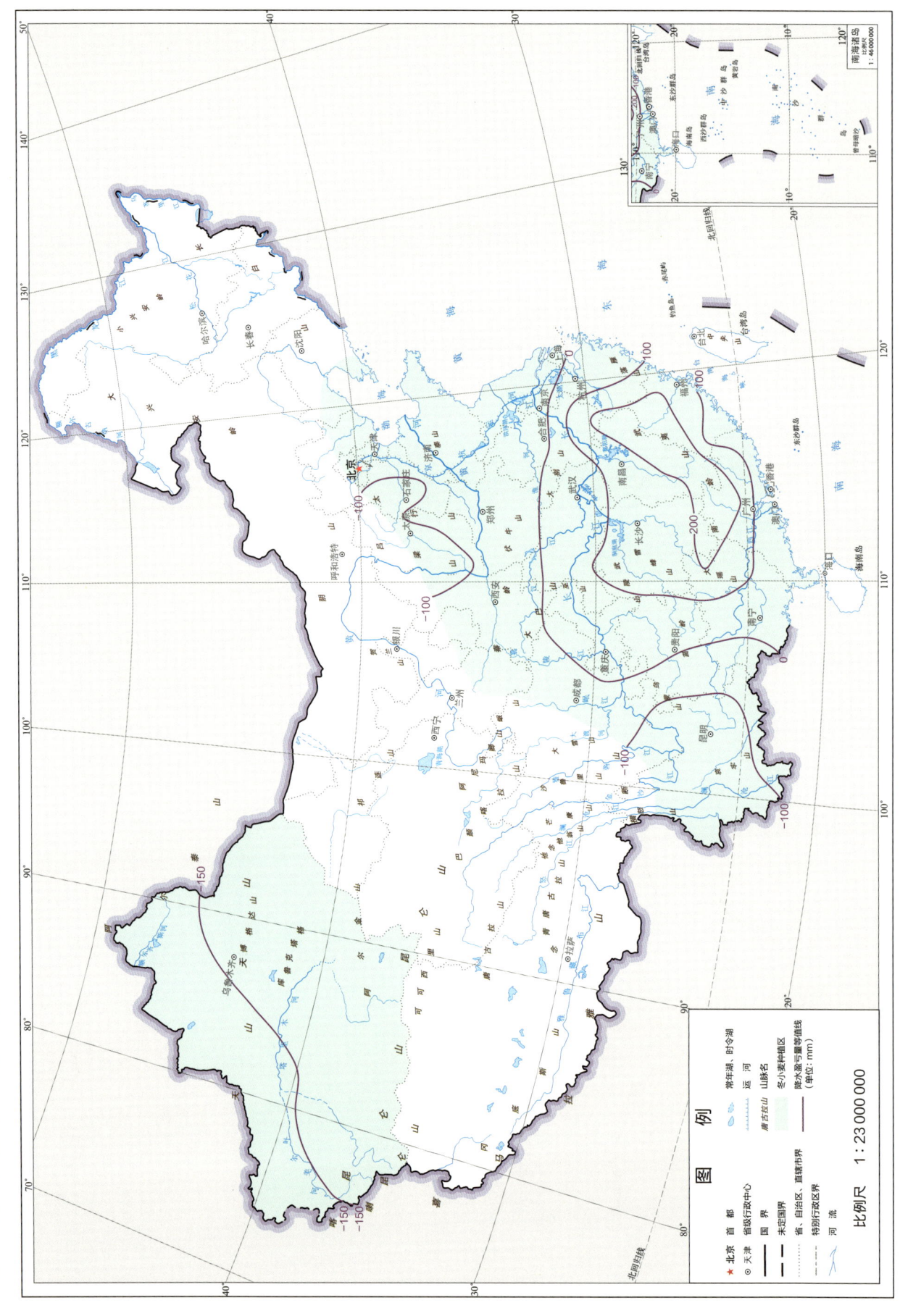

# 冬小麦灌浆结实期高温发生频率

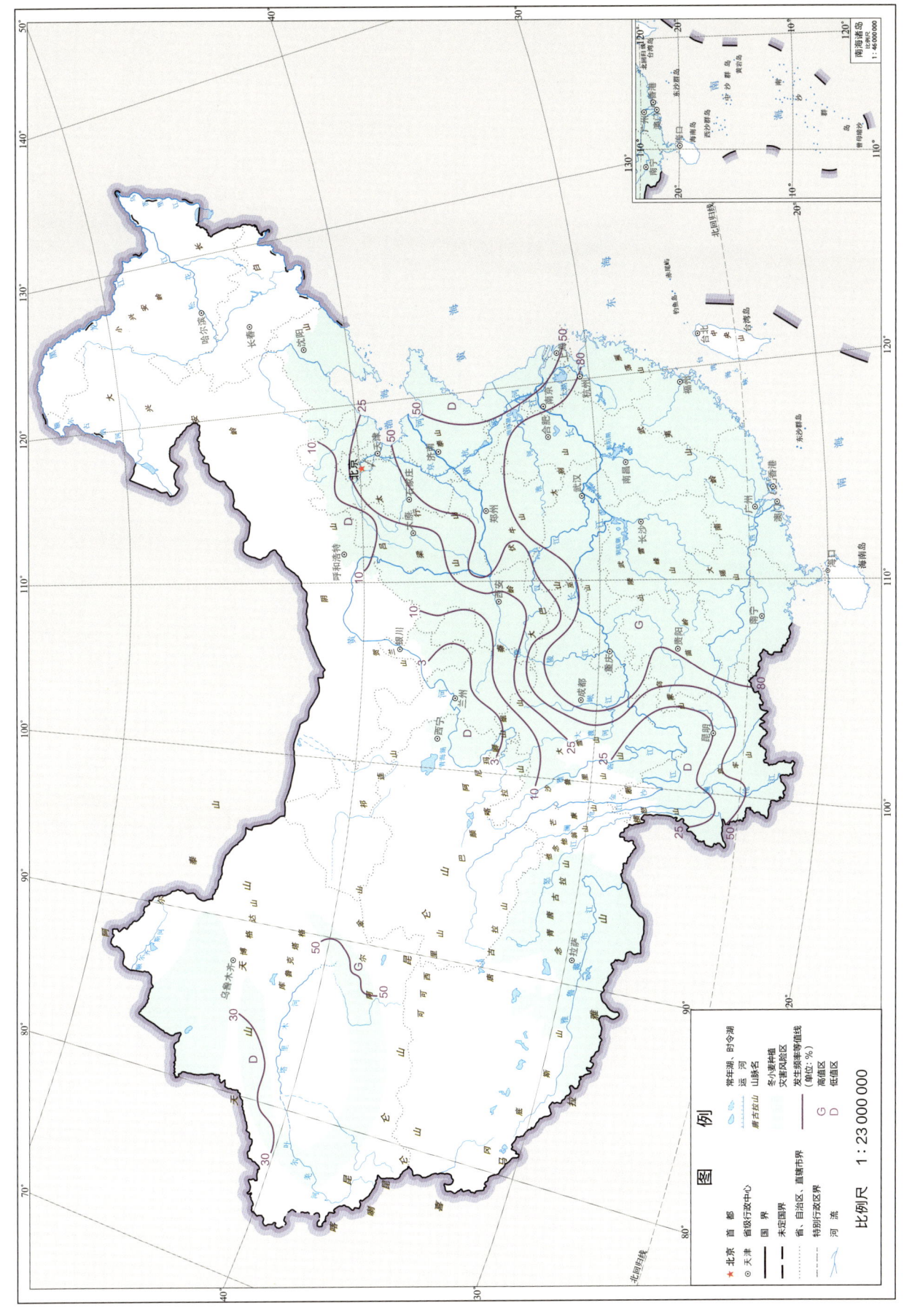

冬小麦灌浆结实期高温发生频次

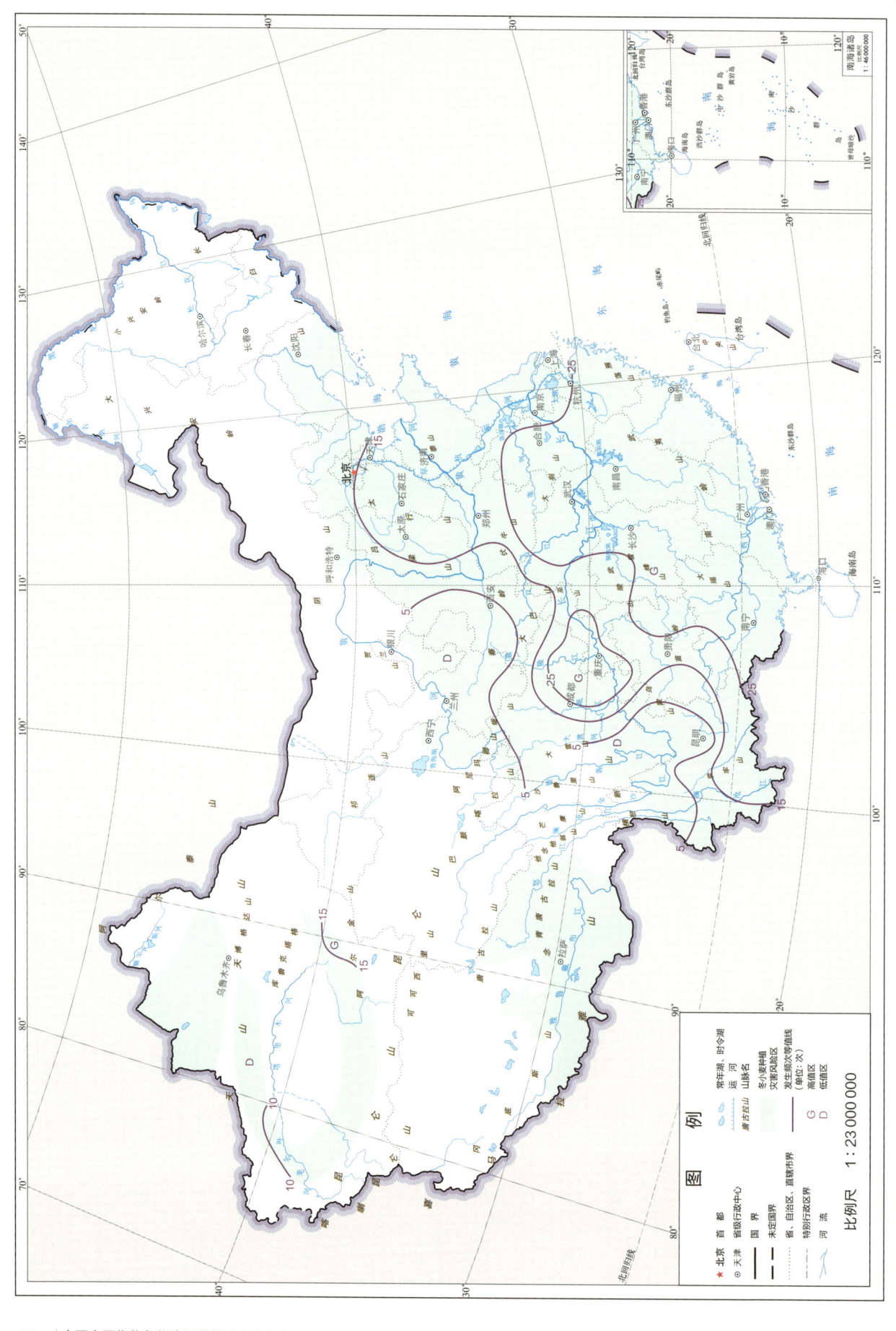

# 参考文献

包云轩，王莹，高苹，等，2012.江苏省冬小麦春霜冻害发生规律及其气候风险区划[J].中国农业气象，33（1）：134-141.

曹倩，姚凤梅，林而达，2011.近50年冬小麦主产区农业气候资源变化特征分析[J].中国农业气象，32（2）：161-166.

邓振镛，徐金芳，黄蕾诺，等，2009.我国北方小麦干热风危害特征研究[J].安徽农业科学，37（20）：9575-9577.

方强飞，2014.基于中分辨率遥感数据的全国小麦主产区干旱及对小麦产量影响研究[D].南京：南京大学.

高海峰，杨雪，陈利，等，2020.不同小麦品种小麦白粉病发病程度及其田间发生动态分析[J].新疆农业科学，57（5）：895-901.

高素华，1995.中国农业气候资源及主要农作物产量变化图集[M].北京：气象出版社.

耿婷，付伟，陈群，等，2013.近20年河南省冬小麦生育期气候资源的时空变化及其适应性研究[J].麦类作物学报，33（4）：652-661.

郝云理，1993.农业气象适用技术[M].北京：气象出版社.

何中虎，兰彩霞，陈新民，等，2011.小麦条锈病和白粉病成株抗性研究进展与展望[J].中国农业科学，44（11）：2193-2215.

霍治国，陈林，刘万才，等，2002.中国小麦白粉病发生地域分布的气候分区[J].生态学报，22（11）：1873-1881.

霍治国，李世奎，王素艳，等，2003.主要农业气象灾害风险评估技术及其应用研究[J].自然资源学报，18（6），12：692-703.

居辉，刘勤，杨建莹，等，2016.黄淮海平原气象干旱对冬小麦产量和水分生产力的影响[M].北京：科学出版社.

李森，韩丽娟，郭安红，等，2018.1961—2015年黄淮海地区冬小麦干热风灾害时空分布特征[J].生态学报，38（19）：6972-6980.

李树军，李楠，2023.近39年山东省冬小麦干热风时空规律研究[J].气象与环境科学，46（2）：1-8.

刘勤，梅旭荣，严昌荣，等，2013.华北冬小麦降水亏缺变化特征及气候影响因素分析[J].生态学报，33（20）：6643-6651.

刘茵，孟自力，2018.春小麦霜冻的发生规律及防治措施[J].现代农业科技，6：43-44.

梅旭荣，刘勤，严昌荣，2016.中国主要作物生育期图集[M].杭州：浙江科学技术出版社.

梅旭荣，2015.中国农业气候资源图集·作物光温资源卷[M].杭州：浙江科学技术出版社.

梅旭荣，2015.中国农业气候资源图集·作物水分资源卷[M].杭州：浙江科学技术出版社.

梅旭荣，2015.中国农业气候资源图集·农业气象灾害卷[M].杭州：浙江科学技术出版社.

沈鸿，孙雪萍，林晓梅，2011.黄淮地区冬小麦霜冻灾害风险评估[J].防灾科技学院学报，13（3）：71-77.

宋英，陈雨欣，杨俊，等，2022.利用数字图像颜色特征指数识别小麦赤霉病[J].江苏农业科学，50（2）：186-191.

万安民，2000.小麦条锈病的发生状况和研究现状[J].世界农业，5：39-40.

王帅，景元书，韩玮，2019.冬小麦三种病害潜在适宜分布及其影响因子分析[J].科学技术与工程，19（1）：1671-1815.

王素艳，霍治国，李世奎，等，2003.中国北方冬小麦的水分亏缺与气候生产潜力——近40年来的动态变化研究[J].自然灾害学报，1：121-130.

杨建莹，梅旭荣，刘勤，等，2011.气候变化背景下华北地区冬小麦生育期的变化特征[J].植物生态学报，35（6）：623-631.

杨晓光，刘志娟，李少昆，2021.中国三大粮食作物潜在产量及气候资源利用图集[M].北京：科学出版社.

岳伟，陈曦，姚卫平，等，2022.安徽省小麦赤霉病气象风险评估与区划[J].植物保护，48（5）：167-173.

张志红，成林，李书岭，等，2013.我国小麦干热风灾害研究进展[J].气象与环境科学，36（2）：72-76.

赵俊芳，赵艳霞，郭建平，等，2012.过去50年黄淮海地区冬小麦干热风发生的时空演变规律[J].中国农业科学，45（14）：2815-2825.

周晴晴，路艳琴，陆景倩，等，2023.小麦赤霉病生防机制研究进展[J].江苏农业科学，51（3）：1-8.